工业安全基础

主　编　赵艳敏　安胜祥
副主编　吕文杰　张国平
主　审　俞海峰

ZHEJIANG UNIVERSITY PRESS
浙江大学出版社

图书在版编目（CIP）数据

工业安全基础 / 赵艳敏，安胜祥主编. —杭州：浙江大学出版社，2021.9

ISBN 978-7-308-21734-7

Ⅰ.①工… Ⅱ.①赵… ②安… Ⅲ.①工业安全—高等职业教育—教材 Ⅳ.①X931

中国版本图书馆 CIP 数据核字(2021)第 184834 号

工业安全基础

赵艳敏　安胜祥　主编

责任编辑　秦　瑕
责任校对　徐　霞
封面设计　周　灵
出版发行　浙江大学出版社
（杭州市天目山路 148 号　邮政编码 310007）
（网址：http://www.zjupress.com）
排　　版　杭州青翊图文设计有限公司
印　　刷　杭州佳园彩色印刷有限公司
开　　本　787mm×1092mm　1/16
印　　张　14.5
字　　数　371 千
版 印 次　2021 年 9 月第 1 版　2021 年 9 月第 1 次印刷
书　　号　ISBN 978-7-308-21734-7
定　　价　45.00 元

前　言

自2002年《中华人民共和国安全生产法》实施至今，生产事故数量明显下降，企业安全生产水平逐年提升，但是企业员工的安全素质仍有待提高。培养学生的安全素质，能够增强学生遇险时的应对能力、在事故发生时的自救与互救能力，为此，特编制《工业安全基础》新形态教材。

本教材主要包括工业的主要危险源（如危险化学品、火灾、爆炸、中毒、触电、静电、雷电、八大高危作业）的介绍，以及其应急处置技术等知识，以生产企业的实际安全生产项目为主线，帮助学生认识生产过程中的主要危险，掌握其应对方法。学生可通过扫码书中二维码在线观看视频讲解、答题等。

由于编写时间紧迫、编者水平有限，存在不足之处希望各位读者批评指正，感谢每位读者！

编者

2021年9月2日

目　　录

第一章　概　论

第一节　工业事故及特征

一、工业事故的定义及分级

工业事故是指在工业生产过程中发生的事故。事故的定义为个人或集体在时间的进程中，在为了实现某一意图而采取行动的过程中，突然发生了与人的意志相反的情况，迫使这种行动暂时地或永久地停止的事件。

我国将事故分成四个等级：

1.特别重大事故

特别重大事故指造成 30 人以上死亡，或者 100 人以上重伤(包括急性工业中毒，下同)，或者 1 亿元以上直接经济损失的事故。

2.重大事故

重大事故指造成 10 人以上 30 人以下死亡，或者 50 人以上 100 人以下重伤，或者 5000 万元以上 1 亿元以下直接经济损失的事故。

3.较大事故

较大事故指造成 3 人以上 10 人以下死亡，或者 10 人以上 50 人以下重伤，或者 1000 万元以上 5000 万元以下直接经济损失的事故。

4.一般事故

一般事故指造成 3 人以下死亡，或者 10 人以下重伤，或者 1000 万元以下直接经济损失的事故。

注：所称的“以上”包括本数，“以下”不包括本数。

思考题：天津港大爆炸的事故分级依据是什么？(扫描二维码查看答案，下同)

二、工业事故的特征

大量的事故调查、统计、分析表明，事故有其自身特有的特性。掌握和研究这些特性，对于指导人们认识事故、了解事故和预防事故具有重要意义。

1. 普遍性

自然界中充满着各种各样的危险，人类的生产、生活过程中也总是伴随着危险。所以，发生事故的可能性普遍存在。危险是客观存在的，在不同的生产、生活过程中，危险性各不相同，事故发生的可能性也就存在着差异。

2. 随机性

事故发生的时间、地点、形式、规模和事故后果的严重程度都是不确定的。何时、何地、发生何种事故，其后果如何，都很难预测，从而给事故的预防带来了一定困难。但是，在一定的范围内，事故的随机性遵循数理统计规律，亦即在大量事故统计资料的基础上，可以找出事故发生的规律，预测事故发生概率的大小。因此，事故统计分析对制定正确的预防措施具有重要作用。

3. 偶然性与必然性(规律性)

事故的发生是随机的(出现时间不定，呈现出来的现象也有所不同)。但是，危险是客观存在的，而且是绝对的。因此，人们在生产、生活过程中必然会发生事故(认识和对策的局限性)。不过事故发生的概率大小、人员伤亡的多少和财产损失的严重程度有所不同。人们采取措施预防事故，只能延长事故发生的时间间隔，降低事故发生的概率，而不能完全杜绝事故。

4. 因果相关性

事故是由系统中相互联系、相互制约的多种因素共同作用的结果，导致事故的原因多种多样。从总体上事故原因可分为人的不安全行为、物的不安全状态、管理上的缺陷。从逻辑上又可分为直接原因、间接原因等。这些原因在系统中相互作用、相互影响，在一定的条件下发生突变，即酿成事故。通过事故调查分析，探求事故发生的因果关系，搞清事故发生的直接原因、间接原因和主要原因，对于预防事故发生具有积极作用。

5. 突变性

系统由安全状态转化为事故状态实际上是一种突变现象。事故一旦发生，往往就十分突然，令人措手不及。因此，制订事故预案，加强应急救援训练，提高作业人员的应急反应能力和应急救援水平，对于减少人员伤亡和财产损失尤为重要。

6. 潜伏性

事故的发生具有突变性，但在事故发生之前存在一个量变过程，亦即系统内部相关参数的渐变过程。所以事故具有潜伏性。一个系统，可能长时间没有发生事故，但这并非就意味着该系统是安全的。因为它可能潜伏着事故隐患。存在隐患的系统要素在不断发生变化以维持系统稳定。某一触发因素出现，即可导致事故。事故的潜伏性往往会导致人们麻痹思想，从而酿成重大恶性事故。

7. 危害性

事故往往造成一定的财产损失或人员伤亡。严重者会制约企业的发展，给社会稳定带来不良影响。因此，人们面对危险，应全力追求安全。

8. 可预防性

尽管事故的发生是必然的，但我们可以通过采取控制措施来预防事故发生或者延长事故发生的时间间隔。充分认识事故的这一特性，对于防止事故发生有促进作用。通过事故调查，探求事故发生的原因和规律，采取预防事故的措施，可降低事故发生的概率。

思考题：天津港大爆炸的事故具备以上事故特性的哪几点？

三、工业事故的分类

对事故进行科学的分类，是为了更好地分析研究各类事故。事故的分类方法有多种，参照《中华人民共和国国家标准：企业职工伤亡事故分类（GB 6441－86）》，综合考虑起因物、引起事故的诱导性原因、致害物、伤害方式等，将企业伤亡事故分为以下 20 类。

1. 物体打击

物体打击指失控物体的惯性力造成的人身伤害事故。适用于落下物、飞来物、滚石、崩块所造成的伤害。

2. 车辆伤害

车辆伤害指本企业机动车辆引起的机械伤害事故。适用于机动车辆在行驶中的挤、压、撞车或倾覆等事故；以及在行驶中上下车，搭乘矿车或放飞车，车辆运输挂钩事故，跑车事故。

3. 机械伤害

机械伤害指机械设备与工具引起的绞、辗、碰、割、戳、切等伤害。如工件或刀具飞出伤人；切屑伤人；手或身体被卷入；手或其他部位被刀具碰伤；被转动的机械缠压住等。但属于车辆、起重设备的情况除外。

4. 起重伤害

起重伤害指从事起重作业时引起的机械伤害事故。包括起重机安装、检修、试验中发生的挤压、坠落、（吊具、吊重）物体打击和触电。

5. 触电

触电指电流流经人体，造成生理伤害的事故。适用于触电、雷击伤害。如人体接触带电的设备金属外壳、裸露的临时线、漏电的手持电动工具；起重设备误触高压线，或感应带电；雷击伤害；触电坠落等事故。

6. 淹溺

淹溺指大量水经人的口、鼻进入肺内，造成呼吸道阻塞，发生急性缺氧而窒息死亡的事故。适用于船舶、排筏、设施在航行、停泊、作业时发生的落水事故。不包括矿山、井下透水淹溺。

7. 灼烫

灼烫指强酸、强碱溅到身体引起的灼伤，或因火焰引起的烧伤，高温物体引起的烫伤，放射线引起的皮肤损伤等事故。适用于烧伤、烫伤、化学灼伤、放射性皮肤损伤等伤害。不包括电烧伤以及火灾事故引起的烧伤。

8. 火灾

火灾是指在时间或空间上失去控制的燃烧所造成的灾害。新的标准将火灾定义为在时间或空间上失去控制的燃烧。在各种灾害中，火灾是最经常、最普遍地威胁公众安全和社会发展的主要灾害之一。

9. 高处坠落

高处坠落指由于危险重力势能差引起的伤害事故。适用于脚手架、平台、陡壁施工等高于地面的坠落；也适用于由地面踏空失足坠入洞、坑、沟、升降口、漏斗等情况。但排除以其他类别为诱发条件的坠落。如高处作业时，因触电失足坠落应定为触电事故，不划分为高处坠落。

10. 坍塌

坍塌指建筑物、构筑物、堆置物等倒塌以及土石塌方引起的事故。适用于因设计或施工不合理而造成的倒塌，以及土方、岩石发生的塌陷事故。如建筑物倒塌，脚手架倒塌；挖掘沟、坑、洞时土石的塌方等情况。不适用于矿山冒顶片帮事故，或因爆炸、爆破引起的坍塌事故。

11. 冒顶片帮

冒顶片帮指矿井工作面、巷道侧壁由于支护不当、压力过大造成的坍塌，称为片帮；顶板垮落为冒顶。二者常同时发生，简称为冒顶片帮。适用于矿山、地下开采、掘进及其他坑道作业发生的坍塌事故。

12. 透水

透水指矿山、地下开采或其他坑道作业时，意外水源带来的伤亡事故。适用于井巷与含水岩层、地下含水带、溶洞或被淹巷道、地面水域相通时，涌水成灾的事故。不适用于地面水害事故。

13. 放炮

放炮指施工时，放炮作业造成的伤亡事故。适用于各种爆破作业。

14. 火药爆炸

火药爆炸指火药与炸药在生产、运输、贮藏的过程中发生的爆炸事故。适用于火药与炸药生产在配料、运输、贮藏、加工过程中，由于震动、明火、摩擦、静电作用，或因炸药的热分解作用，贮藏时间过长或因存药过多发生的化学性爆炸事故；以及熔炼金属时，废料处理不净，残存火药或炸药引起的爆炸事故。

15. 瓦斯爆炸

瓦斯爆炸指可燃性气体瓦斯、煤尘与空气混合形成了浓度达到燃烧极限的混合物，接触火源时，引起的化学性爆炸事故。主要适用于煤矿，同时也适用于空气不流通，且瓦斯、煤尘积聚的场合。

16. 锅炉爆炸

锅炉爆炸指锅炉发生的物理性爆炸事故。适用于使用工作压力大于 0.07MPa、以水为介质的蒸气锅炉(以下简称锅炉)，但不适用于铁路机车、船舶上的锅炉以及列车电站和船舶电站的锅炉。

17. 容器爆炸

容器爆炸指压力容器破裂引起的气体爆炸，即物理性爆炸，包括容器内盛装的可燃性液化气，在容器破裂后，立即蒸发，与周围的空气混合形成爆炸性气体混合物，遇到火源时产生的化学爆炸，也称容器的二次爆炸。

18. 其他爆炸

凡不属于上述爆炸的事故均列为其他爆炸事故。例如：可燃性气体与空气混合形成的爆炸，可燃性气体如煤气、乙炔、氢气、液化石油，在通风不良的条件下形成爆炸性气体混合物，引起的爆炸。可燃蒸气与空气混合形成的爆炸性气体混合物如汽油挥发气引起的爆炸。可燃性粉尘如铝粉、镁粉、锌粉、有机玻璃粉、聚乙烯塑料粉、面粉、谷物淀粉、糖粉、煤尘、木粉；以及可燃性纤维，如麻纤维、棉纤维、醋酸纤维、腈纶纤维、涤纶纤维、维纶纤维等与空气混合形成的爆炸性气体混合物引起的爆炸。间接形成的可燃气体与空气相混合，或者可燃蒸气与空气相混合(如可燃固体、自燃物品，当其受热、水、氧化剂的作用迅速反应，分解出可燃气体或蒸气与空气混合形成爆炸性气体)，遇火源爆炸的事故。

19. 中毒和窒息

人接触有毒物质，如误吃有毒食物，呼吸有毒气体引起的人体急性事故称为中毒；在废弃的坑道、竖井、涵洞、地下管道等不通风的地方工作，氧气缺乏，有时会发生突然晕倒，甚至死亡的事故称为窒息。两种现象合为一体，称为中毒和窒息事故。

20. 其他伤害

凡不属于上述伤害的事故均称为其他伤害，如扭伤、跌伤、冻伤、野兽咬伤、钉子扎伤等。

思考题：天津港大爆炸属于 20 类事故中的哪一类？

第二节　事故致因理论

关于事故的成因及事故模式，已有不少理论，这些理论从不同的侧面对事故的发生过程和形成机理进行了阐述。这里仅介绍几种代表性理论，以从不同角度对事故发生做较全面的认识。

一、能量意外释放论

1961 年吉布森提出，事故是一种不正常的或不希望的能量释放，意外释放的各种形式的能量是构成伤害的直接原因。因此，应该通过控制能量或控制能量载体（能量达及人体的媒介）来预防伤害事故。在此基础上，1966 年，哈登完善了能量意外释放理论，提出人受伤害的原因只能是某种能量的转移，并提出了能量逆流于人体造成伤害的分类方法，将伤害分为两类。第一类伤害是施加了超过局部或全身性损伤阈值的能量引起的；第二类伤害是影响了局部或全身性能量交换引起的，主要指中毒窒息和冻伤。

根据能量意外释放理论，伤害事故原因是：①接触了超过机体组织（或结构）抵抗力的某种形式的过量的能量。②有机体与周围环境的正常能量交换受到了干扰（如窒息、淹溺等）。

因而，各种形式的能量是构成伤害的直接原因。常常通过控制能源，或控制达及人体媒介的能量载体来预防伤害事故。机械能（动能和势能统称为机械能）、电能、热能、化学能、电离及非电离辐射、声能和生物能等形式的能量，都可能导致人员伤害，其中前四种形式的能量引起的伤害最为常见。

能量意外释放导致事故的流程如图 1-1 所示。

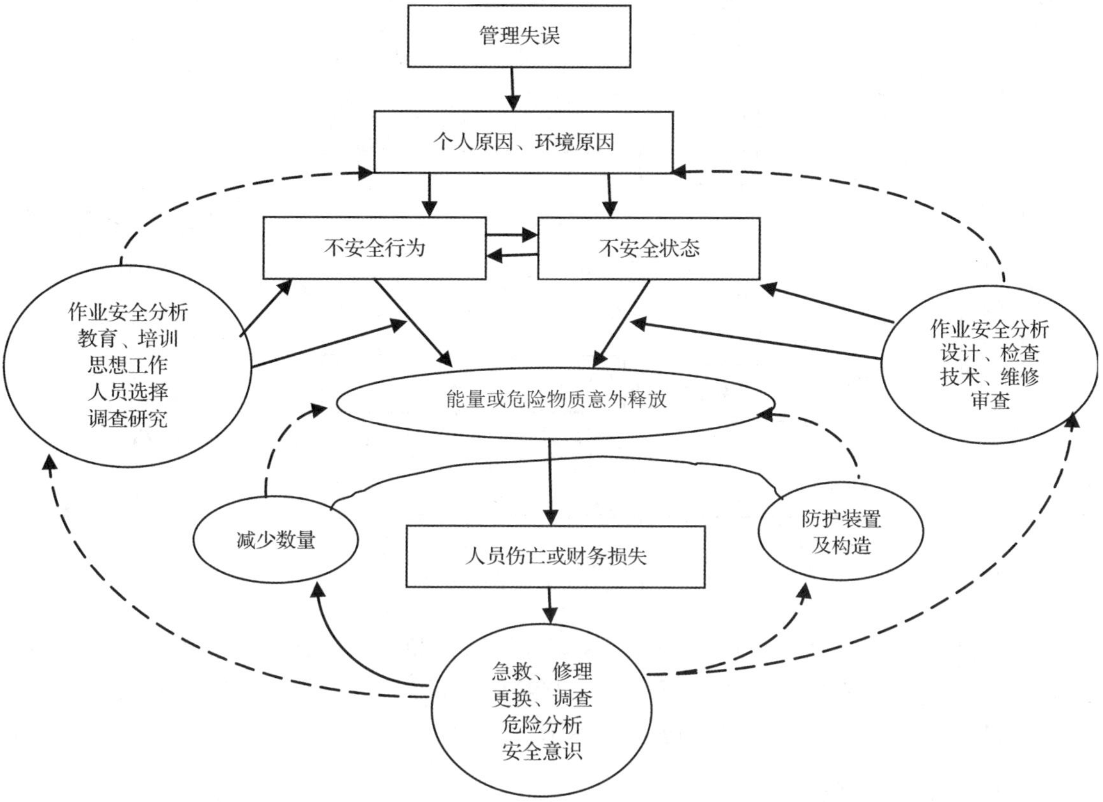

图 1-1 能量意外释放导致事故的流程

能量意外释放理论揭示了事故发生的本质,为人们设计及采取安全技术措施提供了理论依据。

思考题:能用能量意外释放论来解释天津港大爆炸吗? 如何解释?

二、轨迹交叉论

轨迹交叉论是一种研究事故致因的理论,可以概括为设备故障(或缺陷)与人为失误,两事件链的轨迹交叉就会构成事故。

1. 轨迹交叉论的提出

约翰逊认为,一起伤亡事故的发生,除了人的不安全行为之外,一定存在着某种不安全状态,并且不安全状态对事故发生作用更大些。

斯奇巴提出,生产操作人员与机械设备两种因素都会对事故的发生有影响,并且机械设备的危险状态对事故的发生作用更大些,只有当两种因素同时出现,才能发生事故。

上述理论被称为轨迹交叉论,该理论主要观点是,在事故发展进程中,人的因素运动轨迹与物的因素运动轨迹的交点就是事故发生的时间和空间,即人的不安全行为和物的不安全状态发生于同一时间、同一空间或者说人的不安全行为与物的不安全状态相通,则将在此时间、此空间发生事故。轨迹交叉论事故模型如图 1-2 所示。

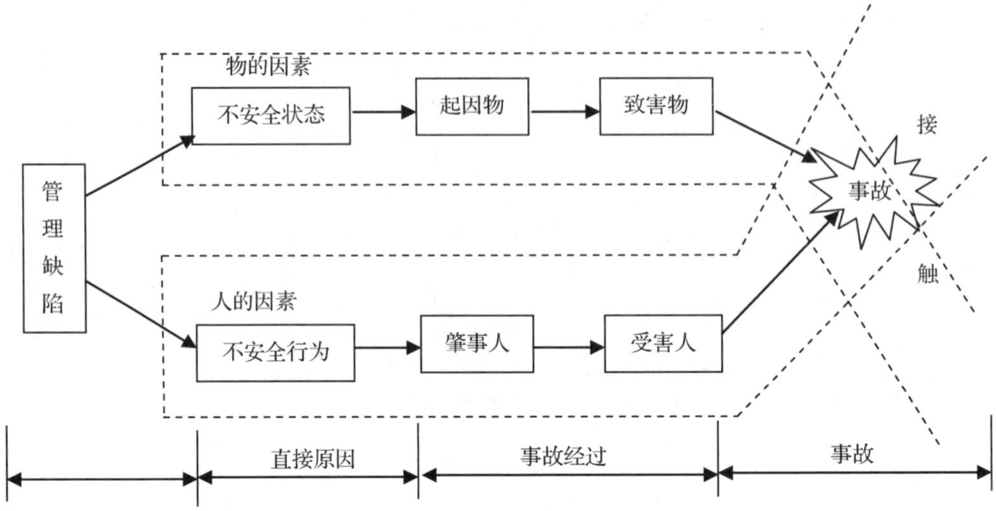

图 1-2　轨迹交叉论事故模型

轨迹交叉论作为一种事故致因理论,强调人的因素和物的因素在事故致因中占有同样重要的地位。按照该理论,可以通过避免人与物两种因素运动轨迹交叉,即避免人的不安全行为和物的不安全状态同时、同地出现,来预防事故的发生。

2. 轨迹交叉论作用原理

轨迹交叉论将事故的发生发展过程描述为:基本原因→间接原因→直接原因→事故→伤害。从事故发展运动的角度,这样的过程被形容为事故致因因素导致事故的运动轨迹,具体包括人的因素运动轨迹和物的因素运动轨迹。

(1)人的因素运动轨迹:人的不安全行为基于生理、心理、环境、行为几个方面而产生。①生理、先天身心缺陷;②社会环境、企业管理上的缺陷;③后天的心理缺陷;④视、听、嗅、味、触等感官能量分配上的差异;⑤行为失误。

(2)物的因素运动轨迹:在物的因素运动轨迹中,在生产过程各阶段都可能产生不安全状态。①设计上的缺陷,如用材不当,强度计算错误、结构完整性差、采矿方法不适应矿床围岩性质等;②制造、工艺流程上的缺陷;③维修保养上的缺陷,降低了可靠性;④使用上的缺陷;⑤作业场所环境上的缺陷。

在生产过程中,人的因素运动轨迹按其①→②→③→④→⑤的方向顺序进行,物的因素运动轨迹按其①→②→③→④→⑤的方向进行。人、物轨迹相交的时间与地点,就是发生伤亡事故"时空",也就导致了事故的发生。

值得注意的是,许多情况下人与物又互为因果。例如,有时物的不安全状态诱发了人的不安全行为,而人的不安全行为又促进了物的不安全状态的发展或导致新的不安全状态出现。因此,实际的事故并非简单地按照上述的人、物两条轨迹进行,而呈现非常复杂的因果关系。

若设法排除机械设备或处理危险物质过程中的隐患或者消除人为失误和不安全行为,使两事件链连锁中断,则两系列运动轨迹不能相交,危险就不能出现,就可避免事故发生。

对人的因素而言，强调工种考核，加强安全教育和技术培训，进行科学的安全管理，从生理、心理和操作管理上控制人的不安全行为的产生，就等于砍断了事故产生的人的因素轨迹。

轨迹交叉论突出强调的是砍断物的事件链，提倡采用可靠性高、结构完整性强的系统和设备，大力推广保险系统、防护系统和信号系统及高度自动化和遥控装置。这样，即使人为失误而构成人的因素，也会因安全闭锁等可靠性高的安全系统的作用，控制住物的因素的发展，可完全避免伤亡事故的发生。

一些领导和管理人员总是错误地把一切伤亡事故归咎于操作人员“违章作业”；实际上，人的不安全行为也是由于教育培训不足等管理欠缺造成的。管理的重点应放在控制物的不安全状态上，即消除“起因物”，就不会出现“施害物”，“砍断”物的因素运动轨迹，使人与物的轨迹不相交叉，事故即可避免。

实践证明，消除生产作业中物的不安全状态，可以大幅度地减少伤亡事故的发生。

思考题：检索一个事故案例，用轨迹交叉论解释该事故。

三、事故因果连锁论

海因里希因果连锁论又称海因里希模型或多米诺骨牌理论，该理论由海因里希首先提出，用以阐明导致伤亡事故的各种原因及与事故间的关系。该理论认为，伤亡事故的发生不是一个孤立的事件，虽然伤害可能在某瞬间突然发生，但它却是一系列事件相继发生的结果。

1931年，美国的海因里希在《工业事故预防》一书中，阐述了根据当时的工业安全实践总结出来的工业安全理论，事故因果连锁理论是其中重要组成部分。海因里希把工业伤害事故的发生发展过程描述为具有一定因果关系的事件的连锁：①人员伤亡的发生是事故的结果。②事故的发生原因是人的不安全行为或物的不安全状态。③人的不安全行为或物的不安全状态是由人的缺点造成的。④人的缺点是由不良环境诱发或者是先天的遗传因素造成的。

在该理论中，海因里希借助于多米诺骨牌形象地描述了事故的因果连锁关系，即事故是一连串事件按一定顺序互为因果依次发生的。如一块骨牌倒下，则将发生连锁反应，使后面的骨牌依次倒下。

海因里希模型这5块骨牌依次是：

(1)遗传及社会环境(M)：造成人的缺点的原因。遗传因素可能使人具有鲁莽、固执、粗心等不良性格；社会环境可能妨碍教育，助长不良性格的发展。这是事故因果链上最基本的因素。

(2)人的缺点(P)：由遗传和社会环境因素所造成，使人产生不安全行为或使物产生不安全状态的主要原因。这些缺点既包括各类不良性格，也包括缺乏安全生产知识和技能等后天的不足。

(3)人的不安全行为和物的不安全状态(H)：指那些曾经引起过事故，或可能引起事故的人的行为，或机械、物质的状态，它们是造成事故的直接原因。例如，在起重机的吊荷下停留、不发信号就启动机器、工作时间打闹或拆除安全防护装置等都属于人的不安全行为；

没有防护的传动齿轮、裸露的带电体或照明不良等属于物的不安全状态。

(4)事故(D):即由物体、物质或放射线等对人体发生作用受到伤害的、出乎意料的、失去控制的事件。例如,坠落、物体打击等使人员受到伤害的事件是典型的事故。

(5)伤害(A):直接由于事故而产生的人身伤害。

海因里希的事故困果连锁论模型如图 1-3 所示。

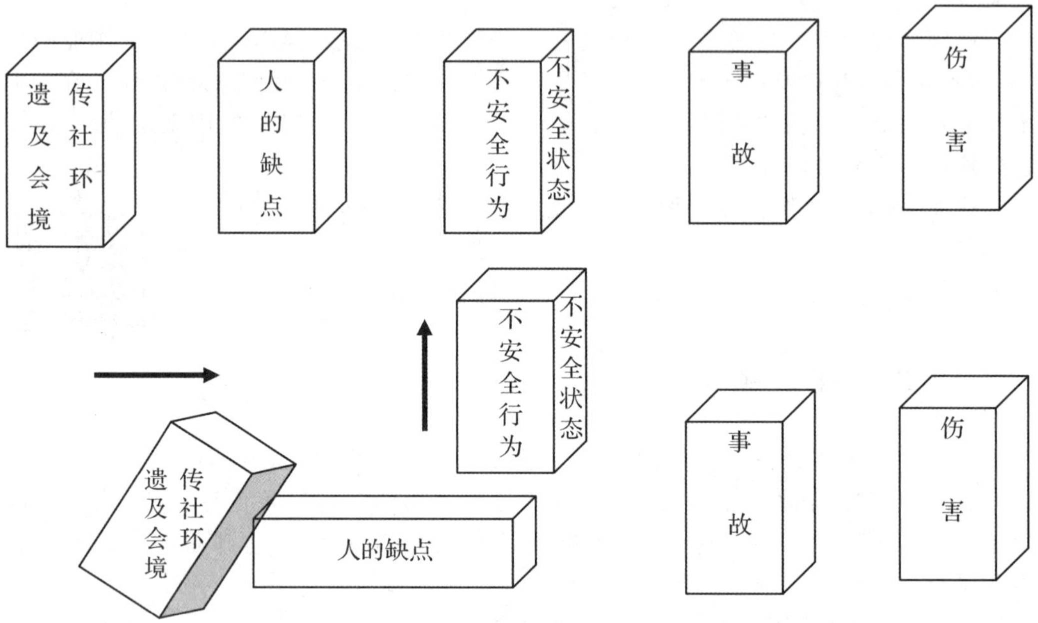

图 1-3　海因里希的事故因果连锁论模型

该理论的积极意义在于,如果移去因果连锁中的任一块骨牌,则连锁被破坏,事故过程即被中止,达到控制事故的目的。海因里希还强调,企业安全工作的中心就是要移去中间的骨牌,即防止人的不安全行为和物的不安全状态,从而中断事故的进程,避免伤害的发生。当然,通过改善社会环境,使人具有更良好的安全意识,加强培训,使人具有较好的安全技能,或者加强应急抢救措施,也都能在不同程度上移去事故连锁中的某一骨牌或增加该骨牌的稳定性,使事故得到预防和控制。

海因里希理论也有明显的不足,它对事故致因连锁关系描述过于简单化、绝对化,也过多地考虑了人的因素。尽管如此,其形象化和在事故致因研究中的先导作用,使其有着重要的历史地位。后来,博德、亚当斯等人都在此基础上进行了进一步的修改和完善,使因果连锁的思想得以进一步发扬光大。

思考题:怎样用海因里希的事故因果连锁论解释与预防天津港类型的事故?

四、工业安全公理

海因里希提出的事故致因理论——多米诺理论被运用时的 10 句话被认为是“工业安全

的公理”(见表 1-1)。在海因里希《工业事故预防》(1980 年第 5 版)中认为事故是由人的不安全行为和物的不安全状态引起的。从表 1-1 中可以看出人的不安全行为是导致事故的首要因素。

表 1-1 工业安全公理——海因里希提出的事故致因理论

序号	公 理
1	大多数的事故是由人的不安全行为引起的
2	伤害的发生是由一个完整的因素序列导致的,这其中最后一个因素便是事故本身
3	人们产生不安全行为的原因对于选择恰当正确的措施是十分有益的
4	最有效的事故预防方法与提高生产力和产品质量的途径是相类似的
5	管理者是工业事故预防的关键个体
6	只有在个人产生了不安全行为和(或)在机械或自然的危险时,事故才会发生
7	伤害的严重性在很大程度上是偶然的,并且导致伤害的特殊事故是可以预防的
8	事故具有直接或间接代价。直接代价的例子有医疗费、责任主张、赔偿及住院花费
9	管理者应该承担具有法律效力的安全责任,因为它处于达到最终结果的最佳位置
10	由个人产生的不安全状态或不安全的行为并不总是立即导致事故或伤害

第三节 安全生产简介

一、安全生产基本概念

1. 安全生产的定义

安全生产是指在生产经营活动中,为了避免造成人员伤害和财产损失的事故而采取相应的事故预防和控制措施,使生产过程在符合规定的条件下进行,以保证从业人员的人身安全与健康,使设备和设施免受损坏,环境免遭破坏,保证生产经营活动得以顺利进行的相关活动。

2. 安全生产的方针

《中华人民共和国安全生产法》确定了“安全第一、预防为主、综合治理”的安全生产管理基本方针,在此方针的规约下形成了一定的管理体制和基本原则。

3. 安全生产管理体制

目前我国安全生产监督管理的体制是综合监管与行业监管相结合、国家监察与地方监管相结合、政府监督与其他监督相结合。

4. 安全生产基本原则

（1）“以人为本”的原则：要求在生产过程中，必须坚持“以人为本”的原则。在生产与安全的关系中，一切以安全为重，安全必须排在第一位。必须预先分析危险源，预测和评价危险、有害因素，掌握危险出现的规律和变化，采取相应的预防措施，将危险和安全隐患消灭在萌芽状态。

（2）“谁主管、谁负责”的原则：安全生产的重要性要求主管者也必须是责任人，要全面履行安全生产责任。

（3）“管生产必须管安全”的原则：工程项目各级领导和全体员工在生产过程中必须坚持在抓生产的同时抓好安全工作。这实现了安全与生产的统一，生产和安全是一个有机的整体，两者不能分割更不能对立起来，应将安全融于生产之中。

（4）“安全具有否决权”的原则：安全生产工作是衡量工程项目管理的一项基本内容。它要求对各项指标考核，评优创先时首先必须考虑安全指标的完成情况。安全指标没有实现，即使其他指标顺利完成，仍无法实现项目的最优化。安全具有一票否决的作用。

（5）“三同时”原则：基本建设项目中的职业安全、卫生技术和环境保护等措施和设施，必须与主体工程同时设计、同时施工、同时投产使用的法律制度的简称。

（6）“四不放过”原则：事故原因未查清不放过，当事人和群众没有受到教育不放过，事故责任人未受到处理不放过，没有制订切实可行的预防措施不放过。

（7）“五同时”原则：企业的生产组织及领导者在计划、布置、检查、总结、评比生产工作的同时，计划、布置、检查、总结、评比安全工作。

二、以人为本的安全管理体系

由前面的分析可以看出，人在现代工业生产安全事故中起到关键作用。为了有效遏制人本事故的发生，现代工业企业必须树立以人为本的系统安全管理理念，使企业能够顺应市场经济之需求，在尊重人权，尊重生命的前提下发展壮大。实行以人为本的安全管理应该包括如下几点：

1. 尊重人的生命和健康，建立良好的安全沟通氛围和渠道，让员工有工作环境危害的知情权。

2. 使人人都具有高度安全意识，既保护自身，又维护他人安全和国家社会的财产安全。

3. 增强人的安全主动性，以达到安全全球化为最终的目的。

4. 具有高度的团队精神。良好的团队是企业成功的重要保证，以人为本的安全管理也十分需要这种精神。

5. 应用安全系统工程，实行全面系统的安全管理，即全员、全方位、全时段、全过程的安全管理。

6. 完善企业的安全文化。安全文化借助于既定的安全生产目标，能够增强人们的安全凝聚力、向心力、持久力。安全文化制度体现为伦理道德作用，约束人们的安全行为。

7. 以人为本的安全管理并不否认采取一些强制性的安全管理措施，行政政策约束和监督管理是实现这一管理的必要开端。

企业安全管理体系结构如图 1-4 所示。

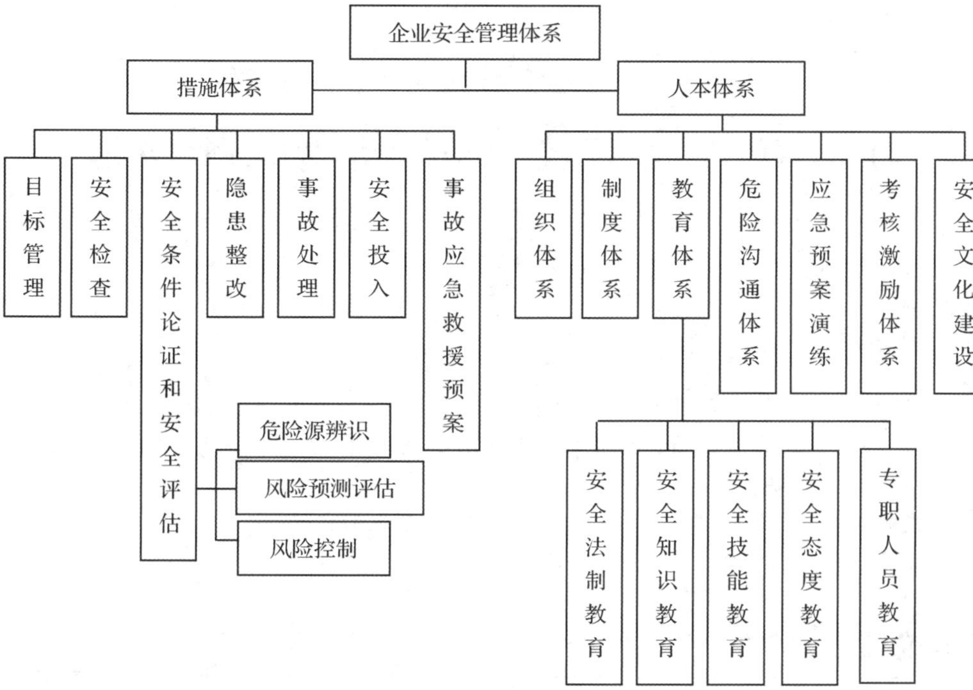

图 1-4　以人为本的安全管理体系结构

实行以人为本的安全管理体系对企业的发展具有重大的意义：

1. 可以提高员工的素质，充分调动员工的积极性，从而使企业的整体的工作效率得以提高。

2. 全面规范、改进企业的安全管理，保障企业员工的职业健康与生命安全，保障企业的财产安全。

3. 促进安全生产监督与管理机制的完善，能使组织的安全管理由被动强制行为转变为主动自愿行为，提高安全管理水平。

4. 改善与政府、员工、社区的公共关系，提高企业声誉，是企业管理现代化的重要手段。

5. 提供持续满足法律要求的机制，降低企业风险，预防事故发生，保障工作人员的人身健康。

6. 有利于与国际接轨，克服产品及服务在国内外贸易活动中的非关税贸易壁垒，取得进入市场的通行证，具有直接或间接的经济效益。

实际项目应用园地

第一章教学项目介绍

第一章测试

第二章　危险化学品的分类和特性

学习目标

知识目标：掌握危险化学品安全技术说明书的查阅方法；了解《危险化学品目录》《常用危险化学品分类及标志》等危险化学品分类标准的主要内容；掌握危险化学品的主要危险特性及安全储运技术。

能力目标：初步具备危险化学品分类、安全储运的能力。

素质目标：培养学生有条不紊、耐心细致的工作作风。

基础理论知识园地

第一节　危险化学品的定义及分类

20 类企业伤亡事故，除了物理伤害外，事故原因均为危险化学品。而危险化学品广泛地存在于各个行业与生产生活中。只有认识了解了危险化学品，掌握各类危险化学品的危险特性后，才能有针对性地防范此类事故的发生。

一、危险化学品的定义

危险化学品是指具有毒害、腐蚀、爆炸、燃烧、助燃等性质，对人体、设施、环境具有危害的剧毒化学品和其他化学品。

剧毒化学品是指具有剧烈急性毒性危害的化学品，包括人工合成的化学品及其混合物和天然毒素，还包括具有急性毒性易造成公共安全危害的化学品。

满足下列条件之一即具有剧烈急性毒性：大鼠实验，经口 $LD_{50} \leqslant$ 5mg/kg，经皮 $LD_{50} \leqslant$ 50mg/kg，吸入(4h) $LC_{50} \leqslant$ 100ml/m^3（气体）或 0.5mg/L(蒸气)或0.05mg/L(尘、雾)。经皮 LD_{50} 的实验数据，也可使用兔实验数据。

思考题：腈纶生产项目中，哪些物料具有危险化学品的特点？

二、危险化学品的分类

(一)根据《化学品分类和危险性公示通则》分类

根据《化学品分类和危险性公示通则》(GB 13690—2009)的规定,我国的危化品按理化危险、健康危险及环境危险等不同的分类方法进行分类,具体如下:

1.按照理化危险进行分类

(1)爆炸物:爆炸物(或混合物)是一种固态或液态物质(或物质的混合物),其本身能够通过化学反应产生气体,而产生气体的温度、压力和速度,能对周围环境造成破坏。其中也包括发火物质,即使它们不放出气体。

(2)易燃气体:易燃气体是在20℃和101.3kPa标准压力下,与空气有易燃范围的气体。

(3)易燃气溶胶:气溶胶是指气溶胶喷雾罐,系任何不可重新罐装的容器,该容器由金属、玻璃或塑料制成,内装强制压缩、液化或溶解的气体,包含或不包含液体、膏剂或粉末,配有释放装置,可使所装物质喷射出来,形成在气体中悬浮的固态或液态微粒,或形成泡沫、膏剂或粉末,或处于液态或气态。

(4)氧化性气体:一般通过提供氧气,比空气更能导致或促使其他物质燃烧的任何气体。

(5)压力下气体:高压气体在压力等于或大于200kPa(表压)下装入贮器的气体或液化气体或冷冻液化气体。压力下气体包括压缩气体、液化气体、溶解液体、冷冻液化气体。

(6)易燃液体:闪点不高于93℃的液体。

(7)易燃固体:容易燃烧或通过摩擦可能引燃或助燃的固体。易于燃烧的固体为粉状、颗粒状或糊状物质,它们与燃烧着的火柴等火源短暂接触即可点燃,火焰迅速蔓延的情况下,非常危险。

(8)自反应物质或混合物:①自反应物质或混合物是即使没有氧(空气)也容易发生激烈放热分解的热不稳定液态或固态物质或者混合物。本定义不包括根据统一分类制度分类为爆炸物、有机过氧化物或氧化物的物质和混合物。②自反应物质或混合物如果在实验室试验中其组分容易起爆、迅速爆燃或在封闭条件下加热时显示剧烈效应,应视为具有爆炸性质。

(9)自燃液体:指即使数量小也能在与空气接触后5min之内引燃的液体。

(10)自燃固体:指即使数量小也能在与空气接触后5min之内引燃的固体。

(11)自热物质和混合物:自热物质是发火液体或固体以外,与空气反应不需要能源供应就能够自己发热的固体或液体物质或混合物。

注:物质或混合物的自热导致自发燃烧是物质或混合物与氧气(空气中的氧气)发生反应并且所产生的热没有足够迅速地传导到外界而引起的。当热产生的速度超过热损耗的速度而达到自燃温度时,自燃便会发生。

(12)遇水放出易燃气体的物质或混合物:指通过与水作用,容易具有自燃性或放出危险数量的易燃气体的固态或液态物质或混合物。

(13)氧化性液体:本身未必燃烧,但通常因放出氧气可能引起或促使其他物质燃烧的液体。

(14)氧化性固体:本身未必燃烧,但通常因放出氧气可能引起或促使其他物质燃烧的固体。

(15)有机过氧化物:①有机过氧化物是含有二价—O—O—结构的液态或固态有机物质,可以看作是一个或两个氢原子被有机基替代的过氧化氢衍生物。有机过氧化物是热不稳定物质或混合物,容易放热自加速分解。另外,它们可能具有下列一种或几种性质:易于爆炸分解,迅速燃烧,对撞击或摩擦敏感,与其他物质发生危险反应。②如果有机过氧化物在实验室试验中,在封闭条件下加热时组分容易爆炸、迅速爆燃或表现出剧烈效应,则可认为它具有爆炸性质。

(16)金属腐蚀剂:指通过化学作用显著损坏或毁坏金属的物质或混合物。

2. 按照健康危险进行分类

(1)急性毒性:急性毒性是指在单剂量或在 24h 内多剂量口服或皮肤接触一种物质,或吸入接触 4h 之后出现的有害效应。

(2)皮肤腐蚀或刺激:皮肤腐蚀是对皮肤造成不可逆损伤;即施用试验物质达到 4h 后,可观察到表皮和真皮坏死。腐蚀反应的特征是溃疡、出血、有血的结痂,而且在观察期 14d 结束时,皮肤、完全脱发区域和结痂处由于漂白而褪色。应考虑通过组织病理学来评估可疑的病变。皮肤刺激是施用试验物质达到 4h 后对皮肤造成可逆损伤。

(3)严重眼损伤或眼刺激:严重眼损伤是在眼前部表面施加试验物质之后,对眼部造成在施用 21d 内并不完全可逆的组织损伤,或严重的视觉物理衰退。眼刺激是在眼前部表面施加试验物质之后,在眼部产生在施用 21d 内完全可逆的变化。

(4)呼吸或皮肤过敏:呼吸过敏物是吸入后会导致气管超敏反应的物质。皮肤过敏物是皮肤接触后会导致过敏反应的物质。过敏包含两个阶段:第一个阶段是某人因接触某种变应原而引起特定免疫记忆。第二个阶段是引发,即某一致敏个人因接触某种变应原而产生细胞介导或抗体介导的过敏反应。就呼吸过敏而言,随后为引发阶段的诱发,其形态与皮肤过敏相同。对于皮肤过敏,需有一个让免疫系统能学会做出反应的诱发阶段;此后,可出现临床症状,这时的接触就足以引发可见的皮肤反应(引发阶段)。因此,预测性的试验通常取这种形态,有一个诱发阶段,对该阶段的反应则通过标准的引发阶段加以计量,典型做法是使用斑贴试验。直接计量诱发反应的局部淋巴结试验则是例外做法。人体皮肤过敏的证据通常通过诊断性斑贴试验加以评估。就皮肤过敏和呼吸过敏而言,对于诱发所需的数值一般低于引发所需数值。需向可能致敏个人告知某混合物含有某种特定过敏物。

(5)生殖细胞致突变性:①本危险类别涉及的主要是可能导致人类生殖细胞发生可传播给后代的突变的化学品。但是,在本危险类别内对物质和混合物进行分类时,也要考虑活体外致突变性(生殖毒性)试验和哺乳动物活体内体细胞中的致突变性(生殖毒性)试验。②突变的定义为细胞中遗传物质的数量或结构发生永久性改变。③“突变”一词用于可能表现于表型水平的可遗传的基因改变和已知的基本 DNA 改性(例如,特定的碱基对改变和染色体易位)。④生殖毒性的和生殖毒性这两个较具一般性的词汇用于改变 DNA 的结构、信息量、分离试剂或过程,包括那些通过干扰正常复制过程造成 DNA 损伤或以非生理方式(暂时)改变 DNA 复制的试剂或过程。生殖毒性试验结果通常作为致突变效应的指标。

(6)致癌性:①致癌物是指可导致癌症或增加癌症发生率的化学物质或化学物质混合物。在实施良好的动物实验性研究中诱发良性和恶性肿瘤的物质也被认为是假定的或可疑的人类致癌物,除非有确凿证据显示该肿瘤形成机制与人类无关。②产生致癌危险的化学品的分类基于该物质的固有性质,并不提供关于该化学品的使用可能产生的人类致癌风险水平的信息。

(7)生殖毒性:①生殖毒性。生殖毒性包括对成年雄性和雌性性功能和生育能力的有害影响,以及在后代中的发育毒性。有些生殖毒性效应不能明确地归因于性功能和生育能力受损害或者发育毒性。尽管如此,具有这些效应的化学品也被划为生殖有毒物并附加一般危险说明。②对性功能和生育能力的有害影响。该影响包括化学品干扰生殖能力的任何效应。包括(但不限于)对雌性和雄性生殖系统的改变,对青春期的开始、配子产生和输送、生殖周期正常状态、性行为、生育能力、分娩怀孕结果的有害影响,过早生殖衰老,或者对依赖生殖系统完整性的其他功能的改变。③对后代发育的有害影响。广义的发育毒性包括在出生前或出生后干扰孕体正常发育的任何效应,实质上是指怀孕期间引起的有害影响,这些效应可在生物体生命周期的任何时间显现出来。发育毒性的主要表现包括发育中的生物体死亡、结构异常畸形、生长改变以及功能缺陷。

(8)特异性靶器官系统毒性——一次接触:目的是提供一种方法,用以划分由于单次接触而产生特异性、非致命性目标器官(毒性)的物质。所有可能损害机能的,可逆和不可逆的,即时和(或)延迟的。可将化学物质划为特定靶器官有毒物,这些化学物质可能对接触者的健康产生潜在有害影响。分类取决于是否拥有可靠证据表明在该物质中的单次接触对人类或试验动物产生了一致的、可识别的毒性效应,影响组织(器官)的功能或形态的毒理学显著变化,或者使生物体的生物化学或血液学发生严重变化,而且这些变化与人类健康有关。人类数据是这种危险分类的主要证据来源。该类危险化学品的评估不仅要考虑单一器官或生物系统中的显著变化,而且还要考虑涉及多个器官的严重性较低的普遍变化。特定靶器官毒性可能以与人类有关的任何途径发生,即主要以口服、皮肤接触或吸入途径发生。

(9)特异性靶器官系统毒性——反复接触:目的是对由于反复接触而产生特定靶器官(毒性)的物质进行分类。所有可能损害机能的,可逆和不可逆的,即时和(或)延迟的显著健康影响都包括在内。可将化学物质划为特定靶器官(有毒物),这些化学物质可能对接触者的健康产生潜在有害影响。分类取决于是否拥有可靠证据表明在该物质中的单次接触对人类或试验动物产生了一致的、可识别的毒性效应,影响组织(器官)的功能或形态的毒理学显著变化,或者使生物体的生物化学或血液学发生严重变化,而且这些变化与人类健康有关。人类数据是这种危险分类的主要证据来源。该类危险化学品的评估不仅要考虑单一器官或生物系统中的显著变化,而且还要考虑涉及多个器官的严重性较低的普遍变化。特定靶器官/毒性可能以与人类有关的任何途径发生,即主要以口服、皮肤接触或吸入途径发生。

(10)吸入危险(本危险性我国还未转化成为国家标准):吸入指液态或固态化学品通过口腔或鼻腔直接进入或者因呕吐间接进入气管和下呼吸系统。吸入毒性包括化学性肺炎、不同程度的肺损伤或吸入后死亡等严重急性效应。需要特殊考虑的事项有以下几条:①有些烃类(石油蒸馏物)和某些烃类氯化物已证明对人类具有吸入危险。伯醇和甲酮只在动物研究中显示吸入危险。②虽然有一种确定动物吸入危险的方法已在使用,但还没有标准化。动物试验得到的正结果只能用作可能有人类吸入危险的指导。在评估动物吸入危险数据时必须慎重。③分类标准以运动黏度作基准。公式(2-1)用于动力黏度和运动黏度之间的换算。④气溶胶(烟雾)产品的分类。气溶胶(烟雾)产品通常分布在密封容器、扳机式和按钮式喷雾器等容器内。这些产品分类的关键是,是否有一团液体在喷嘴内形成。如果从密封容器喷出的烟雾产品是细粒的,那么可能不会有一团液体形成。如果密封容器是以气流形式喷出产品,那么可能有一团液体形成然后可能被吸出。

$$v=\frac{\eta}{\rho} \tag{2-1}$$

式中:v——运动黏度,单位为平方毫米每秒(mm^2/s)

η——动力黏度,单位为毫帕秒(mpa・s)

ρ——密度,单位为克每立方厘米(g/cm^3)

3.按照环境危险进行分类

(1)危害水生环境:按照毒性、可降解性、生物积累分类原则可以分为急性和慢性两类。

(2)急性水生毒性是指物质对短期接触它的生物体造成伤害的固有性质。急性水生毒性涉及的相关概念如下。

①物质的可用性是指该物质成为可溶解或分解物种的范围。金属可用性,则指金属化合物的金属离子部分可以从化合物(分子)的其他部分分解出来的范围。

②生物利用率是指一种物质被有机体吸收以及在有机体内一个区域分布的范围。它依赖于物质的物理化学性质、生物体的解剖学和生理学、药物动力学和接触途径。可用性并不是生物利用率的前提条件。

③生物积累是指物质以所有接触途径(即空气、水、沉积物/土壤和食物)在生物体内吸收、转化和排出的净结果。

④生物浓缩是指一种物质以水传播接触途径在生物体内吸收、转化和排出的净结果。

⑤慢性水生毒性是指物质在与生物体生命周期相关的接触期间对水生生物产生有害影响的潜在性质或实际性质。

⑥复杂混合物或多组分物质或复杂物质是指由不同溶解度和物理化学性质的单个物质复杂混合而成的混合物。在大部分情况下,它们可以描述为具有特定碳链长度(置换度)数目范围的同源物质系列。

⑦降解是指有机分子分解为更小的分子,并最后分解为二氧化碳、水和盐。

(3)基本要素:急性水生毒性、潜在或实际的生物积累、有机化学品的降解(生物或非生物)和慢性水生毒性。

(4)生物积累潜力:物质(即使实际的水浓度很低)在水生生物体内的生物积累可能会在更长的期限内产生毒性效应。生物积累潜力由正辛醇和水之间的分配确定。

(5)快速降解性:可快速降解的物质可快速从环境中除去。环境降解可能是生物性的,也可能是非生物性的(例如水解)。诸如水解之类的非生物降解、非生物和生物主要降解、非水介质中的降解和环境中已证实的快速降解都可以在定义快速降解性时加以考虑。

(6)慢性水生毒性：数据不像急性那么容易得到，而且试验程序范围也未标准化。

(二)按照《危险货物分类和品名编号》分类

按照《危险货物分类和品名编号》(GB 6944—2012)，危险化学品分成九大类：

1. 第 1 类爆炸品

(1)定义：爆炸性物质是固态和液态物质(或物质混合物)，自身能够通过化学反应产生气体，其温度、压力和速度高到能对周围造成破坏。烟火物质若不放出气体也属于此类。爆炸性物品是含有一种或几种爆炸性物质的物品。

(2)项别：第 1 类爆炸品分为六项：①1.1 项：具有整体爆炸危险性的物质和物品(整体爆炸是指实际上瞬间影响到几乎全部载荷的爆炸)。

②1.2 项：具有喷射危险性而无整体爆炸危险性的物质和物品。

③1.3 项：具有起火危险性和轻微的爆炸危险性或者轻微的喷射危险性，或者两者兼而有之，但无整体爆炸危险性的物质和物品。包括产生相当大辐射热的物质或物品，相继燃烧，产生轻微爆炸或喷射效应或两种效应兼而有之的物质或物品。

④1.4 项：无显著危险性的物质和物品。包括运输中万一点燃或引发时仅出现小危险的物质和物品。其影响主要限于包装件本身，并预计射出的碎片不大，射程也不远。外部火烧不会引起包装件几乎全部内装物的瞬间爆炸。

⑤1.5 项：具有整体爆炸危险性的非常不敏感的物质。包括有整体爆炸危险但非常不敏感，以致在正常运输条件下引发或由燃烧转为爆炸的可能性非常小的物质。

⑥1.6 项：无整体爆炸危险性的极不敏感的物品。包括仅含有极不敏感起爆物质，并且其意外引发或传播的概率可忽略不计的物品。

(3)安全标志：安全标志如图 2-1 所示。

图 2-1　第 1 类爆炸品的标志

思考题：腈纶生产项目有爆炸品这类物质吗？

2. 第 2 类气体

(1)定义和一般规定:①气体是在 50℃及蒸气压大于 300kPa 时的物质;或 20℃时在 101.3kPa 标准压力下完全是气态的物质。②气体的运输状态依照其物理状态被称为压缩气体,液化气体(高压液化气体、低压液化气体),冷冻液化气体和溶解气体。③本类包括压缩气体、液化气体、溶解气体、冷冻液化气体、一种或多种气体与一种或多种其他类别物质的蒸气的混合物、充有气体的物品或气溶胶。④所有容器(如测试压力、内部压力、安全阀开启压力)相关的压强都用表压(超过大气压的部分)表示,但所有气体压强都用绝对压强表示。

(2)项别:以运输中气体的主要危险性为依据,第二类气体物质被分别划为三个项别。

①2.1 项易燃气体,指在 20℃和 101.3kPa 标准压力下满足下列条件之一的气体:a. 爆炸下限小于或等于 13%的气体;b. 不论其爆炸下限如何易燃性下限如何,其爆炸极限(燃烧范围)大于或等于 12%的气体。

②2.2 项非易燃无毒气体,包括窒息性气体(此种气体会稀释,或取代正常空气中的氧气)、氧化性气体,以及不属于其他项别的气体。不包括温度在 20℃时的压力低于 200kPa,并且未经液化或冷冻液化的气体。

③2.3 项毒性气体,包括下列条件之一的气体:a. 其毒性或腐蚀性对人类健康造成危害的气体;b. 急性半数致死浓度 LC_{50} 值小于或等于 5000ml/m³(ppm)的毒性或腐蚀性气体,而推定对人体应具有毒性或腐蚀性的气体。

(3)安全标志:第 2 类气体的标志如图 2-2 所示。

图 2-2　第 2 类气体的标志

思考题:腈纶生产项目哪些物质属于第 2 类气体物质?

3. 第 3 类易燃液体

第 3 类易燃液体包括易燃液体和液态退敏爆炸品。

(1)易燃液体是指易燃的液体或液体混合物,或是在溶液或悬浮液中有固体的液体,其闭杯试验闪点不高于 60℃,或开杯试验闪点不高于 65.6℃。该类还包括:①在温度等于或高于其闪点的条件下所提交运输的液体;②以液态在高温条件下运输或提交运输,并在温度等于或低于最高运输温度下放出易燃蒸气的物质。

(2)液态退敏爆炸品是指为抑制爆炸性物质的爆炸性能，将爆炸性物质溶解或悬浮在水中或其他液体物质后而形成的均匀液体混合物。

(3)安全标志：第 3 类易燃液体的标志如图 2-3 所示。

图 2-3　第 3 类易燃液体的标志

思考题：腈纶生产项目哪些物质属于第 3 类易燃液体？

4. 第 4 类易燃固体、易于自燃的物质、遇水放出易燃气体的物质

(1)一般规定：第 4 类包括易燃固体、易于自燃的物质和遇水放出易燃气体的物质。

(2)项别。分为三个项别：

①4.1 项易燃固体、自反应物质和固态退敏爆炸品。易燃固体指易于燃烧的固体或摩擦可能起火的固体。自反应物质是指即使没有氧(空气)也容易发生激烈放热分解的热不稳定物质。固态退敏爆炸品指为抑制爆炸性物质的爆炸性能，用水或酒精润湿爆炸性物质，或用其他物质稀释爆炸性物质后而形成的均匀固态混合物。

②4.2 项易于自燃的物质(包括发火物质和自热物质)。发火物质指即使少量与空气接触，不到 5min 便燃烧的物质，包括混合物和溶液(液体或固体)。自热物质即发火物质以外的与空气接触便能自己发热的物质。没有能量补给，接触空气自身放热的其他物质。这种物质只有在大量存在时和很长一段时间之后才能燃烧，叫作自热物质。

③4.3 项遇水放出易燃气体的物质，指遇水放出易燃气体，且该气体与空气混合能够形成爆炸性混合物的物质。

(3)安全标志：第 4 类易燃固体、自燃物品、遇湿易燃物品标志如图 2-4 所示。

图 2-4　第 4 类易燃固体、自燃物品、遇湿易燃物品标志

思考题:腈纶生产项目有第 4 类易燃固体,易于自燃的物质,遇水释放易燃气体的这类物质吗?

5.第 5 类氧化性物质和有机过氧化物

本类包括氧化性物质和有机过氧化物,分为 2 项。

(1)5.1 项氧化性物质:氧化性物质是指本身未必可燃,但通常因放出氧可能引起或促使其他物质燃烧的物质。

(2)5.2 项有机过氧化物:有机过氧化物是指含有两价过氧基(—O—O—)的有机物质,该物质为热不稳定物质,可能发生放热的自加速分解。有机过氧化物按其危险性程度分为七种类型。

①A 型有机过氧化物,指装在供运输的容器中时能起爆或迅速爆燃的有机过氧化物配置品。

②B 型有机过氧化物,指装在供运输的容器中时既不能起爆也不能迅速爆燃,但在该容器中可能发生热爆炸的、具有爆炸性质的有机过氧化物配置品。该有机过氧化物装在容器中的数量最高可达 25kg,为了排除在包装件中起爆或迅速爆燃而需要把最高数量限制在较低数量者除外。

③C 型有机过氧化物,指装在供运输的容器(最多 50kg)内不可能起爆或迅速爆燃或发生热爆炸的具有爆炸性质的的有机过氧化物配置品。

④D 型有机过氧化物,指满足下列条件之一,可以接受装在净重不超过 50kg 包装件中运输的有机过氧化物配置品:在实验室试验中,部分起爆,不迅速爆燃,在封闭条件下加热时不显示任何激烈效应。在实验室试验中,根本不起爆,缓慢爆燃,在封闭条件下加热时不显示激烈效应。在实验室试验中,根本不起爆或爆燃,在封闭条件下加热时显示中等效应。

⑤E 型有机过氧化物,指在实验室试验中,既不起爆也不爆燃,在封闭条件下加热时只显示微弱效应,可以接受装在不超过 400kg/450L 的包装件中运输的有机过氧化物配置品。

⑥F 型有机过氧化物,指在实验室试验中,既不在空化状态下起爆也不爆燃,在封闭条件下加热时只显示微弱效应或无效应,并且爆炸力弱或无爆炸力的,可考虑用中型散装货箱或罐体运输的有机过氧化物配置品。

⑦G 型有机过氧化物,指在实验室试验中,既不在空化状态下起爆也不爆燃,在封闭条件下加热时不显示任何效应,并且没有任何爆炸力的有机过氧化物配置品,应免于划入有机过氧化物,但配置品应是热稳定的(50kg 包件的自加速分解温度为 60℃或更高),液态配置品应使用 A 型稀释剂退敏。如果配置品不是热稳定的,或者用 A 型稀释剂以外的稀释剂退敏,应定为 F 型有机过氧化物。

(3)安全标志:第 5 类氧化性物质和有机过氧化物标志如图 2-5 所示。

图 2-5　第 5 类氧化物和有机过氧化物标志

思考题：腈纶生产项目哪些物质属于第5类氧化性物质和有机过氧化物？

6. 第6类毒性物质和感染性物质

(1)一般规定：本类包含毒性物质和感染性物质。

(2)项别：

①6.1项毒性物质，指经吞食、吸入或与皮肤接触后可能造成死亡或严重受伤或损害人类健康的物质。急性口服毒性的 $LD_{50} \leqslant 300mg/kg$；青年大白鼠口服后，最可能引起受试动物在14d内死亡一半的物质计量，试验结果以mg/kg体重表示。急性皮肤接触毒性的 $LD_{50} \leqslant 1000mg/kg$；使白兔的裸露皮肤持续接触24h，最可能引起受试动物在14d内死亡一半的物质计量，试验结果以mg/kg体重表示。急性吸入粉尘和烟雾毒性的 $LC_{50} \leqslant 4mg/L$；急性吸入蒸气毒性的 $LC_{50} \leqslant 5000mg/m^3$，且在20℃和标准大气压下的饱和蒸气浓度 $\geqslant 1/5LC_{50}$。

②6.2项感染性物质，指已知或有理由认为含有病原体的物质，分A类和B类。A类是以某种形式运输的感染性物质，在与之发生接触(发生接触，是在感染性物质泄漏到保护包装之外，造成人或动物的实际接触)时，可能造成健康的人或动物永久性失残、生命危险或致命疾病。B类是A类以外的感染性物质。

(3)安全标志：第6类毒性物质和感染性物质的标志，如图2-6所示。

图2-6 第6类毒性物质和感染性物质标志

思考题：腈纶生产项目哪些物质属于第6类毒性物质和感染性物质？

7. 第7类放射性物质

(1)本类物质是指任何含有放射性核素并且其活度浓度和放射性总活度都超过GB 11806规定限值的物质。

(2)分类：放射性物品根据其特性及对人体健康和环境的潜在危害程度分为三类。即：一类放射性物品、二类放射性物品和三类放射性物品。同时，又根据放射源的强度等性质，从高到低将放射源分为Ⅰ类、Ⅱ类、Ⅲ类、Ⅳ类、Ⅴ类。

一类放射性物品：是指Ⅰ类放射源、高水平放射性废物、乏燃料等释放到环境后对人体健康和环境产生重大辐射影响的放射性物品。

二类放射性物品：是指Ⅱ类和Ⅲ类放射源、中等水平放射性废物等释放到环境后对人体健康和环境产生一般辐射影响的放射性物品。

三类放射性物品：是指Ⅳ类和Ⅴ类放射源、低水平放射性废物、放射性药品等释放到环境后对人体健康和环境产生较小辐射影响的放射性物品。

放射性物品分类及与有关产品的关系见表 2-1。实践中，常见的一类放射性物品有辐照用钴-60 放射源、γ 刀治疗机、乏燃料等，二类放射性物品有测井用放射源、中水平放射性废物等，三类放射性物品有爆炸物检测用放射源、低水平放射性废物、放射性药品等。

表 2-1　放射性物品分类及与有关产品

放射性物质	放射源	其他放射性物品
一类	Ⅰ类	高水平放射性废物、乏燃料、钴-60 放射源、γ 刀治疗机、医用强钴源、工业辐照强钴源、锎-252 中子源原料等
二类	Ⅱ类、Ⅲ类	中等水平放射性废物、测井用放射源等密封放射源
三类	Ⅳ类、Ⅴ类	低水平放射性废物、放射性药品、爆炸物检测用放射源铯-137(0.5mCi)子母源罐等

(3)安全标志：第 7 类放射性物质标志，如图 2-7 所示。

图 2-7　第 7 类放射性物质标志

思考题：腈纶生产项目哪些物质属于第 7 类放射性物质？

8. 第 8 类腐蚀性物质

腐蚀性物质指通过化学作用使生物组织接触时造成严重损伤或在渗漏时会严重损害甚至毁坏其他货物或运载工具的物质。本类包括满足下列条件之一的物质：①使完好的皮肤组织在暴露超过 60min、但不超过 4h 之后开始的 14d 观察期内全厚度毁损的物质；②被判定不引起完好皮肤组织全厚度毁损，但在 55℃ 试验温度下，对钢或铝的表面腐蚀率超过 6.25mm/a 的物质。

第 8 类腐蚀性物质安全标志如图 2-8 所示。

图 2-8　第 8 类腐蚀性物质标志

思考题：腈纶生产项目哪些物质属于第 8 类腐蚀性物质？

9. 第 9 类杂项危险物质和物品（包括危害环境物质）

(1)本类是指存在危险但不能满足其他类别定义的物质和物品。包括：①以微细粉尘吸入可危害健康的物质，如 UN 2212、UN 2590；②会放出易燃气体的物质，如 UN 2211、UN 3314；③锂电池组，如 UN 3090、UN 3091、UN 3480、UN 3481；④救生设备，如 UN 2990、UN 3072、UN 3268；⑤一旦发生火灾可形成二噁英的物质和物品，如 UN 2315、UN 3432、UN 3151、UN 3152；⑥在高温下运输或提交运输的物质，是指在液态温度达到或超过 100℃或固态温度达到或超过 240℃条件下运输的物质，如 UN 3257、UN 3258；⑦危害环境物质，包括污染水生环境的液体或固体物质以及这类物质的混合物，如制剂和废物如 UN 3077、UN 3082；⑧不符合第 6 类毒性物质和感染性物质定义的经基因修改的微生物和生物体，如 UN 3245；⑨其他，如 UN 1841、UN 1845、UN 1931、UN 1941、UN 1990、UN 2071、UN 2216、UN 2807、UN 2969、UN 3166、UN 3171、UN 3316、UN 3334、UN 3335、UN 3359、UN 3363。

(2)危害水生环境物质的分类：物质满足表 2-2 所列急性 1、慢性 1 或慢性 2 的标准，应列为危害水生环境物质。

表 2-2　危害水生环境物质的分类表

急性（短期）水生危害	慢性水生危害[b]		
	已掌握充分的慢毒性资料		没有掌握充分的慢毒性资料[a]
	非快速降解物质[c]	快速降解物质[c]	
类别：急性 1	类别：慢性 1	类别：慢性 1	类别：慢性 1
LC_{50}（或 EC_{50}）[d] 给 ≤1.00	NOEC（或 EC_X）≤ 0.1	NOEC（或 EC_X）≤ 0.01	LC_{50}（或 EC_{50}）[d] 给≤1.00，并且该物质满足下列条件之一： (1)非快速降解物质； (2)BCF≥500，如没有该数值，$\log(K_{ow})\geq 4$。
—	类别：慢性 2	类别：慢性 2	类别：慢性 2
—	0.1＜NOEC（或 EC_X）≤1	0.01＜NOEC（或 EC_X）≤0.1	1.00＜ LC_{50}（或 EC_{50}）[d]≤10.0，并且该物质满足下列条件之一： (1)非快速降解物质； (2)BCF≥500，如没有该数值，$\log(K_{ow})\geq 4$。

BCF：生物富集系数；
EC_X：声生 X%反成的浓度，单位为毫克每升(mg/L)；
EC_{50}：造成 50%最大反应的物质有效浓度，单位为毫克每升(mg/L)；
K_{OW}：辛醇溶液分配系数；
LC_{50}（SO%致命浓度）：物质在水中造成一组实验动物 50%死亡的浓度，单位为毫克每升(mg/L)；
NOEC（无显见效果浓度）：实验浓度刚好低于产生在统计上有效的有害影响的最低测得浓度. NOEC 不产生在统计上有效的应受管制的有害影响。NOEC 单位为毫克每升(mg/L)。

续表

急性(短期)水生危害	慢性水生危害[b]		
	已掌握充分的慢毒性资料		没有掌握充分的慢毒性资料[a]
	非快速降解物质[c]	快速降解物质[c]	

a:以鱼类、甲壳纲功物和/或藻类或其他水生植物的 LC_{50}(或 EC_{50})数值为基础的急性毒性范围。
b:物质按不同的慢毒性分类,除非学握所有三个营养水平的充分的慢毒性数据,在水溶性以上或1mg/L。
c:慢性毒性范围以鱼类域甲壳纲动物的 NOBC 或等效的 EC_X 数值,或其他公认的慢毒性标准为基础。
d:LC_{50}(成 EC_{50})分别指 96h LC_{50}(对鱼类)、48h EC_{50}(对甲壳纲动物)。

10. 以上九大类物质危险性的先后顺序

当一种物质、混合物或溶液有一种以上危险性,其危险性的先后顺序按危险性的先后顺序表确定。对于其名称未具体列入危险货物品名表的物质或物品,也必须按照危险性的先后顺序表确定其危险性类别,其危险性的先后顺序按表 2-3 确定。

表 2-3　危险性的先后顺序表

类或项和包装类别		4.2	4.3	5.1			6.1				8					
				Ⅰ	Ⅱ	Ⅲ	Ⅰ		Ⅱ	Ⅲ	Ⅰ		Ⅱ		Ⅲ	
							皮肤	口服			液体	固体	液体	固体	液体	固体
3	Ⅰ[a]	4.2	4.3	5.1	4.1	4.1	3	3	3	3	3	—	3	—	3	—
	Ⅱ[a]	4.2	4.3	5.1	4.1	4.1	3	3	3	3[b]	8	—	3	—	3	—
	Ⅲ[a]		4.3	5.1	4.2	4.2	6.1	6.1	6.1	3	8	—	8	—	3	—
4.1	Ⅱ[a]		4.3	5.1	5.1	4.2	6.1	6.1	4.1	4.1	—	8	—	4.1	—	4.1
	Ⅲ[a]		4.3	5.1	4.3	4.3	6.1	6.1	6.1	4.1	—	8	—	8	—	4.1
4.2	Ⅱ		4.3	5.1	4.3	4.3	6.1	6.1	4.2	4.2	8	8	4.2	4.2	4.2	4.2
	Ⅲ		4.3	5.1	5.1	4.3	6.1	6.1	6.1	4.2	8	8	8	8	4.2	4.2
4.3	Ⅰ						6.1	4.3	4.3	4.3	4.3	4.3	4.3	4.3	4.3	4.3
	Ⅱ						6.1	4.3	4.3	4.3	8	8	4.3	4.3	4.3	4.3
	Ⅲ						6.1	6.1	6.1	4.3	8	8	8	8	4.3	4.3
5.1	Ⅰ						5.1	5.1	5.1	5.1	5.1	5.1	5.1	5.1	5.1	5.1
	Ⅱ						6.1	5.1	5.1	5.1	8	8	5.1	5.1	5.1	5.1
	Ⅲ						6.1	6.1	6.1	5.1	8	8	8	8	5.1	5.1

续表

类或项和包装类别			4.2	4.3	5.1			6.1				8					
					Ⅰ	Ⅱ	Ⅲ	Ⅰ		Ⅱ	Ⅲ	Ⅰ		Ⅱ		Ⅲ	
								皮肤	口服			液体	固体	液体	固体	液体	固体
6.1	Ⅰ	皮肤										8	6.1	6.1	6.1	6.1	6.1
		口服										8	6.1	6.1	6.1	6.1	6.1
	Ⅱ	吸入										8	6.1	6.1	6.1	6.1	6.1
		皮肤										8	6.1	8	6.1	6.1	6.1
		口服										8	8	8	6.1	6.1	6.1
	Ⅲ											8	8	8	8	8	8

注:“—”表示不可能组合。

a 自反应物质和固态过敏爆炸品以外的 4.1 项物质以及液态退敏爆炸品以外的第 3 类物质。

b 农药为 6.1。

下列物质和物品的危险性总是处于优先地位,其危险性的先后顺序没有列入表 2-3。

①第 1 类物质和物品;②第 2 类气体;③第 3 类液态退敏爆炸品;④4.1 项自反应物质和固态退敏爆炸品;⑤4.2 项发火物质;⑥5.2 项物质;⑦具有Ⅰ类包装吸入毒性的 6.1 项物质;⑧6.2 项物质;⑨第 7 类物质。具有其他危险性质的放射性物质无论在什么情况下都应划入第 7 类,并确认次要危险性(例外货包中的放射性物质除外)。

(三)《危险化学品目录(2015 版)》简介

依照《危险化学品安全管理条例》有关规定,安全监管总局会同工业和信息化部、公安部、环境保护部、交通运输部、农业部、国家卫生计生委、质检总局、铁路局、民航局制定了《危险化学品目录(2015 版)》。

1.危险化学品的定义和确定原则

(1)定义:具有毒害、腐蚀、爆炸、燃烧、助燃等性质,对人体、设施、环境具有危害的剧毒化学品和其他化学品。

(2)确定原则:危险化学品的品种依据化学品分类和标签国家标准,从下列危险和危害特性类别中确定:

1)物理危险

爆炸物:不稳定爆炸物、1.1、1.2、1.3、1.4。

易燃气体:类别 1、类别 2、化学不稳定性气体类别 A、化学不稳定性气体类别 B。

气溶胶(又称气雾剂):类别 1。

氧化性气体:类别 1。

加压气体:压缩气体、液化气体、冷冻液化气体、溶解气体。

易燃液体:类别 1、类别 2、类别 3。

易燃固体:类别 1、类别 2。

自反应物质和混合物:A 型、B 型、C 型、D 型、E 型。

自燃液体:类别 1。

自燃固体:类别 1。

自热物质和混合物:类别 1、类别 2。

遇水放出易燃气体的物质和混合物:类别 1、类别 2、类别 3。

氧化性液体:类别 1、类别 2、类别 3。

氧化性固体:类别 1、类别 2、类别 3。

有机过氧化物:A 型、B 型、C 型、D 型、E 型、F 型。

金属腐蚀物:类别 1。

2)健康危害

急性毒性:类别 1、类别 2、类别 3。

皮肤腐蚀/刺激:类别 1A、类别 1B、类别 1C、类别 2。

严重眼损伤/眼刺激:类别 1、类别 2A、类别 2B。

呼吸道或皮肤致敏:呼吸道致敏物 1A、呼吸道致敏物 1B、皮肤致敏物 1A、皮肤致敏物 1B。

生殖细胞致突变性:类别 1A、类别 1B、类别 2。

致癌性:类别 1A、类别 1B、类别 2。

生殖毒性:类别 1A、类别 1B、类别 2、附加类别。

特异性靶器官毒性——一次接触:类别 1、类别 2、类别 3。

特异性靶器官毒性——反复接触:类别 1、类别 2。

吸入危害:类别 1。

3)环境危害

危害水生环境——急性危害:类别 1、类别 2;

危害水生环境——长期危害:类别 1、类别 2、类别 3。

危害臭氧层:类别 1。

2. 剧毒化学品的定义和判定界限

(1)定义:具有剧烈急性毒性危害的化学品,包括人工合成的化学品及其混合物和天然毒素,还包括具有急性毒性易造成公共安全危害的化学品。

(2)判定界限:急性毒性类别 1,即满足下列条件之一:大鼠实验,经口 $LD_{50} \leqslant 5mg/kg$,经皮 $LD_{50} \leqslant 50mg/kg$,吸入(4h)$LC_{50} \leqslant 100ml/m^3$(气体)或 0.5mg/L(蒸气)或 0.05mg/L(尘、雾)。经皮 LD_{50} 的实验数据,也可使用兔实验数据。

(四)全球化学品统一分类和标签制度

全球化学品统一分类和标签制度(简称 GHS),由联合国经济及社会理事会危险货物运输和全球化学品统一分类和标签制度专家委员会编写,作为指导各国控制化学品危害和保护人类与环境的规范性文件。

1. GHS 产生的背景

化学制品在提高和改善人们生活的同时，也可能给人或环境造成不利影响。因此，多年来许多国家或组织制定了各种法律或规章，要求通过标签或安全数据单编制，向使用化学品的人传播有关信息。

可用的化学品数目巨大，管理所有这些产品对任何实体而言都根本不可能办到。鉴于化学品全球贸易的范围十分广泛，且必须制订方案来确保它们的安全使用、运输和处置，各国认识到，采用国际统一的做法进行分类和标签可为此类方案提供基础。

现行的这些法律或规章在许多方面是雷同的，但它们的差别也大得足以造成同种产品在不同的国家有着不同的标签或安全数据单。危险定义的差异，可能造成某种化学品在一国被认为是危险品，而在另一国被认为是非危险品。因此，对于何时或如何在标签或安全数据单上公示危险，世界各地的决定互不相同。此外，鉴于发展和维持化学品综合分类和标签制度是一项复杂工作，许多国家根本没有办法。

推动完成这项工作的国际授权是 1992 年联合国环境与发展会议（UNCED）。反映在《21 世纪议程》中，即可行的话，应于 2000 年之前建立全球统一和配套的危害分类和标签制度，包括物质的安全数据单和易懂的符号在内，由国际劳工组织（ILO）、经济合作与发展组织（OECD）和联合国经济及社会理事会危险货物运输专家小组委员会合作制定。OECD 负责制定化学品对人体健康与环境的危险分类标准；UNCETDG 负责制定化学品物性安全标准；ILO 根据前两个单位发展出标准，负责发展出相关的标记与分类方式。

1999 年 10 月成立了联合国全球化学品统一分类和标签制度专家小组委员会，作为前危险货物运输专家委员会的一个附属机构，该委员会全名为危险货物运输和全球化学品统一分类和标签制度专家委员会。2002 年 12 月通过 GHS 工作报告，经联合国正式出版，其封面为紫色，GHS 又称为“紫皮书”。

2002 年在约翰内斯堡通过的《可持续发展问题世界首脑会议（WSSD）执行计划》，鼓励各国尽快执行 GHS，以便到 2008 年使该制度在全球实施。在世界各国广泛传播化学品管理，将会使全球公众和环境更安全。

GHS 的制度基础：美国有关工作场所、消费和杀虫剂的制度要求；加拿大有关工作场所、消费和杀虫剂的制度要求；欧盟有关物质和制剂分类和标签的指令；《联合国关于危险货物运输的建议书》。

GHS 的范围涵盖了所有的危险化学物质、稀释溶液以及化学物质组成的混合物。药物、食品添加剂、化妆品、食品中残留的杀虫剂等因属于有意识摄入，不属于 GHS 协调范围。然而，这些类型的化学物质在工人可能受到其影响的地方或在交通运输环节中，仍将受到 GHS 的约束。

2. GHS 的主要内容

GHS 按危险类型对化学品进行了分类，并就危险公示要素（包括标签和安全数据表）提出了建议。协调根据物质和混合物的健康、环境和物理的危险性对其进行正确地分类。

GHS 将化学品分成三部分：物理危险、健康危险和环境危险。其中，物理危险 16 类，健康危险 10 类，环境危险 1 类。

(1)物理危险:爆炸物、易燃气体、易燃气溶胶、氧化气体、高压气体、易燃液体、易燃固体、自反应物质和混合物、发火液体、发火固体、自热物质和混合物、遇水放出易燃气体的物质和混合物、氧化性液体、氧化性固体、有机过氧化物、金属腐蚀剂。

(2)健康危险:急性毒性、皮肤腐蚀(刺激)、严重眼损伤(眼刺激)、呼吸或皮肤敏化作用、生殖细胞致突变性、致癌性、生殖毒性、特定目标器官系统毒性—单次接触、特定目标器官系统毒性—重复接触、吸入危险。

(3)环境危险:危害水生环境。

三、化学品的安全技术说明书

化学品安全技术说明书(简称 SDS),提供了化学品(物质或混合物)在安全、健康和环境保护等方面的信息,推荐了防护措施和紧急情况下的应对措施。在一些国家,化学品安全技术说明书又被称为物质安全技术说明书(简称 MSDS)。

(一)SDS 的内容和通用形式

1. 内容

SDS 将按照下面 16 部分提供化学品的信息,每部分的标题、编号和前后顺序不应随意变更。①化学品及企业标识;②危险性概述;③成分(组成)信息;④急救措施;⑤消防措施;⑥泄漏应急处理;⑦操作处置与储存;⑧接触控制和个体防护;⑨理化特性;⑩稳定性和反应性;⑪毒理学信息;⑫生态学信息;⑬废弃处置;⑭运输信息;⑮法规信息;⑯其他信息。

注:为方便 SDS 编制者识别不同化学品的 SDS,SDS 应该设定 SDS 编号。

2. 通用形式

(1)在 16 部分下面填写相关的信息,该项如果无数据,应写明无数据原因。16 部分中,除第 16 部分“其他信息”外,其余部分不能留下空项。SDS 中信息的来源一般不用详细说明。

(2)对应于 16 部分的内容应依据“(二)SDS 编写导则”的建议和要求来完成。

(3)对 16 部分可以根据内容细分出小项,与 16 部分不同的是这些小项不编号。

(4)16 部分要清楚地分开,大项标题和小项标题的排版要醒目。

(5)使用小项标题时,应按“(二)SDS 编写导则”中指定的顺序排列。

(6)SDS 的每一页都要注明该种化学品的名称,名称应与标签上的名称一致,同时注明日期和 SDS 编号。日期是指最后修订的日期。页码中应包括总的页数,或者显示总页数的最后一页。

注 1:化学品的名称应该是化学名称或用在标签上化学品的名称。如果化学名称太长,缩写名称应在第 1 部分或第 3 部分描述。

注 2:SDS 编号和修订日期(版本号)写在 SDS 的首页,每页可填写 SDS 编号和页码。

注 3:第 1 次修订的修订日期和最初编制日期应写在 SDS 的首页。

(7)SDS 正文的书写应该简明、扼要、通俗易懂。推荐采用常用词语。SDS 应该使用用户可接受的语言书写。

(二)SDS 编写导则

1.概述

本导则用于指导编写化学品的 SDS,以保证 SDS 中的每项内容都能使下游用户对安全、健康和环境采取必要的防护或保护措施。

(1)本导则列出了 SDS 中 16 部分应包括的主要条目。未列入的条目可以根据需要追加。

(2)SDS 中这些主要条目称为小项,用下划线突出显示。

(3)有些信息与 SDS 有关但未作为一条目列入本导则,可在相关项目下追加该条目。

(4)对于给定化学品,并非所有条目都适用,可以根据具体情况进行选择。

2.第 1 部分——化学品及企业标识

该部分主要标明化学品的名称,该名称应与安全标签上的名称一致,建议同时标注供应商的产品代码。应标明供应商的名称、地址、电话号码、应急电话、传真和电子邮件地址。

该部分还应说明化学品的推荐用途和限制用途。

3.第 2 部分——危险性概述

该部分应标明化学品主要的物理和化学危险性信息,以及对人体健康和环境影响的信息,如果该化学品存在某些特殊的危险性质,也应在此处说明。

如果已经根据 GHS 对化学品进行了危险性分类,应标明 GHS 危险性类别,同时应注明 GHS 的标签要素,如象形图或符号、防范说明,危险信息和警示词等。象形图或符号如火焰、骷髅和交叉骨可以用黑白颜色表示。GHS 分类未包括的危险性(如粉尘爆炸危险)也应在此处注明。

应注明人员接触后的主要症状及应急综述。

4.第 3 部分——成分/组成信息

该部分应注明该化学品是物质还是混合物。

如果是物质,应提供化学名或通用名、美国化学文摘登记号(CAS 号)及其他标识符。

如果某种物质按 GHS 分类标准分类为危险化学品,则应列明包括对该物质的危险性分类产生影响的杂质和稳定剂在内的所有危险组分的化学名或通用名,以及浓度或浓度范围。

如果是混合物,不必列明所有组分。

如果按 GHS 标准被分类为危险的组分,并且其含量超过了浓度限值,应列明该组分的名称信息、浓度或浓度范围。对已经识别出的危险组分,也应该提供被识别为危险组分的那些组分的化学名或通用名、浓度或浓度范围。

5.第 4 部分——急救措施

该部分应说明必要时应采取的急救措施及应避免的行动,此处填写的文字应该易于被受害人和(或)施救者理解。

根据不同的接触方式细分为:吸入、皮肤接触、眼睛接触和食入。

该部分应简要描述接触化学品后的急性和迟发效应、主要症状和对健康的主要影响,详细资料可在第 11 部分列明。

如有必要,本项应包括对保护施救者的忠告和对医生的特别提示。

如有必要,还要给出及时的医疗护理和特殊的治疗。

6. 第 5 部分——消防措施

该部分应说明合适的灭火方法和灭火剂,如有不合适的灭火剂也应在此处标明。应标明化学品的特别危险性(如产品是危险的易燃品)。标明特殊灭火方法及保护消防人员特殊的防护装备。

7. 第 6 部分——泄漏应急处理

该部分应包括以下信息:

(1)作业人员防护措施、防护装备和应急处置程序。

(2)环境保护措施。

(3)泄漏化学品的收容、清除方法及所使用的处置材料(如果和第 13 部分不同,列明恢复、中和和清除方法)。

该部分提供防止发生次生危害的预防措施。

8. 第 7 部分——操作处置与储存

(1)操作处置:应描述安全处置注意事项,包括防止化学品人员接触,防止发生火灾和爆炸的技术措施和提供局部或全面通风,防止形成气溶胶和粉尘的技术措施等。还应包括防止直接接触不相容物质或混合物的特殊处置注意事项。

(2)储存:应描述安全储存的条件(适合的储存条件和不适合的储存条件)、安全技术措施、同禁配物隔离储存的措施、包装材料信息(建议的包装材料和不建议的包装材料)。

9. 第 8 部分——接触控制和个体防护

列明容许浓度,如职业接触限值或生物限值。

列明减少接触的工程控制方法,该信息是对第 7 部分内容的进一步补充。

如果可能,列明容许浓度的发布日期、数据出处、试验方法及方法来源。

列明推荐使用的个体防护设备,例如:呼吸系统防护、手防护、眼睛防护、皮肤和身体防护,标明防护设备的类型和材质。

化学品若只在某些特殊条件下才具有危险性,如量大、高浓度、高温、高压等,应标明这些情况下的特殊防护措施。

10. 第 9 部分——理化特性

该部分应提供以下信息:化学品的外观与性状,例如:物态、形状和颜色;气味,pH(并指明浓度)熔点或凝固点,沸点、初沸点和沸程,闪点,燃烧上下极限或爆炸极限,蒸气压,蒸气密度,密度或相对密度,溶解性,n-辛醇/水分配系数,自燃温度,分解温度。

如果有必要,应提供下列信息:气味阈值、蒸发速率、易燃性(固体、气体)。

该部分也应提供化学品安全使用的其他资料,例如放射性或体积密度等。

应使用 SI 国际单位制单位,见 ISO 1000:1992 和 ISO 1000:1992/Amd 1:1998。可以使用非 SI 单位,但只能作为 SI 单位的补充。

必要时,应提供数据的测定方法。

11. 第 10 部分——稳定性和反应性

该部分应描述化学品的稳定性和在特定条件下可能发生的危险反应。应包括以下信息:应避免的条件(例如:静电、撞击或震动),不相容的物质,危险的分解产物,一氧化碳、二氧化碳和水除外。

填写该部分时应考虑提供化学品的预期用途和可预见的错误用途。

12. 第 11 部分——毒理学信息

13. 第 12 部分——生态学信息

该部分提供化学品的环境影响、环境行为和归宿方面的信息,如:化学品在环境中的预期行为,可能对环境造成的影响或生态毒性;持久性和降解性;潜在的生物累积性;土壤中的迁移性。

如果可能,提供更多的科学实验产生的数据或结果,并标明引用文献资料来源。

如果可能,提供任何生态学限值。

14. 第 13 部分——废弃处置

这些处置方法适用于化学品(残余废弃物),也适用于任何受污染的容器和包装。提醒下游用户注意当地废弃处置法规。

15. 第 14 部分——运输信息

该部分包括国际运输法规规定的编号与分类信息,这些信息应根据不同的运输方式,如陆运、海运和空运进行区分。

应包含以下信息:联合国危险货物编号(UN 号),联合国运输名称,联合国危险性分类,包装组(如果可能),海洋污染物(是/否),提供使用者需要了解或遵守的其他与运输或运输工具有关的特殊防范措施。

可增加其他相关法规的规定。

16. 第 15 部分——法规信息

该部分应标明使用本 SDS 的国家或地区中,管理该化学品的法规名称。

提供与法律相关的法规信息和化学品标签信息。

提醒下游用户注意当地废弃处置法规。

17. 第 16 部分——其他信息

该部分应进一步提供上述各项未包括的其他重要信息。例如：可以提供需要进行的专业培训、建议的用途和限制的用途等。参考文献可在本部分列出。

（三）安全技术说明书的获取方法

1. 向供应商索取相关化学品的 SDS；
2. 企业自行建立的 SDS 数据库（参考 GB/T 17519—2013 编制安全技术说明书）；
3. 委托第三方机构建立的 SDS 数据库；
4. 查询在线 SDS 数据库等。

思考题：怎样查询 SDS？

四、危险化学品事故类型及特点

危险化学品事故是指由一种或数种危险化学品或其能量意外释放造成的人身伤亡、财产损失或环境污染事故。

（一）危险化学品事故的划分

危险化学品事故大体上可划分为 6 类：

1. 危险化学品火灾事故

这一类指燃烧物质主要是危险化学品的火灾事故。具体又分若干小类，包括易燃液体火灾、易燃固体火灾、自燃物品火灾、遇湿易燃物品火灾、其他危险化学品火灾。易燃气体、液体火灾往往又引起爆炸事故，易造成重大的人员伤亡。大多数危险化学品在燃烧时会放出有毒有害气体或烟雾，危险化学品火灾事故中，往往会伴随发生人员中毒和窒息事故。

2. 危险化学品爆炸事故

这一类指危险化学品发生化学反应的爆炸事故或液化气体和压缩气体的物理爆炸事故。具体包括爆炸品的爆炸（又可分为烟花爆竹爆炸、民用爆炸器材爆炸、军工爆炸品爆炸等），易燃固体、自燃物品、遇湿易燃物品的火灾爆炸，易燃液体的火灾爆炸，易燃气体爆炸，危险化学品产生的粉尘、气体、挥发物爆炸，液化气体和压缩气体的物理爆炸，其他化学反应爆炸。

3. 危险化学品中毒和窒息事故

这一类主要指人体吸入、食人或接触有毒有害化学品或者化学品反应的产物，而导致的中毒和窒息事故。具体包括吸人中毒事故（中毒途径为呼吸道），接触中毒事故（中毒途径为皮肤、眼睛等），误食中毒事故（中毒途径为消化道），其他中毒和窒息事故。

4. 危险化学品灼伤事故

这一类主要指腐蚀性危险化学品意外地与人体接触，在短时间内即在人体被接触表面发生化学反应，造成明显破坏的事故。腐蚀品包括酸性腐蚀品、碱性腐蚀品和其他不显酸碱性的腐蚀品。

5. 危险化学品泄漏事故

这一类主要是指气体或液体危险化学品发生了一定规模的泄漏，虽然没有发展成为火灾、爆炸或中毒事故，但造成了严重的财产损失或环境污染等后果的危险化学品事故。危险化学品泄漏事故一旦失控，往往造成重大火灾、爆炸或中毒事故。

6. 其他危险化学品事故

这一类指不能归入上述五类危险化学品事故之外的其他危险化学品事故，如危险化学品罐体倾倒、车辆倾覆等，但没有发生火灾、爆炸、中毒和窒息、灼伤、泄漏等事故。

(二)危险化学品事故的特点

1. 多发性

多发性即在危险化学品从生产到废弃的各个环节当中都可能发生事故。

2. 易发性

危险化学品的自身特点决定，当受热、遇湿、遇水、摩擦、撞击等就可能发生事故。

3. 突发性

危险化学品的事故会突然发生，即使有事故前兆也不易察觉、发现。有时使人感到意外。

4. 复杂性

事故发生的原因往往比较复杂。

5. 连续性

由于生产、储存装置的大型化、系列化，往往发生事故还会引起连锁反应，引起连续事故。

6. 扩散性

危险化学品一旦发生事故会迅速扩散，波及范围广。

7. 伤害形式特殊

危险化学品事故引起人烧伤、灼伤、中毒，对产生环境污染。

8. 救援难度大

需专门队伍、专业人员，救治也需专业知识。

9. 社会影响广泛。

10. 经济损失大。

引发危险化学品事故的原因很多，危险化学品种类繁多，所以发生危险化学品事故的后果也大不相同，可引起爆炸、燃烧或中毒。因而常常危及人们生命和财产的安全，带来不可估量的严重后果。

近年来，我国又陆续出台了一系列危险化学品管理的法律法规，如《危险化学品安全管理条例》，为危险化学品企业加强事故应急救援提供了依据。危险化学品企业在做好应急救援预案的同时，应重视事故应急救援工作，加强事故急救体系建设，建立相应的组织，配备相应的专业或兼职人员和应急装备，并进行应急培训和演练。

第二节　危险化学品的贮运安全技术

一、危险化学品的贮存安全技术

（一）危险化学品贮存的分类

化学性质相抵触或灭火方法不同的化学物料称为禁忌物料。危险化学品的贮存方式共分为以下三类。

1. 隔离贮存

在同一房间或同一区域内、不同的物料之间分开一定距离，非禁忌物料间用通道保持空间的贮存方式。

2. 隔开贮存

在同一建筑或同一区域内，用隔板或墙，将其与禁忌物料分离开的贮存方式。

3. 分离贮存

贮存在不同的建筑物或远离所有建筑的外部区域内的贮存方式。

（二）危险化学品贮存的基本要求

1. 贮存危险化学品必须遵照国家法律、法规和其他有关的规定。

2. 危险化学品必须贮存在经公安部门批准设置的专门的危险化学品仓库中，经销部门自管仓库储存危险化学品及贮存数量必须经公安部门批准。未经批准不得随意设置危险化学品贮存仓库。

3.危险化学品露天堆放，应符合防火、防爆的安全要求，爆炸物品、一级易燃物品、遇湿燃烧物品、剧毒物品不得露天堆放。

4.贮存危险化学品的仓库必须配备有专业知识的技术人员，其库房及场所应设专人管理，管理人员必须配备可靠的个人安全防护用品。

5.贮存的危险化学品应有明显的标志，标志应符合 GB 190—2016 的规定。同一区域贮存两种或两种以上不同级别的危险品时，应按最高等级危险物品的性能标志。

6.根据危险品性能分区、分类、分库贮存。各类危险品不得与禁忌物料混合贮存。

7.贮存危险化学品的建筑物、区域内严禁吸烟和使用明火。

(三)贮存场所要求

1.贮存危险化学品建筑物不得有地下室或其他地下建筑，其耐火等级、层数、占地面积、安全疏散和防火间距，应符合国家有关规定。

2.贮存地点及建筑结构的设置，除了应符合国家的有关规定外，还应考虑对周围环境和居民的影响。

3.贮存场所的电气安装

(1)危险化学品储存建筑物、场所消防用电设备应能充分满足消防用电的需要，并符合《建筑设计防火规范》的有关规定。

(2)危险化学品贮存区域或建筑物内输配电线路、灯具、火灾事故照明和疏散指示标志，都应符合安全要求。

(3)贮存易燃、易爆危险化学品的建筑，必须安装避雷设备。

4.贮存场所通风或温度调节

(1)贮存危险化学品的建筑必须安装通风设备，并注意设备的防护措施。

(2)贮存危险化学品的建筑通排风系统应设有导除静电的接地装置。

(3)通风管应采用非燃烧材料制作。

(4)通风管道不宜穿过防火墙等防火分隔物，如必须穿过时应用非燃烧材料分隔。

(5)贮存危险化学品建筑采暖的热媒温度不应过高，热水采暖不应超过 80℃，不得使用蒸气采暖和机械采暖。

(6)采暖管道和设备的保温材料，必须采用非燃烧材料。

(四)贮存安排及储存量限制

1.危险化学品贮存安排取决于危险化学品分类、分项、容器类型、贮存方式和消防的要求。

2.贮存量及贮存安排见表 2-4。

表 2-4 贮存量及贮存安排表

贮存类别 / 贮存要求	露天贮存	隔离贮存	隔开贮存	分离贮存
平均单位面积贮存量/(t/m^2)	1.0～1.5	0.5	0.7	0.7
单一贮存区最大贮量/t	2000～2400	200～300	200～300	400～600
垛距限制/m	2	0.3～0.5	0.3～0.5	0.3～0.5
通道宽度/m	4～6	1～2	1～2	5
墙距宽度/m	2	0.3～0.5	0.3～0.5	0.3～0.5
与禁忌品距离/m	10	不得同库贮存	不得同库贮存	7～10

3.遇火、遇热、遇潮能引起燃烧、爆炸或发生化学反应，产生有毒气体的危险化学品不得在露天或在潮湿、积水的建筑物中贮存。

4.受日光照射能发生化学反应引起燃烧、爆炸、分解、化合或能产生有毒气体的危险化学品应贮存在一级建筑物中。其包装应采取避光措施。

5.爆炸物品不准和其他类物品同贮，必须单独隔离限量贮存，仓库不准建在城镇，还应与周围建筑、交通干道、输电线路保持一定安全距离。

6.压缩气体和液化气体必须与爆炸物品、氧化剂、易燃物品、自燃物品、腐蚀性物品隔离贮存。易燃气体不得与助燃气体、剧毒气体同贮；氧气不得与油脂混合贮存，盛装液化气体的容器属压力容器的，必须有压力表、安全阀、紧急切断装置，并定期检查，不得超装。

7.易燃液体、遇湿易燃物品、易燃固体不得与氧化剂混合贮存，具有还原性的氧化剂应单独存放。

8.有毒物品应储存在阴凉、通风、干燥的场所，不要露天存放，不要接近酸类物质。

9.腐蚀性物品，包装必须严密，不允许泄漏，严禁与液化气体和其他物品共存。

二、危险化学品运输的安全技术

化学品在运输中发生事故比较常见，全面了解化学品的安全运输，掌握有关化学品的安全运输规定，对降低运输事故具有重要意义。

1.国家对危险化学品的运输实行资质认定制度，未经资质认定，不得运输危险化学品。

2.托运危险物品必须出示有关证明，到指定的铁路、交通、航运等部门办理手续。托运物品必须与托运单上所列的品名相符，托运未列入国家品名表内的危险物品，应附交上级主管部门审查同意的技术鉴定书。

3.危险物品的装卸运输人员，应按装运危险物品的性质，佩戴相应的防护用品，装卸时必须轻装、轻卸，严禁摔拖、重压和摩擦，不得损毁包装容器，并注意标志，堆放稳妥。

4.危险物品装卸前，应对车(船)、搬运工具进行必要的通风和清扫，不得留有残渣，对装有剧毒物品的车(船)，卸车后必须洗刷干净。

5.装运爆炸、剧毒、放射性、易燃液体、可燃气体等物品，必须使用符合安全要求的运输工具:禁止用电瓶车、翻斗车、铲车、自行车等运输爆炸物品。运输强氧化剂、爆炸品及用铁桶包装的一级易燃液体时,没有采取可靠的安全措施,不得用铁底板车及汽车挂车;禁止用叉车、铲车、翻斗车搬运易燃、易爆液化气体等危险物品;温度较高地区装运液化气体和易燃液体等危险物品,要有防晒设施;放射性物品应用专用运输搬运车和抬架搬运,装卸机械应按规定负荷降低25%;遇水燃烧物品及有毒物品,禁止用小型机帆船、小木船和水泥船承运。

6. 运输爆炸、剧毒和放射性物品,应指派专人押运,押运人员不得少于2人。

7. 运输危险物品的车辆,必须保持安全车速,保持车距,严禁超车、超速和强行会车。运输危险物品的行车路线,必须事先经当地公安交通管理部门批准,按指定的路线和时间运输,不可在繁华街道行驶和停留。

8. 运输易燃、易爆物品的机动车,其排气管应装阻火器,并悬挂"危险品"标志。

9. 运输散装固体危险物品,应根据性质,采取防火、防爆、防水、防粉尘飞扬和遮阳等措施。

10. 禁止利用内河以及其他封闭水域运输化学品。

三、不同类别危险化学品的贮运安全技术

(一)爆炸品贮存和运输

爆炸品在爆炸的瞬间能释放出巨大的能量,使周围的人、畜及建筑物受到极大的伤害和破坏,因此对爆炸品的贮存和运输必须高度重视,严格要求,加强管理。保管人员必须熟悉所保管爆炸品的性能、危险特性和安全保管的基本知识,以及不同爆炸品的特殊要求。

1. 爆炸品仓库必须选择在人烟稀少的空旷地带,与周围的居民住宅及工厂企业等建筑物必须有一定的安全距离。库房应为单层建筑,周围须装设避雷针。库房要阴凉通风,远离火种、热源,防止阳光直射,一般库温控制在15~30℃为宜(硝化甘油库房最低温度不得低于15℃,以防止凝固),相对湿度一般控制在65%~75%,易吸湿的黑火药、硝铵炸药、导火索等相对湿度不得超过65%。库房内部照明应采用防爆型灯具,开关应设在库房外面。物资贮存期限应掌握先进先出原则,防止变质失效。

2. 堆放各种爆炸品时,要求做到牢固、稳妥、整齐,防止倒垛,便于搬运。为有利于通风、防潮、降温,爆炸品的包装箱不宜直接放置在地面上,最好铺垫20cm左右的方木或垫板,绝不能用受撞击、摩擦容易产生火花的石块、水泥块或钢材等铺垫。炸药箱的堆垛高度、宽度、长度,垛与垛的间距、墙距、柱距、顶距等均需慎重考虑。每个库房不得超量储存。

3. 为确保爆炸品贮存和运输的安全,必须根据各种爆炸品的性能或敏感程度严格分类,专库贮存、专人保管、专车运输。

4. 一切爆炸品严禁与氧化剂、自燃物品、酸、碱、盐类、易燃可燃物、金属粉末和钢铁材料器具等混贮混运。

5. 点火器材、起爆器材不得与炸药、爆炸性药品以及发射药、烟火等其他爆炸品混贮混运。

6. 加强仓库检查,每天至少两次,查看温、湿度是否正常,包装是否完整,库内有无异味、烟雾,发现异常立即处理。严防猫、鼠等小动物进入库房。

7. 装卸和搬运爆炸品时,必须轻装轻卸,严禁摔、滚、翻、抛以及拖、拉、摩擦、撞击,以防引起爆炸。对散落的粉状或粒状爆炸品,应先用水润湿后,再用锯末或棉絮等柔软的材料

轻轻收集，转到安全地带处置勿使残留。操作人员不准穿带铁钉的鞋和携带火柴、打火机等进入装卸现场；禁止吸烟。

8. 严格管理，贯彻“五双管理制度”，做到双人验收、双人保管、双人发货、双本账、双把锁。

9. 运输时须经公安部门批准，按规定的行车时间和路线凭准运证方可起运。起运时包装要完整，装载应稳妥，装车高度不可超过栏板，不得与酸、碱、氧化剂、易燃物等其他危险物品混装，车速应加以控制，避免颠簸、震荡。铁路运输禁止溜放。

思考题：腈纶生产项目哪些物质贮运应注意爆炸品贮运相关事项？

(二)压缩气体和液化气体贮存和运输

1. 仓库应阴凉通风，远离热源、火种，防止日光曝晒，严禁受热。库内照明应采用防爆照明灯。库房周围不得堆放任何可燃材料。

2. 钢瓶入库验收要注意：包装外形无明显外伤，附件齐全，封闭紧密，无漏气现象，包装使用期应在试压规定期内，逾期不准延期使用，必须重新试压。

3. 内容物互为禁忌物的钢瓶应分库储存。如氢气钢瓶与液氯钢瓶、氢气钢瓶与氧气钢瓶、液氯钢瓶与液氨钢瓶等，均不得同库混放。易燃气体不得与其他种类化学危险物品共同储存。储存时钢瓶应直立放置整齐，最好用框架或栅栏围护固定，并留有通道。

4. 装卸时必须轻装轻卸，严禁碰撞、抛掷、溜坡或横倒在地上滚动等，不可把钢瓶阀对准人身，注意防止钢瓶安全帽脱落。装卸氧气钢瓶时，工作服和装卸工具不得沾有油污。易燃气体严禁接触火种。

5. 储存中钢瓶阀应拧紧，不得泄漏，如发现钢瓶漏气，应迅速打开库门通风，拧紧钢瓶阀，并将钢瓶立即移至安全场所。若是有毒气体，应戴上防毒面具。失火时应尽快将钢瓶移出火场，若搬运不及，可用大量水冷却钢瓶降温，以防高温引起钢瓶爆炸。消防人员应站立在上风处和钢瓶侧面。

6. 运输时必须戴好钢瓶上的安全帽。钢瓶一般应平放，并应将瓶口朝向同一方向，不可交叉；高度不得超过车辆的防护栏板，并用三角木垫卡牢，防止滚动。

7. 各种钢瓶必须严格按照国家规定，进行定期技术检验。钢瓶在使用过程中，如发现有严重腐蚀或其他严重损伤，应提前进行检验。

8. 在储运钢瓶时应检查：①钢瓶上的漆色及标志与各种单据上的品名是否相符，包装、标志、防震胶圈是否齐备，钢瓶上的钢印是否在有效期内。②安全帽是否完整、拧紧，瓶壁是否有腐蚀、损坏、结疤、凹陷、鼓泡和伤痕等。③耳听钢瓶是否有“嗞嗞”漏气声。④凭嗅觉检测现场是否有强烈刺激性臭味或异味。

思考题：腈纶生产项目哪些物质储运应注意压缩气体和液化气贮运相关事项？

(三)易燃液体贮存和运输

1. 易燃液体应贮存于阴凉通风库房，远离火种、热源、氧化剂及氧化性酸类。闪点低于23℃的易燃液体，其仓库温度一般不得超过30℃，低沸点的品种须采取降温式冷藏措施。

大量储存(如苯、醇、汽油等)一般可用储罐存放,机械设备必须防爆,并有导除静电的接地装置。储罐可露天,但气温在 30℃以上时应采取降温措施。

2.装卸和搬运中,要轻拿轻放,严禁滚动、摩擦、拖拉等危及安全的操作。作业时禁止使用易发生火花的铁制工具及穿带铁钉的鞋。

3.专库专贮,一般不得与其他危险化学品混放。

4.热天最好在早晚进出库和运输。在运输、泵送、灌装时要有良好的接地装置,防止静电积聚。运输易燃液体的槽车应有接地链,槽内可设有孔隔板以减少震荡产生的静电。夏季运输应遵守当地具体规定。

5.船运时,配装位置应远离船员室、机舱、电源、热源、火源等部位,舱内电器设备应防爆,通风筒应有防火星装置。装卸时应安排在最后装、最先卸。严禁用木船、水泥船散装易燃液体。

思考题:腈纶生产项目哪些物质储运应注意易燃液体贮运相关事项?

(四)易燃固体、自燃物品、遇湿易燃物品贮存和运输

1.易燃固体贮存和运输

(1)贮存于阴凉通风库房内,远离火种、热源、氧化剂及酸类(特别是氧化性酸类)。不可与其他危险化学品混放。

(2)搬运时轻装轻卸,防止拖、拉、摔、撞,保持包装完好。

(3)有些品种如硝化棉制品等,平时应注意通风散热,防止受潮发霉,并应注意贮存期限。贮存期较长时(如一年),应拆箱检查有无发热发霉变质现象,如有则应及时处理。

(4)对含有水分或乙醇作稳定剂的硝化棉等应经常检查包装是否完好,发现损坏要及时修理;要经常检查稳定剂存在情况,必要时添加稳定剂,润湿必须均匀。

(5)在贮存中,对不同品种的事故应区别对待。如发现赤磷冒烟,应立即将冒烟的赤磷抢救出仓库,用黄沙、干粉等扑灭。因赤磷从冒烟到起火燃烧有一段时间,可以来得及抢救。但如发现散装硫黄冒烟则应及时用水扑救。而镁、铝等金属粉末燃烧,只能用干砂、干粉灭火。严禁用水、酸碱灭火剂、泡沫灭火剂以及二氧化碳。

(6)船运时,配装位置应远离船员室、机舱、电源、火源、热源等部位,通风筒应有防火星的装置。

2.自燃物品储存和运输

(1)入库验收时,应特别注意包装必须完整密封。储存处应通风、阴凉、干燥,远离火种、热源,防止阳光直射。

(2)应根据不同物品的性质和要求,分别选择适当地点,专库储存。严禁与其他危险化学品混储混运。即使少量亦应与酸类、氧化剂、金属粉末、易燃易爆物品等隔离存放。

(3)搬运时应轻装轻卸,不得撞击、翻滚、倾倒,防止包装容器损坏。黄磷在储运时应始终浸没在水中。而忌水的三乙基铝等包装必须严密,不得受潮。

(4)应结合自燃物品的不同特性和季节气候,经常检查库内及垛间有无异状及异味,包装有无渗漏、破损。

(5)运输时应按各品种的性质区别对待。船舶装载时,配装位置应远离机舱、热源、火源、电源等部位;要有良好的通风设备。三乙基铝、铝铁熔剂严禁配装在甲板上。铁桶包装的自燃物品(黄磷除外)与铁器部位及每层之间应用木板等衬垫牢固,防止摩擦、移动。

3.遇湿易燃物品储存和运输

(1)遇湿易燃物品严禁露天存放。库房必须干燥,严防漏水或雨雪浸入。注意下水道畅通,雨或潮汛期间必须保证不进水。

(2)遇湿易燃物品库房必须远离火种、热源。附近不得存放盐酸、硝酸等散发酸雾的物品。

(3)遇湿易燃物品包装必须严密,不得破损,如有破损,应立即采取措施。钾、钠等活泼金属绝对不允露置空气中,必须浸没在煤油中保存,容器不得渗漏。

(4)遇湿易燃物品不得与其他类危险化学品,特别是酸类、氧化剂、含水物质、潮解性物质混储混运。不得与消防方法相抵触的物品同库存放,同车、船运输。

(5)遇湿易燃物品装卸搬运时应轻装轻卸,不得翻滚、撞击、摩擦、倾倒。雨雪天如无防雨设备不准操作。运输用车、船必须干燥,并有良好的防雨设施。

(6)电石桶入库时,要检查容器是否完好,对未充氮的铁桶应放气,发现发热或温度较高应放气。

(7)遇湿易燃物品灭火时严禁用酸碱、泡沫灭火剂;活泼金属火灾还不得用二氧化碳灭火。

思考题:腈纶生产项目哪些物质储运应注意易燃固体等的贮运相关事项?

(五)氧化剂和有机过氧化物贮存和运输

1.氧化剂应贮存于清洁、阴凉、通风、干燥的库房内。远离火种、热源,防止日光曝晒,照明设备要防爆。

2.仓库不得漏水,并应防止酸雾侵入。严禁与酸类、易燃物、有机物、还原剂、自燃物品、遇湿易燃物品等混合贮存。

3.不同品种的氧化剂,应根据其性质及消防方法的不同,选择适当的库房分类存放以及分类运输。如有机过氧化物不得与无机氧化剂共贮混运;亚硝酸盐类、亚氯酸盐类、次亚氯酸盐类均不得与其他氧化剂混贮混运;过氧化物则应专库存放,专车运输。

4.贮运过程中,装卸和搬运应轻拿轻放,不得摔掷、滚动,力求避免摩擦、撞击,防止引起爆炸。对氯酸盐、有机过氧化物等更应特别注意。

5.运输时应单独装运,不得与酸类、易燃物品、自燃物品、遇湿易燃物品、有机物、还原剂等同车混装。

6.仓库贮存前后及运输车辆装卸前后,均应彻底清扫、清洗。严防混入有机物、易燃物等杂质。

思考题:腈纶生产项目哪些物质储运应注意氧化剂等贮运相关事项?

(六)有毒品贮存和运输

1.有毒品必须贮存在仓库内,不得露天存放。应远离明火、热源,库房通风应良好。

2. 严禁将有毒品与食品或食品添加剂混贮混运。

3. 有毒品一般不得和其他种类的物品(包括非危险品)共同贮运,特别是与酸类及氧化剂应严格分开。

4. 贮存和运输有毒品,应先检查包装容器是否完整、密封。凡包装破损的不予运输。

5. 搬运有毒品应轻装轻卸,严禁摔碰、翻滚,防止包装容器破损,并应禁止肩扛、背负。作业人员应穿戴防护服、口罩、手套(禁止徒手接触有毒品),必要时戴防毒面具。操作中严禁饮食、吸烟。作业后应洗澡、更衣。装卸机械工具应按规定负载量适当降低。

6. 剧毒品应严格按"五双管理制度"执行(双人验收、双人发货、双人保管、双把锁、双本账)。

7. 装运过有毒品的车、船必须彻底清洗、消毒,否则不得装运其他物品。

8. 船运时,配装位置应远离卧室、厨房,易燃性的有毒品还应与机舱、电源、火源等部位隔离。卸货时,船边应挂安全网加帆布,防止货物落水污染水源。

9. 应注意根据有毒品的性质采取不同的消防方法。例如氰化钠、氰化钾等氰化物失火时,绝对不可使用酸碱、泡沫、二氧化碳等灭火剂。

有关农药的规定,请查阅《中华人民共和国农药管理条例》、《农药贮运、销售和使用的防毒规程》(GB 12475—1990)和其他相关资料。

思考题:腈纶生产项目哪些物质储运应注意有毒品贮运相关事项?

(七)放射性物品贮存和运输

放射性物品的主要危险是对人体有严重危害。对于放射性物品的包装、贮存及运输要求,必须遵照国家规定,严格执行。下面简述一般原则。

1. 包装

放射性物品在贮运中必须有完整妥善的包装,包装问题十分重要,一般应采用四层包装。

(1)内容器:放射性同位素制剂如为液体,一般使用玻璃安瓿瓶或有金属封口的小玻璃瓶。如为固体,则用带橡皮塞的小玻璃瓶或磨砂口瓶。若是气体,则用密封安瓿瓶。

(2)内层辅助包装:指防震衬垫物,如纸、棉絮、泡沫塑料等。

(3)外容器:放射 α 和 β 射线的物品,用几毫米厚的塑料或铝制罐;若系主要放射 γ 射线的物品,可按其能量大小、放射性强度的不同而采用不同厚度的铅罐、铁罐或铅铁组合罐。

(4)外层辅助包装:如木箱、铁桶、金属箱等小包装不得破损,不得有放射性污染。

2. 贮存

(1)仓库应干燥、通风、平坦,要划出警戒线,并采取一定的屏蔽防护。

(2)应远离其他危险物品或货物、人员、交通干线等,严格执行防护检查等管理制度。

(3)存放过放射性物品的地方,应在卫生部门指派的专业人员监督指导下,进行彻底清洗,否则不得存放其他物品。

(4)操作人员必须做好个人防护,轻装轻卸,严禁肩扛、背负、摔掷、碰撞。工作完毕必须洗澡更衣。防护服应单独清洗。

3. 运输

(1)应由检查单位检查剂量后开具"放射性物品剂量检查证书",根据放射剂量率决定运输办法。

(2)车皮挂运时,禁止溜放。车辆运装完毕应经过彻底清扫。

(3)运输前如检查出包装损坏,不予运输。必要时可派专人押车。

思考题: 腈纶生产项目哪些物质储运应注意放射物品贮运相关事项?

(八)腐蚀品贮存和运输

1. 腐蚀品的品种比较复杂,应根据其不同性质,贮存于不同的库房。

(1)易燃、易挥发的甲酸、溴乙酰等应储存于阴凉、通风的库房;

(2)受冻易结冰的冰醋酸、低温易聚合变质的甲醛则应贮存于冬暖夏凉的库房;

(3)有机腐蚀品贮存应远离火种、热源及氧化剂、易燃物品、遇湿易燃物品;

(4)五氧化二磷、三氯化铝等遇水分解的腐蚀品应贮存在干燥的库房内,严禁进水;

(5)漂白粉、次氯酸钠溶液等应避免阳光的照晒;

(6)碱类应与酸类分开贮存;

(7)氧化性酸应远离易燃物品等。

2. 贮存容器必须按不同的腐蚀性合理使用。

盐酸可用耐酸陶坛;硝酸应该用铝制容器;磷酸、冰醋酸、氢氟酸用塑料容器;浓硫酸、烧碱、液碱可用铁制容器,但不可用镀锌铁桶,因锌是两性金属,与酸、强碱均起化学反应生成易燃的氢气,并使铁桶爆炸。只要容器合适,硫酸、硝酸、盐酸及烧碱均可贮存于一般货棚内。工业用坛装硫酸、盐酸可露天存放,但须在坛盖上加盖瓦钵,防止雨水浸入。

3. 在贮运中应特别注意防止酸类与氰化物、H 发孔剂、遇湿易燃物品、氧化剂等混储混运。

4. 装卸搬运时,操作人员应穿戴防护用品,作业时轻拿轻放,禁止肩扛、背负、翻滚、碰撞、拖拉。在装卸现场应备有救护物品和药水,如清水、苏打水和稀硼酸水等,以备急需。

5. 船运时,强酸性腐蚀物品应尽量配装在甲板上,捆扎牢固。冬季运输时,怕冻的腐蚀口应装在舱内。

思考题: 腈纶生产项目哪些物质储运应注意腐蚀品贮运相关注意事项?

实际项目应用园地

腈纶生产项目罐区与危化品仓库平面图的绘制

第二章测试

第三章　防火防爆安全技术

学习目标

知识目标：掌握燃烧的三个基本条件。熟悉燃烧的基本过程、燃烧的类型及基本参数。掌握生产和贮存的火灾危险性分类。掌握防火爆安全措施。了解爆炸的定义、特征及分类。掌握爆炸极限及其影响因素。掌握爆炸危险区域的划分。掌握火灾类别、灭火的方法及原理。熟悉灭火剂的种类与使用范围。了解消防设施的种类及要求。掌握常见初起火灾的扑救方法。

能力目标：能根据火灾三要素、燃烧过程、燃烧分类、爆炸的分类及特征等，分析化工企业火灾爆炸发生的原因。能根据爆炸危险区域的划分方法，学会在易燃易爆场所工作，辨识爆炸危险区域及防止爆炸事故发生的能力。能根据火灾及灭火剂类别、灭火机理，学会正确使用灭火剂。能根据生产装置、储罐、电气火灾及人体火灾扑救的要点，正确扑救初起火灾。

素质目标：培养学生日常防火防爆的安全素养与技能。

基础理论知识园地

第一节　燃烧基础知识

一、燃烧的定义

燃烧是一种复杂的物理化学过程。同时伴有发光、发热激烈的氧化反应。其特征是发光、发热、生成新物质。

铜与稀硝酸反应，虽然属于氧化反应，有新物质生成，但没有产生光和热，不能称之为燃烧；灯泡中灯丝通电后虽发光、发热，但不是氧化反应，也不能称之为燃烧。如金属钠、炽热的铁在氯气中反应等，才能称为燃烧。

二、燃烧的条件

燃烧必须具备以下三个条件，即可燃物质、助燃物质和点火源。

(一)可燃物质

物质可分为可燃物质、难燃物质和不可燃物质。可燃物质是指在火源作用下能被点燃，并且当点火源移开后能继续燃烧直至燃尽的物质；难燃物质为在火源作用下能被点燃，当点火源移开后不能维持继续燃烧的物质；不可燃物质是指在正常情况下不能被点燃的物质。可燃物质是防火防爆的主要研究对象。

凡能与空气、氧气或其他氧化剂发生剧烈氧化反应的物质，都可称为可燃物质。可燃物质种类繁多，按物理状态可分为气态、液态和固态三类。化工生产中使用的原料、生产中的中间体和产品很多都是可燃物质。

处于蒸气或其他微小分散状态的可燃物质和氧之间极易引发燃烧。多数固体研磨成粉状或加热蒸发极易起火。液体则显现出很大的不同。有些液体在远低于室温时就有较高的蒸气压，就能释放出危险量的易燃蒸气。另外一些液体在略高于室温时才有较高的蒸气压，还有一些液体在相当高的温度才有较高的蒸气压。很显然，液体释放出蒸气与空气形成易燃混合物的温度是其潜在危险的量度，这可以用闪点来表示，闪点越低越危险。

排除潜在火险对于防火安全是重要的。为此必须用密封的有排气管的罐盛装易燃液体，把易燃物料置于耐火建筑中。应用或贮存中度或高度易燃液体时进行通风。用爆炸或易燃蒸气指示器连续检测蒸气浓度。

(二)助燃物质

凡是具有较强的氧化能力，能与可燃物质发生化学反应并引起燃烧的物质均称为助燃物。

化学危险物品分类中的氧化剂类物质均为助燃物。除此之外，助燃物还包括一些未列入化学危险物品的氧化剂，如正常状态下的空气等，为了明确助燃物的种类，应首先了解列入危险物品的氧化剂的种类，在此基础上，再了解未列入危险物品氧化剂类的助燃物的种类，如空气、氧气、氯气、氟和溴等物质。

(三)点火源

凡能引起可燃物质燃烧的能源均可称之为点火源。常见的点火源有明火、电源、电火花、炽热物体等。

1. 明火

在易燃液体装置附近，严禁明火，如喷枪、火柴、电灯、焊枪、探照灯、手灯、手炉等，必须考虑裂解气或油品管线成为火炬的可能性。为了防火安全，常常用隔墙的方法实现充分隔离。隔墙一般推荐使用耐火建筑，即礴石或混凝土的隔墙。

2. 电源

电源指的是电力供应和发电装置,以及电加热和电照明设施。

3. 电火花

机具和设备发生的火花,吸烟的热灰、无防护的灯、锅炉、焚烧炉以及汽油发动机的回火,都是起火的潜在因素。在贮存和应用易燃液体的区域应该禁止吸烟。这种区域的所有设备都应该进行一级条件的维护,尽可能地应用防火花或无火花的器具和材料。

4. 炽热物体

易燃蒸气与燃烧室、干燥器、烤炉、导线管以及蒸气管线接触,常引发易燃蒸气起火。

5. 静电

摩擦而在物质表面产生的电荷即所谓静电。在湿度比较小的季节或人工加热的情形,静电起火更容易发生。在应用易燃液体的场所,保持相对湿度在 40%~50%,会大大降低产生静电火花的可能性。为了消除静电火花,必须采用电接地、静电释放设施等。所有易燃液体罐、管线和设备,都应该互相连接并接地。

6. 摩擦

许多起火是由机械摩擦引发的,如通风机叶片与保护罩的摩擦,润滑性能很差的轴承,研磨或其他机械过程,都有可能引发起火。对于通风机和其他设备,应该经常检查并维持在尽可能好的状态。对于摩擦产生大量热的过程,应该与贮存及应用易燃液体的场所隔开。

注意:可燃物质、助燃物质和点火源是导致燃烧的三要素,缺一不可,是必要条件。上述“三要素”都存在时,燃烧能否实现,还要看是否满足数值上的要求。在燃烧过程中,当“三要素”的数值发生改变时,也会使燃烧速度改变甚至停止燃烧。

首先,要燃烧就必须使可燃物与氧达到一定的比例,如果空气中的可燃物数量不足,燃烧就不会发生。如在室温(20℃)的同样条件下用火柴去点汽油和柴油时,汽油会立刻燃烧,柴油则不燃,这是因为柴油在室温下蒸气浓度(数量)不足,还没有达到燃烧的浓度。虽有可燃物质,但其挥发的气体或蒸气量不足够,即使有空气和着火源的接触,也不会发生燃烧。

其次,要使可燃物质燃烧,必须供给足够的助燃物,否则,燃烧就会逐渐减弱,直至熄灭。如点燃的蜡烛用玻璃罩罩起来,不使空气进入,短时间内,蜡烛就会熄灭。通过对玻璃罩内气体的分析,发现还含有 16%的氧气。这说明,一般可燃物质在空气中的氧含量低于 16%时,就不能发生燃烧。

再次,要发生燃烧,着火源必须有一定的温度和足够的能量,否则燃烧就不能发生。例如,从烟囱冒出来的碳火星,温度约有 600℃,已超过了一般可燃物的燃点,如果这些火星落在易燃的柴草或刨花上,就能引起燃烧。这说明这种火星所具有的温度和热量能引起这些物质的燃烧。如果这些火星落在大块木料上,就会很快熄灭,不能引起燃烧,这就说明这种火星虽有相当高的温度,但缺乏足够的热量,不能引起大块木料的燃烧。

总之,要使可燃物质燃烧,不仅要具备燃烧的三个条件,而且每一个条件都要具有一定的量,并且彼此相互作用,否则就不会发生燃烧。对于正在进行着的燃烧,若消除其中任何一个条件,燃烧便会终止,这就是灭火的基本原理。

思考题:腈纶生产项目的可燃物、助燃物、点火源分别有哪些?

三、燃烧过程与燃烧理论

(一)燃烧过程

可燃物质的燃烧一般是在气相进行的。由于可燃物质的状态不同,其燃烧过程也不相同。气体最易燃烧,燃烧所需要的热量只用于本身的氧化分解,并使其达到着火点。气体在极短的时间内就能全部燃尽。

液体在火源作用下,先蒸发成蒸气,而后氧化分解进行燃烧。与气体燃烧相比,液体燃烧多消耗液体变为蒸气的蒸发热。固体燃烧有两种情况:对于硫、磷等简单物质,受热时首先熔化,而后蒸发为蒸气进行燃烧,无分解过程;对于复合物质,受热时首先分解成其组成部分,生成气态和液态产物,而后气态产物和液态产物蒸气着火燃烧。

固体燃烧有两种情况:对于硫、磷等简单物质,受热时首先熔化,而后蒸发为蒸气进行燃烧,无分解过程;对于复合物质,受热时首先分解成其组成部分,生成气态和液态产物,而后气态产物和液态产物蒸气着火燃烧。

不同物质的燃烧过程见图 3-1。

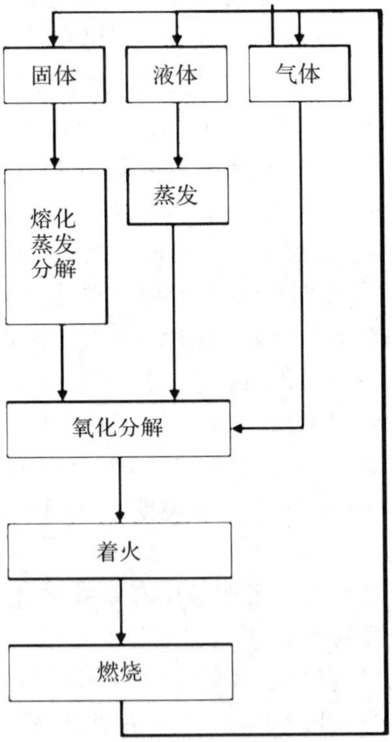

图 3-1 燃烧过程

物质燃烧时的温度变化：$T_{初}$ 为可燃物开始加热时的温度。最初一段时间，加热的大部分热量用于熔化或分解，可燃物温度上升较缓慢，到 $T_{氧}$（氧化开始温度）时，可燃物开始氧化。由于温度尚低，故氧化速度不快，氧化所产生的热量，还不足以克服系统向外界所放热量，此时停止加热，仍不能引起燃烧。如继续加热，则温度上升很快，到 $T_{自}$ 氧化产生的热量和系统向外界散失的热量相等。若温度再稍升高，超过这种平衡状态，即使停止加热，温度亦能自行上升，到 $T'_{自}$ 出现火焰而燃烧起来。$T_{自}$ 为理论上的自燃点，$T'_{自}$ 为开始出现火焰的温度，即通常测得的自燃点。$T_{自}$ 到 $T'_{自}$ 这一段延滞时间称为诱导期（图 3-2）。

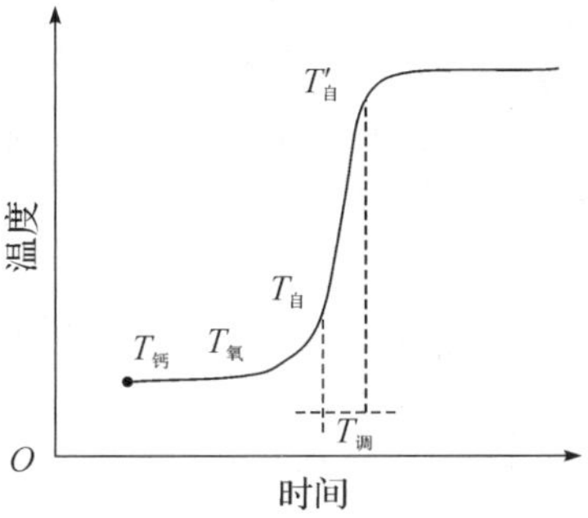

图 3-2　物质燃烧时温度随时间的变化

诱导期在安全上有实用价值。在可燃气体存在的车间中使用的防爆照明，当灯罩破裂或密封性丧失时，即使能自动切断电路熄灭，灼热的灯丝自 3000℃冷到室温也还需要一定的时间，爆炸的可能性取决于可燃气体的诱导期。对于诱导期较长的甲烷或汽油蒸气（数秒），普通灯丝不致有危险，但对于诱导期很短的氢（0.01s）就需要寻求冷却得特别快的特殊材料作灯丝，才能保证安全。

（二）燃烧理论

1. 燃烧的活化能理论

燃烧是化学反应，而分子间发生化学反应的必要条件是互相碰撞。但并不是所有碰撞的分子都能发生化学反应，只有少数具有一定能量的分子互相碰撞才会发生反应。这少数分子称为活化分子。活化分子的能量要比分子平均能量高出一定值。这超出分子平均能量的定值称为活化能。活化分子碰撞发生化学反应，故称为有效碰撞。

当明火接触可燃物质时，部分分子获得能量成为活化分子，有效碰撞次数增加而发生燃烧反应。例如，氧原子与氢反应的活化能为 25.10kJ · mol^{-1}，在 27℃、0.1MPa 时，有效碰撞仅为碰撞总数的十万分之一，不会引发燃烧反应。而当明火接触时，活化分子增多，有效碰撞次数大大增加而发生燃烧反应。

2. 燃烧的过氧化物理论

在燃烧反应中，氧首先在热能作用下被活化而形成过氧键—O—O—，可燃物质与过氧键加和成为过氧化物。过氧化物不稳定，在受热、撞击、摩擦等条件下，容易分解甚至燃烧或爆炸。过氧化物是强氧化剂，不仅能氧化可形成过氧化物的物质，也能氧化其他较难氧化的物质。如氢和氧的燃烧反应，首先生成过氧化氢，而后过氧化氢与氢反应生成水。反应式如下：

$$H_2 + O_2 \longrightarrow H_2O_2 \qquad H_2O_2 + H_2 \longrightarrow 2H_2O$$

有机过氧化物可视为过氧化氢的衍生物，即过氧化氢 H—O—O—H 中的一个或两个氢原子被烷基取代。所以过氧化物是可燃物质被氧化的最初产物，是不稳定的化合物，极易燃烧或爆炸。如蒸馏乙醚的残渣中常形成过氧乙醚而引起自燃或爆炸。

3. 燃烧的连锁反应理论

在燃烧反应中，气体分子间互相作用，往往不是两个分子直接反应生成最后产物，而是活性分子自由基与分子间的作用。活性分子自由基与另一个分子作用产生新的自由基，新自由基又迅速参加反应，如此延续下去形成一系列连锁反应。连锁反应通常分为直链反应和支链反应两种类型。

直链反应的特点是，自由基与价饱和的分子反应时活化能很低，反应后仅生成一个新的自由基。氯和氢的反应是典型的直链反应。在氯和氢的反应中，只要引入一个光子，便能生成上万个氯化氢分子，这正是连锁反应的结果。

四、燃烧类型

由于可燃物质存在的状态不同，可分为均一系燃烧和非均一系燃烧。均一系燃烧指的是燃烧反应在同一相中进行，如氢气在氧气中燃烧。与其相反的燃烧反应在两相间即是非均一系燃烧，如石油、木材和塑料等液体和固体的燃烧。

可燃性气体的燃烧有混合燃烧和扩散燃烧之分。可燃性气体预先同空气（或氧气）混合，而后进行的燃烧即为混合燃烧。若可燃性气体与周围空气一边混合一边燃烧，则称为扩散燃烧；如可燃性气体自管中喷出在管口发生燃烧，即为扩散燃烧。混合燃烧反应迅速，火焰传播速度也快，化学爆炸即属于这种形式。在扩散燃烧中，由于氧进入反应带只是部分参与反应，所以常产生不完全燃烧的炭黑。

可燃液体的燃烧有蒸发燃烧和分解燃烧之分。液体蒸发产生的蒸气进行燃烧叫蒸发燃烧。难挥发可燃液体的燃烧是受热后分解产生的可燃性气体进行燃烧，故称为分解燃烧。液体的蒸发燃烧和分解燃烧的机理和气体燃烧是相同的。

可燃固体燃烧，如木材和煤的燃烧，是由分解产生的可燃气体的燃烧，因此属于分解燃烧。像硫黄和萘这类可燃固体的燃烧，是先熔融蒸发而后进行燃烧。因此可看作蒸发燃烧。固体燃烧一般有火焰产生，故又称火焰型燃烧。当可燃固体燃烧到最后，分解不出可燃气体时，就剩下炭，此时没有可见火焰，燃烧转为表面燃烧或叫均热型燃烧。金属的燃烧也是一种表面燃烧。此外根据燃烧的起因和剧烈程度的不同，又有闪燃、着火以及自燃的区别。

根据燃烧的起因不同，燃烧可分为闪燃、着火和自燃三类。

（一）闪燃与闪点

可燃液体的蒸气（包括可升华固体的蒸气）与空气混合后，遇到明火而引起瞬间（延续时间少于 5s)燃烧,称为闪燃。液体能发生闪燃的最低温度,称为该液体的闪点。闪燃往往是着火先兆,可燃液体的闪点越低,越易着火,火灾危险性越大。

一般称闪点小于或等于 45℃的液体为易燃液体,闪点大于 45℃的液体为可燃液体。

液体根据闪点的分类分级如表 3-1 所示。

表 3-1　液体根据闪点分类分级

种　类	级别	闪点/℃	举　例
易燃液体	Ⅰ	$T \leqslant 28$	汽油、甲醇、乙醚、苯、丙酮、二硫化碳、煤油、丙醇等
	Ⅱ	$28 < T \leqslant 45$	
可燃液体	Ⅲ	$45 < T \leqslant 120$	戊醇、柴油、重油等
	Ⅳ	$T > 120$	植物油、矿物油、甘油等

可燃液体之所以会发生一闪即灭的闪燃现象,是因为它在闪点的温度下蒸发速度较慢,所蒸发出来的蒸气仅能维持短时间的燃烧,来不及提供足够的蒸气补充维护稳定的燃烧。

除了可燃液体外,某些能蒸发出蒸气固体,如石蜡、樟脑、萘等,其表面上所产生的蒸气可以达到一定的浓度,与空气混合而成为可燃气体混合物,若与明火接触,也能出现闪燃现象。

(二)着火与燃烧

可燃物质在空气充足的条件下,达到一定温度与火源接触即行着火,移去火源后仍能持续燃烧达 5min 以上,这种现象称为点燃。点燃的最低温度称为着火点。如木材的着火点为 295℃。部分物质燃点如表 3-2 所示。

表 3-2　物质燃点

物质名称	燃点/℃	物质名称	燃点/℃
黄磷	34～60	布匹	200
松节油	53	麦草	200
樟脑	70	硫	207
灯油	86	豆油	220
赛璐珞	100	烟叶	220
橡胶	120	松木	250
纸张	130	胶布	325
漆布	165	涤纶纤维	390
蜡烛	190	棉花	210

可燃液体的闪点与燃点的区别：在燃点时燃烧的不是蒸气，而是液体（即液体已达到燃烧的温度，可提供保持稳定燃烧的蒸气）。在闪点时移去火源后闪燃即熄灭，而在燃点时则能继续燃烧。

控制可燃物质的温度在燃点以下是预防发生火灾的措施之一。在火场上，如果有两种燃点不同的物质处在相同的条件下，受到火源作用时，燃点低的物质首先着火。用冷却法灭火，其原理就是将燃烧物质的温度降到燃点以下，使燃烧停止。

（三）自燃和自燃点

自燃指可燃物质受热升温而不需明火作用就能自行燃烧的现象。

自燃点指自燃的最低温度称为自燃点。

部分物质的燃点如表 3-3 所示。

表 3-3　物质自燃点

物质名称	分子式	自燃点/℃		物质名称	分子式	自燃点/℃	
		空气中	氧气中			空气中	氧气中
氢	H_2	572	560	丙烯	C_3H_6	458	—
一氧化碳	CO	609	588	丁烯	C_4H_8	443	—
氨	NH_3	651	—	乙炔	C_2H_2	305	296
二硫化碳	CS_2	120	107	苯	C_6H_6	580	566
硫化氢	H_2S	292	220	甲醇	CH_3OH	470	461
氢氰酸	HCN	538	—	乙醇	C_2H_5OH	392	—
甲烷	CH_4	632	556	乙醚	$C_4H_{10}O$	193	183
乙烷	C_2H_6	472	—	丙酮	C_3H_6O	561	485
丙烷	C_3H_8	493	468	石脑油	—	277	—
丁烷	C_4H_{10}	408	283	汽油	—	280	—
乙烯	C_2H_4	490	485	煤油	—	254	—

自燃现象可分为受热自燃和本身自燃两种。

受热自燃，即可燃物质虽然未与明火接触，但在外部热源的作用下使温度达到其自燃点而发生着火燃烧的现象。

在石油化工生产中，可燃物靠近高温设备管道，加热或烘烤过度，或者可燃物料泄漏到未保温的高温设备管道等原因，均可导致可燃物自燃着火。

本身自燃，即某些物质在没有外来热源的作用下，由于物质内部所发生的化学或生化的过程而产生热量，这些热量在适当的条件下会逐渐积聚，使物质温度上升，达到自燃点而燃烧。这种现象称为本身自燃或自热燃烧。能引起本身自燃的物质有植物油、油脂类、煤、硫化铁等其他化学物质。

影响自燃点的因素有压力、组分、催化剂、可燃物质的化学结构等。一般来说，压力越高，自燃点越低；活性催化剂能降低物质的自燃点；混合气体中氧浓度增高，将使自燃点降低；各种固体粉碎的越细，自燃点也越低；饱和碳氢化合物的自燃点高于其相应的不饱和化合物的自燃点；芳香族碳氢化合物的自燃点高于含有同数碳原子脂肪族碳氢化合物的自燃点，正位结构物质的自燃点低于异构物质的自燃点。

物质的燃点、自燃点和闪点的关系：

易燃液体的燃点比闪点约高 1～5℃，而闪点愈低，两者的差距愈小。苯、二硫化碳、丙酮等的闪点都低于 0℃。在开口的容器中做实验时，很难区别出它们的闪点与着火。可燃液体中闪点在 100℃以上者，燃点与闪点的差数可达 30℃或更高。

由于易燃液体的燃点与闪点很接近，所以在估计这类液体有火灾危险性时，只考虑闪点就可以了。一般来说，液体燃料的密度越小，闪点越低，而自燃点越高；液体燃料的密度越大，闪点越高，而自燃点越低。

几种物质的闪点与自燃点如表 3-4 所示。

表 3-4　几种物质的闪点与自燃点

物质	闪点/℃	自燃点/℃
汽油	＜28	510～530
煤油	28～45	380～425
轻柴油	45～120	350～380
重柴油	＞120	300～330
蜡油	＞120	300～320
渣油	＞120	230～240

思考题：腈纶生产项目的易燃可燃物的闪点与着火点的分别是多少？

五、燃烧的特征参数

（一）燃烧温度

可燃物质燃烧时所放出的热量，部分被火焰辐射散失，而大部分则消耗在加热燃烧上。由于可燃物质所产生的热量是在火焰燃烧区域内析出的，所以火焰温度也就是燃烧温度。

一般来说燃烧温度取决于可燃物质的燃烧速度和燃烧程度。在同样条件下，可燃物质燃烧时，燃烧速度快的比燃烧速度慢的火焰温度高。在同样大小的火焰下，燃烧温度越高，它向周围辐射出的热量就越多，因而使可燃物质发生燃烧的速度就越快。总之，可燃物质的焓值越大，燃烧时温度就越高，燃烧蔓延的速度就越快。常见可燃物质的燃烧温度如表 3-5 所示。

表 3-5 常见可燃物质的燃烧温度

物质	温度/℃	物质	温度/℃	物质	温度/℃	物质	温度/℃
甲烷	1800	原油	1100	木材	1000～1170	液化气	2100
乙烷	1895	汽油	1200	煤	3000	天然气	2020
乙炔	2127	煤油	700～1030	钠	1400	石油气	2120
甲醇	1100	重油	1000	石蜡	1427	火柴火焰	750～850
乙醇	1180	烟煤	1647	一氧化碳	1680	燃着香烟	700～800
乙醚	2861	氢气	2130	硫	1820	橡胶	1600
丙酮	1000	煤气	1600～1850	二硫化碳	2195		

(二)燃烧速度

1. 气体的燃烧速度

气体燃烧无须像固体、液体那样经过熔化、蒸发等过程，所以气体燃烧速率很快。气体的燃烧速率随物质的成分不同而异。单质气体如氢气的燃烧只需受热、氧化等过程；而化合物气体如天然气、乙炔等的燃烧则需要经过受热、分解、氧化等过程。所以，单质气体的燃烧速率要比化合物气体快。在气体燃烧中，扩散燃烧速率取决于气体扩散速率，而混合燃烧速率则只取决于本身的化学反应速率。因此，在通常情况下，混合燃烧速率高于扩散燃烧速率。

气体的燃烧性能常以火焰传播速率来表征，火焰传播速率有时也称为燃烧速率。燃烧速率是指燃烧表面的火焰沿垂直于表面的方向向未燃烧部分传播的速率。在多数火灾或爆炸情况下，已燃和未燃气体都在运动，燃烧速率和火焰传播速率并不相同。这时的火焰传播速率等于燃烧速率和整体运动速率的和。

管道中气体的燃烧速率与管径有关。当管径小于某个小的量值时，火焰在管中不传播。若管径大于这个小的量值，火焰传播速率随管径的增加而增加。但当管径增加到某个量值时，火焰传播速率便不再增加，此时即为最大燃烧速率。

常见气体在空气中的火焰传播速度如表 3-6 所示。

表 3-6 常见气体在空气中的火焰传播速度

气体名称	最大火焰传播速度/(m/s)	浓度/%	气体名称	最大火焰传播速度/(m/s)	浓度/%
氢	4.83	33.5	乙烯	2.42	7.1
一氧化碳	1.25	45.0	发生炉煤气	0.73	48.5
甲烷	0.69	9.8	水煤气	3.1	43
乙烷	1.85	6.5			

2. 液体的燃烧速度

液体燃烧速率取决于液体的蒸发。其燃烧速率有质量速率和直线速率两种表示方法。质量速率指每平方米可燃液体表面，每小时烧掉的液体的质量，单位为 $kg \cdot m^{-2} \cdot h^{-1}$。直线速率指每小时烧掉可燃液层的高度，单位为 $m \cdot h^{-1}$。

液体的燃烧过程是先蒸发而后燃烧。易燃液体在常温下蒸气压就很高，因此有火星、灼热物体等靠近时便能着火。之后，火焰会很快沿液体表面蔓延。另一类液体只有在火焰或灼热物体长久作用下，使其表层受强热大量蒸发才会燃烧。故在常温下生产、使用这类液体没有火灾或爆炸危险。这类液体着火后，火焰在液体表面上蔓延得也很慢。

为了维持液体燃烧，必须向液体传入大量热，使表层液体被加热并蒸发。火焰向液体传热的方式是辐射。故火焰沿液面蔓延的速率决定于液体的初温、热容、蒸发潜热以及火焰的辐射能力。表 3-7 列出了几种常见易燃液体的燃烧速率。

表 3-7 常见易燃液体的燃烧速率

液体	燃烧速率		相对密度	液体	燃烧速率		相对密度
	直线速率 $/(m \cdot h^{-1})$	质量速率 $/(kg \cdot m^{-2} \cdot h^{-1})$			直线速率 $/(m \cdot h^{-1})$	质量速率 $/(kg \cdot m^{-2} \cdot h^{-1})$	
甲醇	0.072	57.6	$d16=0.8$	甲苯	0.1608	138.29	$d17=0.86$
乙醚	0.175	125.84	$d15=0.175$	航空煤油	0.126	91.98	$d16=0.73$
丙酮	0.084	66.36	$d18=0.79$	车用汽油	0.105	80.85	
一氧化碳	0.1047	132.97	$d16=1.27$	煤油	0.66	55.11	$d10=0.835$
苯	0.189	165.37	$d16=0.875$				

3. 固体的燃烧速度

固体燃烧速率，一般要小于可燃液体和可燃气体。不同固体物质的燃烧速率有很大差异。萘及其衍生物、三硫化磷、松香等可燃固体，其燃烧过程是受热熔化、蒸发气化、分解氧化、起火燃烧，一般速率较慢。而另外一些可燃固体，如硝基化合物、含硝化纤维素的制品等，燃烧是分解式的，燃烧剧烈，速度很快。

可燃固体的燃烧速率还取决于燃烧比表面积，即燃烧表面积与体积的比值越大，燃烧速率越大，反之，则燃烧速率越小。

（三）热值

所谓热值，就是单位质量的可燃物质在完全烧尽时所放出的热量。不同的物质燃烧时，放出的热量是不同的，热值大的可燃物质燃烧时放出的热量多。

可燃性固体和可燃性液体的热值以“$J \cdot kg^{-1}$”表示，可燃气体（标准状态）的热值以“$J \cdot m^{-3}$”表示。

可燃物质燃烧爆炸时所达到的最高温度、最高压力及爆炸力等均与物质的热值有关。

物质的热值数据一般是用量热仪在常压下测得的。因为生成的水蒸气全部冷凝成水和不冷凝时，燃烧热效应的差值为水的蒸发潜热，所以热值有高热值和低热值之分。高热值是指单位质量的燃料完全燃烧，生成的水蒸气全部冷凝成水时所放出的热量；而低热值是指生成的水蒸气不冷凝时所放出的热量。某些可燃气体的热值如表 3-8 所示。

表 3-8　某些可燃气体的热值

气体	高热值		低热值		气体	高热值		低热值	
	$kJ \cdot kg^{-1}$	$kJ \cdot m^{-3}$	$kJ \cdot kg^{-1}$	$kJ \cdot m^{-3}$		$kJ \cdot kg^{-1}$	$kJ \cdot m^{-3}$	$kJ \cdot kg^{-1}$	$kJ \cdot m^{-3}$
甲烷	55723	39861	50082	35823	丙烯	48953	87027	45773	81170
乙烷	51664	65605	47279	58158	丁烯	48367	115060	45271	107529
丙烷	50208	93722	46233	83471	乙炔	49848	57873	48112	55856
丁烷	49371	121336	45606	108366	氢	141955	12770	119482	10753
戊烷	49162	149787	45396	133888	一氧化碳	10155	12694		
乙烯	49857	62354	46631	58283	硫化氢	16778	25522	15606	24016

第二节　爆炸的基础知识

一、爆炸的定义

爆炸是物质的一种急剧的物理、化学变化，在变化过程中伴有物质所含能量的快速释放，变为对物质本身、变化产物或周围介质的压缩能或运动能。爆炸时物质系统压力急剧升高。

一般来说，爆炸具有以下特征：①爆炸过程进行得很快；②爆炸点附近压力急剧升高；③发出或大或小的声音；④周围介质发生振动或邻近物质遭到破坏。

二、爆炸的分类

（一）按爆炸能量来源的不同分类

1. 物理爆炸

由物理因素（如温度、体积、压力）变化而引起的爆炸现象。蒸气锅炉、压缩气体、液化气体过压等引起的爆炸，都属于物理爆炸。

物质的化学成分和化学性质在物理爆炸后均不发生变化。

（1）物理性爆炸的破坏特征：物理爆炸可分为延性破裂和脆性破裂、疲劳破裂和腐蚀破裂，并分别具有明显的特征。

①延性破裂的特征是破裂容器发生明显的变形，直径增大，壁厚减薄；破裂断口呈暗灰色锯齿形的纤维状，没有闪烁金属光泽，断口不齐平，与主应力方向成 45°角，断口是斜断的；一般不产生碎裂；实际爆炸压力接近计算压力。

②脆性破裂的特征是没有明显的伸长变形，壁厚一般没有减薄；裂口齐平，断口呈闪烁金属光泽结晶状，有人字形纹路；常破裂成碎块。常发生于温度较低或容器本身有裂纹及高强度钢制造的容器，因此破裂时压力水平较低。

③疲劳破裂的特征是容器没有明显的塑性变形，直径没有明显增大，壁厚没有明显减薄；破裂断口存在两个区域，一个是疲劳裂纹产生及扩展区，另一个是最后断裂区。不像脆性破裂产生碎片而只有一个开裂破口；破裂是在压力反复交变后发生的。

④腐蚀破裂的特征是均匀腐蚀使容器壁均匀减薄，当其厚度不能承受压力时破裂。具有延性破裂的特征；晶间腐蚀是沿金属晶间局部腐蚀、破坏；应力腐蚀或疲劳腐蚀都是在腐蚀介质和应力共同作用下的一种破坏形式。

(2)物理爆炸时没有烟火；

(3)物理爆炸多数发生在装卸、倾倒时，也可能发生在充装、贮运过程中。

2.化学性爆炸

化学性爆炸使物质在短时间内完成化学反应，同时产生大量气体和能量而引起的爆炸现象。

物质的化学成分和化学性质在化学爆炸后均发生了质的变化，如乙炔铜、碘化氮、氯化氮等的爆炸。

化学性爆炸又可以进一步分为爆炸物分解爆炸、爆炸物与空气的混合爆炸两种类型。

爆炸物分解爆炸是爆炸物在爆炸时分解为较小的分子或其组成元素。爆炸物的组成元素中如果没有氧元素，则爆炸时不会有燃烧反应发生，爆炸所需要的热量是由爆炸物本身分解产生的。属于这一类物质的有叠氮铅、乙炔银、乙炔铜、碘化氮、氯化氮等。爆炸物质中如果含有氧元素，爆炸时则往往伴有燃烧现象发生。各种氮或氯的氧化物、苦味酸即属于这一类型。

爆炸性气体、蒸气或粉尘与空气的混合物爆炸，需要一定的条件，如爆炸性物质的含量或氧气含量以及激发能源等。因此其危险性较分解爆炸低，但这类爆炸更普遍，所造成的危害也较大。

化学性爆炸破坏的特征：化学爆炸是在具备了可燃物、助燃剂、引燃引爆能量三个条件下发生的。它的爆炸威力大。

化学爆炸兼备延性和脆性破坏的特征。爆炸发生在高应力状态，气瓶呈现较大的变形，但升压过程极短，未达到完全变形就破裂，所以变形量不大，断裂口呈延性破坏的特征，与主应力方向成 45°角。也有的呈脆性破坏的特征，裂口与主应力方向垂直、齐平，或呈 U 形；爆炸成碎片或碾成平板。

爆炸能量远远大于物理爆炸所释放的能量。根据可燃气体的成分和含量不同，爆炸能量可达物理爆炸时的 4～90 倍。

爆炸时发出火光，引起可燃物燃烧。爆炸后的残片中一般留有炭黑物。

具有特定的爆炸时机。当氧气瓶内存在一定的油脂时，一般发生在氧气充装压力超过3MPa以后，也有发生在关瓶阀的瞬间。可燃性气体引起的爆炸一般发生在充装关瓶时，或打开瓶阀用气时，也有发生在气割或气焊时。

（二）按爆炸的瞬时燃烧速度分类

1. 轻爆

物质爆炸时的燃烧速度为每秒数米，爆炸时无多大破坏力，声响也不大。如无烟火药在空气中的快速燃烧，可燃气体混合物在接近爆炸浓度上限或下限时的爆炸即属于此类。

2. 爆炸

物质爆炸时的燃烧速度为每秒数十几米至数百米，爆炸时能在爆炸点引起压力激增，有较大的破坏力，有震耳的声响。可燃气体混合物在多数情况下的爆炸，以及被压火药遇火源引起的爆炸即属于此类。

3. 爆轰

物质爆炸的燃烧速度为每秒1000～7000米。爆轰时的特点是突然引起极高压力，并产生超音速的"冲击波"。由于在极短时间内发生的燃烧产物急剧膨胀，像活塞一样积压其周围气体，反应所产生的能量有一部分传给被压缩的气体层，形成的冲击波由它本身的能量支持，迅速传播并能远离爆轰的发源地而独立存在，同时可引起该处的其他爆炸性气体混合物或炸药爆炸，从而发生一种"殉爆"现象。

三、化学性爆炸物质

依照爆炸时所进行的化学变化，化学性爆炸物质可分为以下几种。

（一）简单分解的爆炸物

这类物质在爆炸时分解为元素，并在分解为元素的反应过程中产生热量。属于这一类的有乙炔银、乙炔铜、碘化氮等，这类容易分解的不稳定物质，其爆炸危险性是很大的，受摩擦、撞击甚至轻微振动即发生爆炸。如乙炔银受摩擦或撞击时的分解爆炸：

$$Ag_2C_2 \longrightarrow 2Ag + 2C + Q$$

思考题：观看碘化氮分解爆炸视频，思考简单分解爆炸物爆炸特点。

（二）复杂分解的爆炸物

这类物质包括各种含氧炸药，其危险性较简单分解的爆炸物稍小。含氧炸药在发生爆炸时伴有燃烧反应，燃烧所需的氧由物质本身分解供给。如苦味酸、TNT、烟花爆竹等都属于此类。

(三)可燃性混合物

可燃性混合物指由可燃物质与助燃物质组成的爆炸物质。所有可燃气体、蒸气和可燃粉尘与空气(或氧)组成的混合物均属此类。如一氧化碳与空气混合的爆炸反应:

$$2CO+O_2+3.76N_2 \longrightarrow 2CO_2+3.76N_2+Q$$

这类爆炸实际上是在火源作用下的一种瞬间燃烧反应。通常称可燃性混合物为有爆炸危险的物质,因为它们只是在适当的条件下,才变为危险的物质,这些条件包括可燃物质的含量、氧化剂含量以及点火能源等。可燃性混合物的危险性较前种为低,但较普遍,工业生产中遇到的主要是这类爆炸事故。

四、常见爆炸类型

(一)气体爆炸

1.纯组分气体分解爆炸

具有分解爆炸特性的气体分解时可以产生相当多的热量。摩尔分解热达到 80～120kJ 的气体一旦引燃火焰就会蔓延开来。摩尔分解热高过上述量值的气体,能够发生很激烈的分解爆炸。在高压下容易引起分解爆炸的气体,当压力降至某个数值时,火焰便不再传播,这个压力称作该气体分解爆炸的临界压力。

高压乙炔非常危险,其分解爆炸方程为:

$$C_2H_2 \longrightarrow 2C(固)+H_2+226kJ$$

如果分解反应无热损失,火焰温度可以高达 3100℃。乙炔分解爆炸的临界压力是 0.14MPa,在这个压力以下贮存乙炔就不会发生分解爆炸。此外,乙炔类化合物也同样具有分解爆炸危险,如乙烯基乙炔分解爆炸的临界压力为 0.11MPa,甲基乙炔在 20℃分解爆炸的临界压力为 0.44MPa,在 120℃则为 0.31MPa。从有关物质危险性质手册中查阅到的分解爆炸临界压力多为 20℃的数据。

乙烯分解爆炸反应方程式为:

$$C_2H_4 \longrightarrow C(固)+CH_4+127.4kJ$$

乙烯分解爆炸所需要的能量随压力的升高而降低,若有氧化铝存在,分解爆炸则更易发生。乙烯在 0℃的分解爆炸临界压力是 4MPa,故在高压下加工或处理乙烯,具有与可燃气体-空气混合物同样的危险性。

氮氧化物在一定压力下也可以发生分解爆炸,按下述反应式进行:

$$N_2O \longrightarrow N_2+0.5\ O_2+81.6kJ$$

$$NO \longrightarrow 0.5N_2+0.5O_2+90.4kJ$$

N_2O 的分解爆炸临界压力是 0.25MPa,NO 的是 0.15MPa,在上述条件下,90%以上可以分解为 N_2 和 O_2。

2. 混合气体爆炸

可燃气体或蒸气与空气按一定比例均匀混合点燃，因为气体扩散过程在燃烧以前已经完成，燃烧速率将只取决于化学反应速率。在这样的条件下，气体的燃烧就有可能达到爆炸的程度。这时的气体或蒸气与空气的混合物，称为爆炸性混合物。例如，煤气从喷嘴喷出以后，在火焰外层与空气混合，这时的燃烧速率取决于扩散速率，所进行的是扩散燃烧。如果煤气预先与空气混合并达到适当比例，燃烧的速率将取决于化学反应速率，比扩散燃烧速率大得多，有可能形成爆炸。可燃性混合物的爆炸和燃烧之间的区别就在于爆炸是在瞬间完成的化学反应。

在化工生产中，可燃气体或蒸气从工艺装置、设备管线泄漏到厂房中，而后空气渗入装有这种气体的设备中，都可以形成爆炸性混合物，遇到火种，便会造成爆炸事故。化工生产中所发生的爆炸事故，大都是爆炸性混合物的爆炸事故。

燃烧的连锁反应理论也可用于解释爆炸。爆炸性混合物与火源接触，便有活性原子或自由基生成而成为连锁反应的作用中心。爆炸混合物起火后，燃烧热和链锁载体都向外传播，引发邻近一层爆炸混合物的燃烧反应。而后，这一层又成为热和链锁载体源引发次一层爆炸混合物的燃烧反应。火焰是以一层层同心圆球面的形式向各个方向蔓延的。燃烧的传播速率在距离着火点 0.5～1m 是固定的，每秒若干米或者更小一些。但以后即逐渐加速，传播速率达每秒数百米(爆炸)，乃至每秒数千米(爆轰)。如果燃烧传播途中有障碍物，就会造成极大的破坏作用。

(二)粉尘爆炸

粉尘爆炸是粉尘粒子表面和氧作用的结果。当粉尘表面达到一定温度时，由于热分解或干馏作用，粉尘表面会释放出可燃性气体。这些气体与空气形成爆炸性混合物，而发生粉尘爆炸。因此，粉尘爆炸的实质是气体爆炸。使粉尘表面温度升高的原因主要是热辐射的作用。

实际上任何可燃物质，当其成粉尘形式与空气以适当比例混合时，被热、火花、火焰点燃，都能迅速燃烧并引起严重爆炸。许多粉尘爆炸的灾难性事故的发生，都是由于忽略了上述事实。谷物、面粉、煤的粉尘以及金属粉末都有这方面的危险性。化肥、木屑、奶粉、洗衣粉、纸屑、可可粉、香料、软木塞、硫黄、硬橡胶粉、皮革和其他许多物品的加工业，时有粉尘爆炸发生。为了防止粉尘爆炸，维持清洁十分重要。所有设备都应该无粉尘泄漏。爆炸卸放口应该通至室外安全地区，卸放管道应该相当坚固，使其足以承受爆炸力。真空吸尘优于清扫，禁止应用压缩空气吹扫设备上的粉尘，以免形成粉尘云。

1. 粉尘爆炸的特点

①粉尘爆炸燃烧速度或爆炸压力上升速度比气体爆炸要小，但燃烧时间长，产生的能量大，所以破坏力和烧毁程度大。

②爆炸粒子一面燃烧，一面飞散，受其作用的可燃物产生局部碳化，特别是碰到人体时会造成严重烧伤。在粮食企业粉尘爆炸事故中，此类情况屡见不鲜。

③静止的粉尘被风吹起悬浮在空气中，若条件满足就会发生第一次爆炸，爆炸产生的

冲击波又使其他堆积的粉尘扬起，造成适合爆炸的粉尘雾溶胶，而飞散的火花和辐射热可提供点火源，又引起二次、三次或继发性多次爆炸，扩大爆炸危害。

④即使参与爆炸的粉尘量很小，但由于伴随有不完全燃烧，导致在相对密闭的空间里，会残留大量的CO，也有引起CO中毒的危险。

2.粉尘爆炸的影响因素

①物理化学性质。燃烧热越大的粉尘越易引起爆炸，如煤尘、碳、硫等；氧化速度越大的粉尘越易引起爆炸，如煤、燃料等；越易带静电的粉尘越易引起爆炸；粉尘所含的挥发分越大越易引起爆炸，如当煤粉中的挥发分低于10%时不会发生爆炸。

②粉尘颗粒大小。粉尘的颗粒越小，其比表面积越大（比表面积是指单位质量或单位体积的粉尘所具有的总表面积），化学活性越强，燃点越低，粉尘的爆炸下限越小，爆炸的危险性越大。爆炸粉尘的粒径范围一般为0.1～100μm。

③粉尘的悬浮性。粉尘在空气中停留的时间越长，其爆炸的危险性越大。粉尘的悬浮性与粉尘的颗粒大小、粉尘的密度、粉尘的形状等因素有关。

④空气中粉尘的浓度。粉尘的浓度通常用单位体积中粉尘的质量表示，其单位为mg/m^3。空气中粉尘只有达到一定的浓度，才可能会发生爆炸。因此粉尘爆炸也有一定的浓度范围，即有爆炸下限和爆炸上限。通常情况下，粉尘的浓度均低于爆炸浓度下限，因此粉尘的爆炸上限浓度很少使用。

思考题：观看面粉爆炸视频，思考粉尘爆炸的特点及影响因素。

（三）熔盐池爆炸

熔盐池爆炸属于事后抢救往往于事无补的灾难性事件，大多是由于管理和操作人员对熔盐池的潜在危险疏于认识引起的。机械故障、人员失误或者两者的复合作用，都有可能导致熔盐池爆炸。熔盐池危险有以下几个方面。

1.工件预清洗或淬火后携带的水、盐池上方辅助管线上的冷凝水、屋顶的渗漏水、自动增湿器的操作用水，甚至操作人员在盐池边温热的液体食物，都有可能造成蒸气急剧发生，引发爆炸。

2.有砂眼的铸件、管道和封闭管线、中空的金属部件，当其浸入熔盐池时，其中阻塞和淤积的空气会突然剧烈膨胀，引发爆炸。

3.硝酸盐池与毗邻渗碳池的油、炭黑、石墨、氰化物等含碳物质间的剧烈的难以控制的化学反应，都有可能诱发爆炸。

4.过热的硝酸盐池与铝合金间的剧烈的爆发性的反应也可能引起爆炸。

5.正常加热的硝酸盐池和不慎掉入池中的镁合金间会发生爆炸反应。

6.落入盐池中的铝合金和池底淤积的氧化铁会发生类似于铝热焊接的反应。

7.盐池设计、制造和安装的结构失误会缩短盐池的正常寿命，盐池的结构金属材料与硝酸盐会发生反应。

8.温控失误会造成盐池的过热。

9.大量硝酸钠的贮存和管理，废硝酸盐不考虑其反应活性的处理和贮存，都有一定的危险性。

10. 偶尔超过安全操作限的控温设定，也会有一定的危险性。

五、爆炸极限及其影响因素

（一）爆炸极限

可燃性气体、蒸气或粉尘与空气组成的混合物，并不是在任何浓度下都会发生爆炸，而必须在一定的浓度比例范围内才能发生燃烧和爆炸。

可燃气体、粉尘或可燃液体的蒸气与空气形成的混合物遇火源发生爆炸的极限浓度称为爆炸极限。通常用可燃气体在空气中的体积百分比（%）来表示。可燃粉尘则以 $mg \cdot L^{-1}$ 表示。

当混合物中可燃气体含量接近于反应当量浓度时，燃烧最激烈。其含量减少或增加，燃烧速度就降低。当浓度高于或低于某一极限时，火焰便不再蔓延。可燃气体或蒸气在空气中刚刚足以使火焰蔓延的最低浓度，称为该气体或蒸气的爆炸下限；同样，足以使火焰蔓延的最高浓度称爆炸上限。在上限和下限之间的浓度范围称爆炸范围。如果可燃气体在空气中的浓度低于下限，因含有过量空气，即使遇到着火源也不会爆炸燃烧；同样，可燃气体在空气中的浓度高于上限，空气非常不足，也不会爆炸，但重新接触空气还能燃烧爆炸，这是因为重新接触空气后，将可燃气体的浓度稀释进入了燃烧爆炸范围。

可燃性混合物的爆炸下限越低，爆炸极限范围越宽，其爆炸的危险性越大。几种可燃液体的蒸气爆炸极限如表 3-9 所示。

表 3-9　几种可燃液体的蒸气爆炸极限

液体名称	爆炸浓度极限/%	
	上限	下限
酒精	18	3.3
甲苯	7	1.5
松节油	62	0.8
车用汽油	7.2	1.7
灯用汽油	7.5	1.4
乙醚	40	1.85
苯	9.5	1.5
甲烷	15	5.0
乙烷	15.5	3.0
丙烷	9.5	2.1
汽油	7.6	1.4
液化石油气	10	2

(二)影响爆炸极限的因素

爆炸极限不是一个固定值,它受各种因素的影响,主要有以下几种。

1. 原始温度

混合物的原始温度越高,爆炸范围越大,即下限降低,上限升高。

2. 原始压力

一般情况下,压力增加,爆炸范围扩大,压力降低,爆炸范围缩小。压力对爆炸上限的影响十分显著,而对下限的影响较小。但是,也有例外的情况。如磷化氢与氧混合,一般不反应,如果将压力降低至一定值,混合物反而会突然爆炸。

3. 惰性介质、杂物的影响

一般情况下惰性介质的加入可缩小爆炸极限的范围,当其浓度高到一定数值时可使混合物不发生爆炸。混合物中惰性气体量增加,对上限的影响较对下限的影响更为显著。

杂物的存在对爆炸极限的影响较为复杂,如少量硫化氢的存在会降低水煤气在空气混合物中的燃点,使其更易爆炸。

4. 容器的尺寸和材料

容器、管子的直径越小,则爆炸范围越小。当管径(或火焰通道)小到一定程度时,火焰即不能通过,这一间距叫临界直径,也称最大灭火间距。

容器的材质对爆炸极限也有影响,例如氢和氟在玻璃容器中混合,甚至在液态空气的温度下(−180℃以下)于黑暗中也会发生爆炸,而在银制容器中,在一般温度下才能发生反应。在通常情况下,一般钢制容器对爆炸极限无明显影响。

5. 氧含量

混合物中含氧量增加,爆炸极限范围扩大,尤其是爆炸上限显著提高。可燃气体在空气中和纯氧中的爆炸极限范围如表 3-10 所示。

表 3-10 可燃气体在空气中和纯氧中的爆炸极限范围

物质名称	在空气中的爆炸极限/%	在纯氧中的爆炸极限/%	物质名称	在空气中的爆炸极限/%	在纯氧中的爆炸极限/%
甲烷	5.0～15.0	5.0～61.0	乙炔	1.5～82.0	2.8～93.0
乙烷	3.0～15.5	3.0～66.0	氢	4.0～75.6	4.0～95.0
丙烷	2.1～9.5	2.3～55.0	氨	15.0～28.0	13.5～79.0
丁烷	1.5～8.5	1.8～49.0	一氧化碳	12.5～74.5	15.5～94.0
乙烯	2.7～34.0	3.0～80.0			

6. 能源

各种爆炸性混合物都有一个最低引爆能量，即点火能量。它是混合物爆炸危险性的一项重要参数。爆炸性混合物的点火能量越小，其燃爆危险性就越大。

燃烧和爆炸都需要一定的点火能源，火源的能量、热表面的面积、火源与混合物的接触时间等，对爆炸极限均有影响。如甲烷对电压100V，电流强度为1A的电火花，无论在什么浓度下都不会爆炸；若电流强度为2A，则爆炸极限为5.9%～13.6%；3A时为5.85%～14.8%。

7. 其他因素

除上述原因外，还有其他因素也能影响爆炸的进行。如光的影响，在黑暗中氢与氯的反应十分缓慢，但在强光照射下则能发生链锁反应导致爆炸。又如甲烷与氯的混合物，在黑暗中长时间都不会发生反应，但在日光照射下就会引起激烈的反应，如果比例适当，便会爆炸。另外表面活性物质对某些介质也有影响，在530℃时，氢与氧完全无反应，但如果投入石英、玻璃、铜或铁棒时，则发生爆炸。

思考题： 查阅腈纶生产项目易燃可燃物爆炸极限。

六、爆炸的破坏作用

在石油化工生产中，一旦发生爆炸事故，会造成严重的物质损失及人员伤害，破坏性较其他事故更强。爆炸的破坏作用主要表现为以下几种形式。

（一）震荡作用

在波及破坏作用的区域内，有一个使物体受震荡而被松散的力量。

（二）冲击波

随着爆炸的出现，冲击波最初出现正压力，而后又出现负压力。爆炸物的数量与冲击波的强度成正比，而冲击波压力与距离成反比关系。

（三）碎片冲击

机械、设备、建筑物爆炸后，碎片飞出，会在相当范围内造成伤害，其一会造成人员伤害，其二还可能砸坏邻近周围的设备等。石油化工生产中爆炸碎片造成伤亡的比例很大。

（四）造成火灾

一般爆炸温度在200～300℃时，对一般物质来说，因自燃点较高，不足以造成火灾。但是当设备破坏之后，从其内部喷射出来的可燃气体或液体蒸气，由于摩擦、打击或遇到其他的火源、热源可能被点燃着火；也有的工艺装置中的可燃物料在生产中的操作温度超过物料的自燃点，设备破坏后漏出，遇空气即自燃着火，爆炸后继而发生火灾，加重了爆炸的破坏力。石油化工生产中爆炸伴随火灾同时发生的事故很常见。

爆炸破坏作用的大小，与爆炸物的数量、爆炸物的性质、发生爆炸时的条件和爆炸的位置有关。

第三节　防火防爆安全措施

防火防爆的基本原理和思路就是消除可能引起燃烧爆炸的危险因素。在不考虑设备设施材质选型的基础上，只要满足下列两个条件之一，就可防止燃烧和爆炸事故发生：①使可燃物质不处于危险状态；②消除一切火源。

一、控制可燃可爆物质

（一）取代可燃可爆物质

如果能够在生产中不使用可燃可爆物质，自然可避免燃烧和爆炸事故的发生。

（二）控制可燃可爆物质的用量

在生产中尽量减少可燃可爆物质的用量，可以减轻甚至避免燃烧爆炸事故的危险。

（三）加强密闭

①对易燃气体、液体和可燃性粉尘等应尽可能密闭操作；②对具有压力的设备，应防止气体、液体或粉尘逸出与空气形成爆炸浓度；对真空设备，应防止空气漏入设备内部达到爆炸极限；③开口的容器、破损的铁桶、容积较大且没有保护措施的玻璃瓶不允许贮存易燃液体；④不耐压的容器不能贮存压缩气体和加压液体。还要防止发生人的误操作造成可燃物泄漏等。

（四）注意通风排气

对于不能完全密闭的生产场所，为防止可燃可爆气体和粉尘与空气形成爆炸混合物，或防止有毒物质超过最高容许浓度，需要采取通风排气措施。

生产场所从爆炸极限考虑，其浓度应是爆炸下限的1/4以下；但在存在毒性的车间，则应首先考虑毒物的最高容许浓度。

（五）惰性化

在可燃气体（蒸气）与空气的混合物中充入惰性气体，可降低氧气和可燃物的浓度，从而消除燃烧或爆炸危险。这就是惰性化。

1. 最小氧气浓度（MOC）

燃烧的传播要有一个最小氧气浓度，低于此最小氧气浓度就无法使燃烧进行。最小氧气浓度是指在空气和燃料的体积之中氧气所占的体积百分比。对于碳氢化合物，最小氧气浓度(MOC)的计算式为：

$$\mathrm{MOC}=L_{下}\times\frac{氧的物质的量/\mathrm{mol}}{燃料的物质的量/\mathrm{mol}}$$

[例 3.1] 求丁烷(C_4H_{10})250℃时在空气中燃烧的最小氧气浓度。

解:写出化学反应式：

$$C_4H_{10}+6.5O_2\longrightarrow 4CO_2+5H_2O$$

查得丁烷在空气中的燃烧下限 $L_{下}=1.5\%$,

按下式计算：

$$\mathrm{MOC}=L_{下}\times\frac{氧的物质的量/\mathrm{mol}}{燃料的物质的量/\mathrm{mol}}=1.5\%\times\frac{6.5}{1}=9.75\%$$

计算说明:在反应系统内加入氮气,使氧气的体积百分数 $\varphi(O_2)<9.75\%$时,就可以阻止丁烷的燃烧。

2.惰性化

①充惰性气体降低氧气浓度。对大多数可燃气体而言,最小氧气浓度 MOC=10%;对大多数可燃粉尘而言,最小氧气浓度 MOC=8%。实际控制的安全浓度比最小氧气浓度低4个百分点。当用惰性气体充入容器时,要使氧气浓度降至安全浓度以下。即:如果最小氧气浓度为 $\varphi(O_2)=10\%$,则实际控制 $\varphi(O_2)$为 6%以下。在开、停车或动火检修时,可用惰性气体充入容器进行惰性化处理。其方法为:真空抽净,充入惰性气体;再用加压的惰性气体进行置换;最后用惰性气体进行吹扫。

②用空气置换可燃气体。在开、停车或动火检修时,还可以用空气置换可燃气体,使可燃气体浓度远低于爆炸下限。置换的结果可用两种方法来检测,一是测可燃气体的浓度,如用可燃气体检测仪检测;二是测氧气的浓度,只要氧气浓度达到 20%,就可以动火。

(六)工艺参数的安全控制

工艺参数主要是指温度、压力、流量、物料比等。

1.温度控制

温度是生产过程中主要的控制参数之一。

①除去反应热。化学反应的热效应,可能是放热也可能是吸热。一般来说硝化、氧化、氯化、水合或聚合等反应过程多是放热反应;裂解、脱氢、脱水等则是吸热反应。有的反应过程需要加热才能反应,反应进行后又会放出大量的热。在生产过程中,一般都需要严格控制反应温度。如果不能及时导出反应热,热量的积累不仅会引起副反应,还会引起爆炸。

②防止搅拌中断。搅拌能加速热量传递和物料的扩散混合,有利温度控制和反应进行。中途停止搅拌,物料不能充分混合,反应和传热不良,未反应物大量积聚;当搅拌恢复时,大量反应物迅速反应,往往引起冲料甚至酿成燃烧爆炸事故。一旦发生搅拌中断,要及时采取冷却和排压措施。

③正确选用传热介质。常用加热介质有水蒸气、热水、导热油、烟道气等;常用冷却介

质有自来水、循环水、空气等。要避免选用与反应物性质相抵触的介质作为加热或冷却介质。

④防止传热面结疤。结疤不仅影响传热效率，更危险的是因物料分解而引起爆炸。

⑤热不稳定物质的处理。对热不稳定物质既要在生产过程中严格控制温度不使其分解，又要在贮存时防止与高温物体接触。

2. 控制投料速度和投料比

对放热反应，要注意控制投料速度，避免“飞温”和冲料，注意投料顺序，对危险性较大的生产过程要特别注意反应物的加入速度和配比，否则有可能进入爆炸范围，引起爆炸。

3. 超量杂质和副反应的控制

反应物料中某些杂质的存在会导致副反应的发生，生成危险物质，引起燃烧或爆炸。例如乙炔生产中磷含量不得超过0.08%。为了防止某些有害杂质存在引起事故，可加稳定剂。例如氰化氢常加入浓度为0.01%～0.5%的硫酸、磷酸等酸性物作为稳定剂。

(七)监测空气中易燃易爆物质的含量

在可燃气体、蒸气可能泄漏的区域设置检测报警仪，以便及时发现处理泄漏点，防止和避免事故发生。

二、着火源及其控制

引起火灾爆炸事故的能源主要有明火、高温表面、摩擦和撞击、绝热压缩、化学反应热、电气火花、静电火花、雷击和光热射线等。

(一)明火及高温表面

凡有易燃易爆物质的生产(使用)场所，都应尽量避免使用明火。凡高温表面都需要采取隔热措施。这不仅是防火防爆的需要，也是防止伤人的需要。

1. 易燃物质的加热应避免使用明火

一般可采用热水、蒸气、矿物油等作载热体。当用矿物油、联苯醚等可燃物作载热体时，加热温度必须低于载热体的安全使用温度，而且要注意防止载热体起火。蒸气锅炉或其他导热介质的加热设备的布置和建造要符合有关规范。

2. 在易燃易爆场所动火要办动火证

在易燃易爆场所，凡是动用明火或可能产生火花(高温)的作业都属于动火范畴，应办理动火审批手续。在积存有可燃气体、蒸气的地方，没有消除危险之前，不能有明火作业；在有火灾爆炸危险场所及设备内不得用普通照明灯具，必须使用防爆灯具；运输工具如汽车、拖拉机等在未采取防火措施时不得进入危险场所；对化学危险品的设备、管道，维修动火前必须进行清洗、置换。附近的地面、阴沟也要用水冲洗。

化工企业的动火标准：可燃物爆炸下限小于4%的，动火地点可燃物浓度应小于0.2%；爆炸下限大于4%的，现场可燃物含量应小于0.5%。有人入罐、塔作业时，还应检测氧含量，氧含量>19%时才能入人作业，可用空气通风来达到氧含量要求，严禁充入纯氧，以防造成富氧作业环境。

(二)摩擦与撞击

摩擦与撞击能产生火花，成为火灾爆炸事故的一个原因。

尤其在处理燃点较低或起爆能量较小的物料时，特别要预防发生摩擦与撞击。防止摩擦与撞击产生火花的措施：

1. 机器上的轴承等转动部件，应保证有良好的润滑；
2. 锤子、扳手等工具应用镀青铜或镀铜的钢制作；
3. 防止金属零件等落入设备或粉碎机里，以及落到地上；
4. 防止带压输送易燃气体或液体的管道破裂或接口松脱，造成喷射起火；
5. 凡是撞击或摩擦的两部分都应采用不同的金属(如铜与钢)制成；
6. 搬运金属容器，严禁在地上抛掷或拖拉，可能碰撞部位要覆盖不产生火花的材料；
7. 防爆生产厂房，地面应铺不会发火材料的地坪，禁止穿带铁钉的鞋；
8. 吊装盛有可燃气和液体的金属容器，应经常检查吊绳、吊钩以防造成坠落，冲击发生火灾。
9. 用钢管输送易燃气体，使用前要将管道中的铁锈吹扫干净；停车期间要防止空气进入管道引起生锈；防止气体流动与管壁摩擦产生高温粒子，成为可燃气的着火源。

(三)绝热压缩

气体的绝热压缩使温度升高，是一个常见的热力学现象。绝热压缩的点燃现象，在柴油机中广为应用。

1. 绝热压缩的热力学原理

把体积 V_1 的理想气体绝热压缩到 V_2 时，即压缩比为 V_1/V_2，压力从 P_1 变为 P_2，温度从 T_1 变为 T_2，它们之间的关系如下式所示：

$$P_2/P_1=(V_1/V_2)^K$$

$$T_2/T_1=(V_1/V_2)^{K-1}$$

式中：K 为气体的等压热容与等热热容之比(C_p/C_v)，K 称为压缩气体的绝热指数。常用压缩气体的绝热指数列于表3-11。

表3-11　常用压缩气体绝热指数

气体名称	空气	氮	氯	甲烷	乙烷	一氧化碳	二氧化碳	氧
绝热指数	1.4	1.4	1.412	1.315	1.18	1.395	1.295	1.397

根据表3-12，以空气为例可见，压缩比的值 V_1/V_2 越大，则 P_2 和 T_2 越大。

表 3-12 空气在绝热压缩中上升的压力及温度($P_1=0.1MPa,T_1=20℃$)

V_1/V_2	$P_2/1.01\times10^5Pa$	$T_2/℃$	V_1/V_2	$P_2/1.01\times10^5Pa$	$T_2/℃$
1	1.0	20	10	25.0	462
2	2.6	120	15	44.2	594
3	4.7	181	20	66.0	697
5	9.5	283			

2. 防止绝热压缩造成爆炸事故

有人做了非常有趣的实验:在平滑的金属板上滴一滴硝化甘油,用平滑的金属锤打击。如果在硝化甘油液滴内不含有空气气泡时,要使它爆炸需要 $10^5\sim10^6$ g·cm 的冲击能;当硝化甘油液滴中含有空气气泡时(气泡直径 5×10^{-2} mm),用 4×10^2 g·cm 的冲击能即可使其爆炸,且概率竟达 100%。

爆炸性物质如含有微小气泡,受到绝热压缩可导致意想不到的爆炸事故。

(四)防止电气火花

由于电气原因造成引发源的有下面几种情况。

1. 电气设备或线路过热

过热原因主要有短路、过载、接触不良、铁心发热、散热不良。

2. 电火花和电弧

详见腈纶生产企业火灾爆炸的安全措施的爆炸性环境的电力装置设计相关内容。

三、火灾爆炸事故蔓延扩散的限制措施

根据国家的有关法律法规,危险化学品生产企业从设计开始就必须采取防治火灾爆炸事故蔓延扩散的措施,万一发生事故,能够将事故的危害控制在一定的范围内。

(一)厂址选择与总平面布置

1. 厂址选择

从安全方面考虑,厂址选择应注意以下原则:

(1)服从城乡规划,尤其注意居民区、商业区、风景区、重点文物保护区等场所。

(2)要有良好的工程地质条件。

(3)要有较好的气象条件。

(4)交通比较方便。

(5)有比较合适的给排水条件。

(6)有足够的场地进行厂区布置。

2. 总平面布置

总平面布置也称厂区布置，就是依据有关法律法规和设计标准、规范，对工厂进行合理布局，正确处理生产与安全(环保)、局部与整体、近期与远期的关系。这部分内容在“工程设计”这门课程中有较详细介绍。

3. 防火间距

这是指工厂的建筑物之间，危化品储罐之间，以及建筑物与危化品储罐区之间，有防火间距的要求。其目的是，万一发生火灾能够起一定的隔离作用，并便于人员疏散和开展灭火。

我国的防火间距设计主要执行《建筑设计防火规范》和《石油化工企业设计防火规范》。

(二)从建筑设计采取限制措施

《建筑设计防火规范》GB 50016—2018 对各类有火灾危险的建筑物设计都有明确的规定。

1. 生产及储存的火灾危险性分类

生产和储存物的火灾危险性均分成五类，分别为甲类、乙类、丙类、丁类和戊类。生产与储存的火灾与爆炸危险性见表 3-13、表 3-14。

表 3-13　生产的火灾与爆炸危险性

生产的火灾危险性类别	使用或产生下列物质生产的火灾危险性特征
甲	使用或产生下列物质 (1)闪点<28℃的易燃液体 (2)爆炸下限<10%的可燃气体 (3)常温下能自行分解或在空气中氧化即能导致迅速自燃或爆炸的物质 (4)常温下受到水或空气中水蒸气的作用，能产生可燃气体并引起燃烧或爆炸的物质 (5)遇酸、受热、撞击、摩擦以及遇有机物或硫黄等易燃的无机物，极易引起燃烧或爆炸的强氧化剂 (6)受撞击、摩擦或与氧化剂、有机物接触时能引起燃烧或爆炸的物质 (7)在压力容器内物质本身温度超过自燃点的生产
乙	使用或产生下列物质 (1)28℃≤闪点<60℃的易燃、可燃液体 (2)爆炸下限≥10%的可燃气体 (3)助燃气体和不属于甲类的氧化剂 (4)不属于甲类的化学易燃危险固体 (5)生产中排除浮游状态的可燃纤维或粉尘，并能与空气形成爆炸性混合物者

续表

生产的火灾危险性类别	使用或产生下列物质生产的火灾危险性特征
丙	使用或产生下列物质 (1)闪点≥60℃的可燃液体 (2)可燃固体
丁	具有下列情况生产 (1)对非燃烧物质进行加工,并在高热或熔化状态下经常进行产生辐射热、火花或火焰的生产 (2)利用气体、液体、固体作为燃料或将气体、液体进行爆炸作其他用的各种生产 (3)常温下使用或加工难燃烧物质的生产
戊	常温下使用或加工非燃烧物质的生产

表 3-14 储存物品的火灾危险性分类

储存物品的火灾危险性类别	储存物品的火灾危险性特征
甲	(1)常温下能自行分解或在空气中氧化即能导致迅速自燃或爆炸的物质 (2)常温下受到水或空气中水蒸气的作用,能产生可燃气体并引起燃烧或爆炸的物质 (3)受撞击、摩擦或与氧化剂、有机物接触时能引起燃烧或爆炸的物质 (4)闪点<28℃的易燃液体 (5)爆炸下限<10%的可燃气体,以及受到水或空气中水蒸气的作用,能产生爆炸下限<10%的可燃气体的固体物质 (6)遇酸、受热、撞击、摩擦以及遇有机物或硫黄等易燃的无机物,以及极易引起燃烧或爆炸的强氧化剂
乙	(1)不属于甲类的化学易燃危险固体 (2)28℃≤闪点≤60℃的易燃、可燃液体 (3)不属于甲类的氧化剂 (4)助燃气体 (5)爆炸下限≥10%的可燃气体 (6)常温下与空气接触能缓慢氧化、积热不散引起自燃的危险物品
丙	(1)闪点≥60℃的可燃液体 (2)可燃固体
丁	难燃烧物品
戊	非燃烧物品

2. 建筑物的耐火等级

建筑物的耐火等级分为四级，是根据建筑物构件的燃烧性和耐火极限确定的。

(1)建筑构件的燃烧性：建筑构体的燃烧性分成非燃烧体、难燃烧体和燃烧体三类：①非燃烧体指在空气中不燃烧、不炭化的材料，如钢、砖、混凝土等。②难燃烧体指在空气中较难燃烧，火源移走后燃烧立即停止的材料，如沥青混凝土、加阻燃剂的塑料、经过防火处理的木材等。③燃烧体指在空气中能够起火燃烧，如木材等。

(2)建筑构件的耐火极限：建筑构件的耐火极限指对建筑构件进行耐火试验，从受到火的作用时起，到失去支持能力或完整性被破坏时止的时间段，用小时表示。

建筑物的耐火等级与建筑物构件的燃烧性能和耐火极限的关系见表 3-15。

表 3-15　建筑物的耐火等级与建筑物构件的燃烧性能和耐火极限

<table>
<tr><th colspan="2" rowspan="2">构件名称</th><th colspan="4">耐火等级</th></tr>
<tr><th>一级</th><th>二级</th><th>三级</th><th>四级</th></tr>
<tr><td rowspan="5">墙</td><td>防火墙</td><td>不燃性
3</td><td>不燃性
3</td><td>不燃性
3</td><td>不燃性
3</td></tr>
<tr><td>承重墙</td><td>不燃性
3</td><td>不燃性
2.5</td><td>不燃性
2</td><td>难燃性
0.5</td></tr>
<tr><td>楼梯间、前室的墙
电梯井的墙</td><td>不燃性
2</td><td>不燃性
2</td><td>不燃性
1.5</td><td>难燃性
0.5</td></tr>
<tr><td>疏散走道两侧的隔墙</td><td>不燃性
1</td><td>不燃性
1</td><td>不燃性
0.5</td><td>难燃性
0.25</td></tr>
<tr><td>非承重外墙
房间隔墙</td><td>不燃性
0.75</td><td>不燃性
0.5</td><td>难燃性
0.5</td><td>难燃性
0.25</td></tr>
<tr><td colspan="2">柱</td><td>不燃性
3</td><td>不燃性
2.5</td><td>不燃性
2</td><td>难燃性
0.5</td></tr>
<tr><td colspan="2">梁</td><td>不燃性
2</td><td>不燃性
1.5</td><td>不燃性
1</td><td>难燃性
0.5</td></tr>
<tr><td colspan="2">楼板</td><td>不燃性
1.5</td><td>不燃性
1</td><td>不燃性
0.75</td><td>难燃性
0.5</td></tr>
<tr><td colspan="2">屋顶承重构件</td><td>不燃性
1.5</td><td>不燃性
1</td><td>难燃性
0.5</td><td>可燃性</td></tr>
</table>

续表

构件名称	耐火等级			
	一级	二级	三级	四级
疏散楼梯	不燃性 1.5	不燃性 1	不燃性 0.75	可燃性
吊顶(包括吊顶搁栅)	不燃性 0.25	难燃性 0.25 /不燃性不限	难燃性 0.15	可燃性

(三)厂房的耐火等级、层数和占地面积

为了减少火灾可能造成的损失,以及有利于火灾的扑救,依据生产的火灾危险性类别,建筑设计防火规范对厂房的耐火等级、占地面积和层数做出了适当的规定和限制,详见表 3-16。

此外,建筑设计防火规范还对厂房的内部设置和分隔做出了一些规定,详见表 3-17。

表 3-16 库房的耐火等级、层数和占地面积

储存物类别	耐火等级	最多允许层数	单层库房最大允许占地面积/m^2
甲	一	1	180
	一、二	1	750
乙	一、二	3	2000
	三	1	500
丙	一、二	5	2800
	三	1	900

表 3-17 厂房的内部设置和分隔

生产类别	厂房的耐火等级	最多允许层数	每个防火分区的最大允许建筑面积/m^2			
			单层厂房	多层厂房	高层厂房	地下、半地下厂房,厂房的地下室、半地下室
甲	一级 二级	除生产必须采用多层者外,宜采用单层	4000 3000	3000 2000	— —	— —
乙	一级 二级	不限 6	5000 4000	4000 3000	2000 1500	— —
丙	一级 二级 三级	不限 不限 2	不限 8000 3000	6000 4000 2000	3000 2000 —	500 500 —
丁	一、二级 三级 四级	不限 3 1	不限 4000 1000	不限 2000 —	4000 — —	1000 — —

续表

生产类别	厂房的耐火等级	最多允许层数	每个防火分区的最大允许建筑面积/m^2			
			单层厂房	多层厂房	高层厂房	地下、半地下厂房，厂房的地下室、半地下室
戊	一、二级	不限	不限	不限	6000	1000
	三级	3	5000	3000	—	—
	四级	1	1500	—	—	—

（四）厂房的防爆设计

建筑设计防火规范对厂房的防爆设计规定，主要针对有爆炸性危险的甲、乙类厂房。主要注意以下几个方面：厂房的设置和形式，厂房的耐爆结构，厂房内部的有关设置规定，泄压设施和泄压面积，不发火地面及楼（地）面的其他要求，厂房管、沟的设计规定。

（五）防火防爆安全装置

1.阻火装置

阻火装置又称火焰隔断装置，其作用是防止外部火焰蹿入设备、管道，或阻止火焰在管道内蔓延。阻火装置通常安装在管道上，主要包括阻火器、安全液封、单向阀、阻火闸门等。

（1）阻火器：阻火器的阻火层是由有许多细小通道或孔隙的不燃固体材料构成的，火焰在通过这些细小通道或孔隙时熄灭。

阻火器常用在可燃气体输送管上，易燃液体储罐的吸排气管上，以及各种临时排放可燃气体的放空管上。

阻火器有金属网型、砾石型和金属波纹片型等几种形式。①金属网阻火器，其阻火层由若干层有一定孔径的金属网作填料。②砾石阻火器，其阻火层由砂粒、卵石、玻璃球等作填料。③金属波纹片阻火器，其阻火层由带状不锈钢波纹片缠绕成圆形或方形阻火填料。

（2）安全液封：安全液封一般是用水或水溶液将可燃气体管道的进口和出口隔开，若管道的一端着火，火焰会在液封处熄灭，从而阻止火焰蔓延。

（3）单向阀：单向阀又称止逆阀、止回阀，其作用是仅允许流体向一个方向流动，遇有回流时即自动关闭。

该阀常用于防止高压物料窜入低压系统引起破裂，也可用来防止回火。如液化气瓶上的减压阀就是一种单向阀。

（4）阻火闸门：阻火闸门是用易熔合金元件将闸门悬挂在管道的上方，一旦着火升温，会使易熔元件熔化，闸门落下，阻止火焰蔓延。

2.防爆泄压装置

防爆泄压装置包括安全阀、防爆片、防爆门等。系统压力骤增或发生爆炸，防爆泄压装置会及时开启，将部分气体或液体排出，从而防止或减轻对设备的破坏。但如果排出的气体或液体有危险性，一定要用管道引至安全处或安全处理设施。

(1)安全阀:为防止系统非正常压力升高超限而引起设备爆裂的泄压装置。一般是用弹簧来限定安全阀的起跳压力。

(2)防爆片:防爆片又称防爆膜、爆破片,通常是用法兰固定,在一定压力下自行破裂的合金膜片,由专业工厂生产,通过安全认证。

(3)防爆门:一般用油、燃气、煤粉或煤浆作燃料的燃烧炉,其燃烧室外壁要设置防爆门,万一在燃烧不充分的情况下发生爆炸,可以起泄压作用,以减少损失。

思考题:观看防火防爆安全措施视频,思考腈纶生产项目防火防爆措施。

第四节 消防安全知识

一、火灾的分类

根据国家标准修订发布的《火灾分类》进行分类,或一般分为以下六类:

A类火灾:固体物质火灾。这种物质通常具有有机物性质,一般在燃烧时能产生灼热的余烬。

B类火灾:液体或可熔化的固体物质火灾。

C类火灾:气体火灾。

D类火灾:金属火灾。

E类火灾:带电火灾。物体带电燃烧的火灾。

F类火灾:烹饪器具内的烹饪物(如动植物油脂)火灾。

思考题:腈纶生产项目的火灾可以分成哪几类?

二、灭火的基本原理

根据燃烧的基本条件要求,任何可燃物产生燃烧或持续燃烧都必须具备燃烧的必要条件和充分条件。因此,火灾发生后,所谓灭火就是破坏燃烧条件使燃烧反应终止的过程。灭火的基本原理可以归纳为四个方面,即冷却、窒息、隔离和化学抑制。前三种灭火作用主要是物理过程,化学抑制是化学过程。

(一)冷却灭火

对一般可燃物而言,它们之所以能够继续燃烧,其条件之一就是它们在火焰或热的作用下,达到了各自的着火温度。因此,对于一般可燃固体,将其冷却到其燃点以下;对于可燃液体,将其冷却到闪点以下,燃烧反应就会中止。用水扑灭一般固体物质的火灾,主要是通过冷却作用来实现的,水能够大量吸收热量,使燃烧物的温度迅速降低,最后导致燃烧中止。

(二)窒息灭火

各种可燃物的燃烧都需要在其最低氧浓度以上进行,低于此浓度时,燃烧不能持续。一般碳氢化合物的气体或蒸气通常在氧浓度低于15%时不能维持燃烧。用于降低氧浓度的气体有二氧化碳、氮气、水蒸气等。通过稀释氧浓度来灭火的方法，多用于密闭或半密闭空间。

(三)隔离灭火

可燃物是燃烧条件中的主要因素，如果把可燃物与引火源以及氧隔离开来，那么燃烧反应就会自动中止。火灾中，关闭有关阀门，切断流向着火区的可燃气体和液体的通道；打开有关阀门，使已经发生燃烧的容器或受到火势威胁的容器中的液体可燃物通过管道导至安全区域，都是隔离灭火的措施。这样，残余可燃物烧尽后，火也就自熄了。

此外，用喷洒灭火剂的方法，把可燃物同氧和热隔离开来，也是通常采用的一种灭火方法。泡沫灭火剂灭火，就是用产生的泡沫覆盖于燃烧液体或固体的表面，在冷却作用的同时，把可燃物与火焰和空气隔开，达到灭火目的。

(四)化学抑制灭火

物质的有焰燃烧中的氧化反应，都是通过链式反应进行的。碳氢化合物的气体或蒸气在热和光的作用下，分子被活化，分裂出活泼氢自由基 H·，H·与氧作用生成 H·、OH·、O·等自由基成为链式反应的媒介物使反应迅速进行。对于含氧的化合物，燃烧的速度决定于 OH·的浓度和反应的压力，对于不含氧的化合物，O·的浓度决定了燃烧的速度。因此，如果能够有效地抑制自由基的产生或者能够迅速降低火焰中 H·、OH·、O·等自由基的浓度，燃烧就会中止。许多灭火剂都能起到这样的作用，如干粉灭火剂，其表面能够捕获 OH·和 H·使之结合成水，自由基浓度急剧下降，导致燃烧的中止。

三、灭火剂的种类

灭火剂种类较多，有水、泡沫液、二氧化碳、干粉、卤代烷类化学灭火剂等，在使用中必须依据生产过程、原材料和产品的性质、建筑结构情况选择合适的灭火剂。

(一)水与水蒸气

水的灭火原理包括冷却、窒息和隔离作用。水蒸气是水的一种形式。

水是使用最广泛的灭火剂，价廉、取用方便、供应量大、无害，有很好的灭火效能。除不能或不宜用水灭火的情况外，水是首选灭火剂。尤其适合扑救大面积火灾。

水蒸气的灭火作用是使火场氧含量减少，以阻止燃烧，并能造成汽幕使火焰与空气隔开。油和气体着火都可使用水蒸气扑灭。

但下列情况不能用水扑救：

(1)忌水性物质起火，如金属钠、钾、电石、三丁基硼等起火。

(2)比水轻的非水溶性可燃、易燃液体起火 如汽油、煤油等起火。

(3)贮存硫酸、硝酸等场所着火。

(4)未切断电源的电气火灾。

(5)高温设备起火。

(6)图书馆、档案馆起火。

(二)泡沫灭火剂

凡与水混合并通过化学反应或机械方法产生灭火泡沫的灭火药剂都属于泡沫灭火剂。它一般由起泡剂、泡沫稳定剂、降黏剂、抗冻剂、防腐蚀剂及大量水组成。灭火原理是产生大量泡沫，黏附在燃烧物表面，使其与空气隔绝。

1.化学泡沫灭火剂

由硫酸铝(发泡剂)、碳酸氢钠、少量泡沫稳定剂及其他添加剂组成。使用时将两种药剂混合即起下列反应：

$$Al_2(SO_4)_3+6NaHCO_3 = 3Na_2SO_4+2Al(OH)_3\downarrow+6CO_2\uparrow$$

反应中生成的二氧化碳，在溶液中形成大量微细泡沫，同时使压力上升，将泡沫从喷嘴喷出。反应生成的胶状氢氧化铝，使泡沫具有一定的黏性，黏附在燃烧物上隔绝空气，使火焰熄灭。

化学泡沫灭火剂可用于扑救汽油、煤油、香蕉水等易燃液体的火灾。

2.空气泡沫灭火剂(或称机械泡沫灭火剂)

以发泡剂加入少量稳定剂、防腐剂和防冻剂等添加剂和大量水，通过发泡装置吸入大量空气而成的一种泡沫灭火剂。空气泡沫灭火剂广泛应用于石油化工消防中。

(1)蛋白泡沫灭火剂，由动植物的硬蛋白质在碱液作用下经部分水解浓缩而制成。

(2)氟蛋白泡沫灭火剂，是在普通蛋白灭火剂中加入 0.02%氟碳表面活性剂制成的。比普通蛋白泡沫有较高的灭火性能，适用于油罐的固定或半固定式的喷射灭火设施。

(3)抗溶性泡沫灭火剂，是在蛋白质水解液中添加抗溶性药剂(有机酸金属络合盐)制成的。抗溶性泡沫不仅可扑救一般烃类液体的火灾，还可有效地扑灭水溶性有机溶剂如醇类、酮类、酯类等的火灾。但对沸点很低的水溶性有机溶剂，如乙醚、乙醛等，无很好的冷却措施，虽能控制火势，但难扑灭。

(4)高倍泡沫灭火剂，是以合成表面活性剂为基料的泡沫灭火剂，其主要成分为脂肪醇硫酸钠、十二醇、抗冻剂、稳定剂、添加剂制成，发泡倍数可高达千倍(前面所讲的泡沫灭火剂，发泡体积大致在 6～10 倍)。

用来扑救非水溶性易燃液体、可燃液体及一般固体物质的火灾。不适于扑救油罐火灾。

(三)惰性气体灭火剂

应用最广的是 CO_2。

CO_2 灭火原理：液态 CO_2 从钢瓶中喷出，吸收大量气化热，能冷却燃烧物；CO_2 气体能隔绝和稀释空气中的氧含量，当空气中 CO_2 体积分数达 29.2%时，能使燃烧因缺氧而熄灭。

CO_2 可以扑救易燃液体、可燃液体和一般固体物质火灾。

由于具有不导电性，不污损设备，故可用于扑救电气、精密仪器、书籍、贵重生产设备的火灾。

CO_2 不能扑救钾、钠、镁、铝等金属火灾，也不适用自身给氧燃烧物质的灭火。

但要注意：①当空气中 CO_2 浓度达 5%时，呼吸发生困难；达 10%时，就会使人死亡。②CO_2 灭火后，可燃物温度尚未降低，仍有发生复燃的可能。

(四)化学液体灭火剂

这类灭火剂主要是卤代烷类(Halon,哈龙),常用的有1202、1211、1301等。由于卤代烷对大气臭氧层有很强的破坏作用,我国已基本停止生产这类灭火剂。目前卤代烷类灭火剂的替代物主要有FM200七氟丙烷、IG541烟洛尽等。

卤代烷类灭火机理:卤代烷是借助在高温中分解产生的活性游离基Br、Cl等参与物质燃烧过程中的化学反应,消除维持燃烧所必需的活性游离基H·和·OH等,使化学连锁反应的链传递中断而灭火。

卤代烷类灭火剂效率比二氧化碳高4~5倍,不导电,对扑救高压电器设备、油类、有机溶剂、精密仪器、文件档案等火灾均很有效,且不留痕迹。

(五)干粉灭火剂

干粉灭火剂是干燥、易流动的固体粉末。其主要成分为碳酸氢钠($NaHCO_3$)和磷酸二氢铵($NH_4H_2PO_4$)等。

其灭火原理是:干粉在CO_2或N_2压力推动下,以粉雾状喷出。受高温后发生如下反应:反应吸热,产生水蒸气、二氧化碳,起冷却稀释作用,同时干粉颗粒对燃烧时的活性基团H·和·OH起钝化作用:

$$M + HO\cdot \longrightarrow MOH$$

$$MOH + H\cdot \longrightarrow M + H_2O$$

M为灭火剂受热裂解生成的基团(如Na·,K·等),使HO·和H·等活性基团成为惰性分子,从而中断燃烧的链式反应,达到灭火目的。

干粉灭火剂适合扑救各种可燃液体、可燃气体以及一般电气设备的火灾,对一般固体的火灾也很有效。

不适合扑救精密仪器火灾。

四、灭火器的管理

(一)不相容的灭火剂

在同一灭火器配置场所,当选用两种或两种以上类型灭火器时,应采用灭火剂相容的灭火器。不相容的灭火剂详见表3-18。

表3-18 不相容的灭火剂举例

灭火剂类型	不相容的灭火剂	
干粉与干粉	磷酸铵盐	碳酸氢钠、碳酸氢钾
干粉与泡沫	碳酸氢钠、碳酸氢钾	蛋白泡沫
泡沫与泡沫	蛋白泡沫、氟蛋白泡沫	水成膜泡沫

(二)灭火器的选择

灭火器的选择应考虑下列因素:灭火器配置场所的火灾种类、灭火器配置场所的危险等级、灭火器的灭火效能和通用性、灭火剂对保护物品的污损程度、灭火器设置点的环境温度、使用灭火器人员的体能。

1. A 类火灾场所应选择水型灭火器、磷酸铵盐干粉灭火器、泡沫灭火器或卤代烷灭火器。

2. B 类火灾场所应选择泡沫灭火器、碳酸氢钠干粉灭火器、磷酸铵盐干粉灭火器、二氧化碳灭火器、灭 B 类火灾的水型灭火器或卤代烷灭火器。极性溶剂的 B 类火灾场所应选择灭 B 类火灾的抗溶性灭火器。

3. C 类火灾场所应选择磷酸铵盐干粉灭火器、碳酸氢钠干粉灭火器、二氧化碳灭火器或卤代烷灭火器。

4. D 类火灾场所应选择扑灭金属火灾的专用灭火器。

5. E 类火灾场所应选择磷酸铵盐干粉灭火器、碳酸氢钠干粉灭火器、卤代烷灭火器或二氧化碳灭火器,但不得选用装有金属喇叭喷筒的二氧化碳灭火器。

(三)灭火器的设置

1. 灭火器应设置在位置明显且便于取用的地点,不得影响安全疏散。

2. 对有视线障碍的灭火器设置点,应设置指示其位置的发光标志。

3. 灭火器的摆放应稳固,其铭牌应朝外。手提式灭火器宜设置在灭火器箱内或挂钩、托架上,其顶部离地面高度不应大于 1.50m;底部离地面高度不宜小于 0.08m。灭火器箱不得上锁。

4. 灭火器不宜设置在潮湿或强腐蚀性的地点。当必须设置时,应有相应的保护措施。灭火器设置在室外时,应有相应的保护措施。

5. 灭火器不得设置在超出其使用温度范围的地点。

(四)灭火器的送修

存在机械损伤、明显锈蚀、灭火剂泄露、被开启使用过或符合其他维修条件的灭火器应及时进行维修。灭火器的维修期限应符合表 3-19 的规定。

表 3-19　灭火器的维修期限

灭火器类型		维修期限
水基型灭火器	手提式水基型灭火器	出厂期满 3 年; 首次维修以后每满 1 年
	推车式水基型灭火器	
干粉灭火器	手提式(贮压式)干粉灭火器	出厂期满 5 年; 首次维修以后每满 2 年
	手提式(储气瓶式)干粉灭火器	
	推车式(贮压式)干粉灭火器	
	推车式(储气瓶式)干粉灭火器	

续表

灭火器类型		维修期限
洁净气体灭火器	手提式洁净气体灭火器	出厂期满 5 年； 首次维修以后每满 2 年
	推车式洁净气体灭火器	
二氧化碳灭火器	手提式二氧化碳灭火器	
	推车式二氧化碳灭火器	

(五)灭火器的报废

1. 下列类型的灭火器应报废

①酸碱型灭火器；②化学泡沫型灭火器；③倒置使用型灭火器；④氯溴甲烷、四氯化碳灭火器；⑤国家政策明令淘汰的其他类型灭火器。

2. 有下列情况之一的灭火器应报废

①筒体严重锈蚀(锈蚀面积大于、等于筒体总面积的 1/3)，表面有凹坑；②筒体明显变形，机械损伤严重；③器头存在裂纹，无泄压机构；④筒体为平底等结构不合理；⑤没有间歇喷射机构的手提式；⑥没有生产厂名称和出厂年月，包括铭牌脱落，或虽有铭牌，但已看不清生产厂名称，或出厂年月钢印无法识别；⑦筒体有锡焊、铜焊或补缀等修补痕迹；⑧被火烧过。灭火器出厂时间达到或超过表 3-20 规定的报废期限时应报废。

表 3-20　灭火器的报废期限

灭火器类型		报废期限/a
水基型灭火器	手提式水基型灭火器	6
	推车式水基型灭火器	
干粉灭火器	手提式(贮压式)干粉灭火器	10
	手提式(储气瓶式)干粉灭火器	
	推车式(贮压式)干粉灭火器	
	推车式(储气瓶式)干粉灭火器	
洁净气体灭火器	手提式洁净气体灭火器	
	推车式洁净气体灭火器	
二氧化碳灭火器	手提式二氧化碳灭火器	12
	推车式二氧化碳灭火器	

五、消防用水及设施

（一）工厂消防用水

工厂的消防用水既可以是自来水管网的一次水，也可以是工厂的循环水或其他可用于灭火的水。

消防用水量应根据可能发生的火灾规模与相应的灭火用水量经验数据，以及同一时间内火灾次数来估算，即同一时间内火灾次数与一次灭火用水量的乘积来估算。

（二）消防给水设施

1.消防水池或天然水源作消防水源，应有可靠的吸水设施。

2.消防给水管可与生活、生产用水管合并，也可单独设置，但要保证足够的水压。消防给水管分为低压给水管与高压给水管，低压给水管压力应不低于0.2MPa；高压给水管压力宜为0.7～1.2MPa。

消防给水管网宜采用环状布置，重要区域的输水干管不应少于两条。

3.消火栓是用来接消防水带放水灭火的接口和阀门，也可供消防车吸水。

室外消火栓一般设置在道路边和生产区的四周，与灭火目标保持一定的距离，以使灭火人员能够安全操作。室外消火栓的设置数量由消火栓的保护半径和室外消防用水量确定。低压给水管的室外消火栓保护半径不超过120m；每个消火栓出水量不低于15L/s。

室内消火栓一般设置在楼梯间和其他比较安全的位置，既能让灭火人员安全操作，又能让消防水覆盖着火区域。

易燃、可燃液体罐区和液化石油气罐区的消火栓应设置在防火墙外。

4.其他消防设施：

（1）消防水带箱：用于存放消防水带和水枪。

（2）泡沫管枪和泡沫炮：用于喷射泡沫液的特制装置，使浓缩的泡沫液与水充分混合后喷射出去。

（3）固定式消防炮：既可喷射水也可喷射泡沫，一般用于高楼和较大半径区域的灭火，其喷水量比水枪大，尤其适合重点要害区域的消防。

（4）水幕分隔设施：当火灾发生时，通过向下喷射雾状水形成的水幕将着火区与保护区分隔开来的设施，主要由消防水泵（或增压水泵）、水管和水雾喷头组成。水的压力在0.3MPa以上，供水强度不小于0.34L/s；也有用蒸气幕的。

（5）露天装置区消防给水：露天装置区消防给水的目的是灭火、冷却。

根据需要设置消防供水竖管（即输送泡沫液或消防水的主管），并设消防水带箱，备齐水带、水枪和泡沫管枪。在危险性较大且较高设备的四周，宜设固定冷却设备。厂区还应设置小型灭火机和其他简易的灭火器材。

思考题：腈纶生产项目需要配备哪些灭火器材？

六、消防站

消防站是准军事化的消防力量的驻地。发生火灾时，拨打119电话说明情况，附近消防站的消防车就会前来灭火或增援。

甲、乙、丙类生产装置、厂房或库房应有便利交通，让消防车能较快达到。

有特殊灭火要求的工厂应在建设之时，就将其特殊情况告知当地的消防站，以便消防站配备必要的灭火器材。

单位消防车辆应按扑救工厂一次最大火灾的需要进行配备。按行车距离计，保护半径不应大于2.5km。

单位消防站应安装不少于两处同时报警的受警电话和备有有关部门的联系电话。

七、初起火灾的扑救

（一）生产装置初起火灾的扑救

1.迅速查清着火部位、着火物质的来源，及时准确关闭阀门，切断物料来源及各种热源；开启冷却水、消防蒸气等，进行有效冷却或有效隔离；关闭通风装置，防止风助火势或沿通风管道蔓延。从而有效地控制火势以利于灭火。

2.带有压力的设备物料泄漏引起着火时，应切断进料并及时开启泄压阀门，进行紧急放空，同时将物料排入火炬系统或其他安全部位，以利于灭火。

3.现场当班人员应迅速果断地做出是否停车的决定，并及时向厂调度室报告情况和向消防部门报警。

4.装置发生火灾后，当班的班长应对装置采取准确的工艺措施，并充分利用现有的消防设施及灭火器材进行灭火。若火势一时难以扑灭，则要采取防止火势蔓延的措施，保护要害部位，转移危险物质。

5.在专业消防人员到达火场时，生产装置的负责人应主动向消防指挥人员介绍情况，说明着火部位、物质情况、设备及工艺状况，以及已采取的措施等。

（二）易燃、可燃液体贮罐初起火灾的扑救

1.立即报警、报告消防部门、厂调度室。

2.若着火罐在进料，立即切断进料。无法关闭进料阀时，可在消防水枪的掩护下进行抢关，或通知送料单位停止送料。

3.若有固定泡沫发生站时，立即启动该装置。开通着火罐泡沫阀门，利用泡沫灭火。

4.若着火罐为压力装置，应迅速打开水喷淋设施，对着火罐和邻近贮罐进行冷却保护，以防止升温、升压引起爆炸，打开紧急放空阀进行安全泄压。

5.火场指挥员应根据具体情况，组织人员采取有效措施防止物料流散，避免火势扩大，并注意对邻近贮罐的保护以及减少人员伤亡和火势的扩大。

（三）电气火灾的扑救

电气火灾的特点、危险性包括存在接触电压与跨步电压，同时绝缘油使火灾事故扩大。

1. 扑救时的安全措施

①首先要切断电源。②应用绝缘良好的工具操作。③选好电源切断点，夜间切断要考虑临时照明问题。④切断电源时如需电力部门配合的，应迅速联系。

2. 带电扑救时的特殊安全措施

①带电体与人体保持必要的安全距离。一般室内应大于4m，室外不应小于8m。②选用不导电灭火剂对电气设备灭火。③对架空线路及空中设备灭火时，人体位置与带电体之间的仰角不超过45°，以防电线断落伤人。如遇带电导体断落地面时，要划清警戒区，防止跨步电压伤人。

3. 充油设备的灭火

如在设备外部着火时，可用二氧化碳、1211、干粉等灭火器带电灭火。

油箱破坏时，应将油导入油坑。油坑中及地面上的油火可用泡沫，防止其进入电缆沟。如油火顺沟蔓延，这时电缆沟里的火，只能用泡沫扑灭。

充油设备灭火时，应先喷射边缘，后喷射中心，以免油火蔓延扩大。

（四）人身着火的扑救

迅速脱掉衣服，无法脱掉时就地打滚。切忌跑动。

溅上油品而着火时，在场的人应立即制止其跑动，将其搂倒，用石棉布、海草、棉布、棉被等物覆盖。用水浸湿后覆盖效果更好。灭火器扑救时，注意不要对着脸部。

抢救烧伤患者时，应注意保护烧伤部位，不要碰破皮肤，以防感染，大面积烧伤患者，将嘴撬开，将舌头拉出，保持呼吸畅通。

初起火灾扑救

实际项目应用园地

腈纶生产项目罐区与危化品仓库防火防爆措施的确定

第三章测试

第四章　防毒安全技术

学习目标

知识目标：掌握工业毒物的分类及毒性、工业毒物的危害、急性中毒的现场救护、综合防毒措施的基础知识。

能力目标：具备防止毒物伤害、中毒后急救的初步能力。

素质目标：培养良好的安全行为、安全素养；在紧急状态下，具有舍己为人的精神。

基础理论知识园地

第一节　工业毒物的分类和毒性

一、工业毒物的定义

有些物质进入机体并积累到一定量后，就会与机体组织和体液发生生物化学或生物物理作用，扰乱或破坏机体的正常生理功能，进而引起暂时性或永久性的病变，甚至危及生命。这些物质称为毒性物质。由毒物侵入机体而导致的病理状态称为中毒。

工业生产中接触到的毒物主要是化学物质，称为工业毒物或生产性毒物。在生产过程中由于接触化学毒物而引起的中毒称为职业中毒。

少量化学物质进入人体后，能与人体发生化学或物理化学作用，破坏正常生理功能，引起功能障碍、疾病甚至死亡者，称为毒物。这些物质以原料、半成品、成品、副产品或废弃物存在于工业生产中者，称为工业毒物。由毒物侵入机体而导致的病理状态称为中毒。

在化学工业中，毒性物质的来源是多方面的。有的作为原料，如制造硫酸二甲酯的甲醇和硫酸；有的作为中间体或副产物，如苯制造苯胺的中间产物以及苯生产二硝基苯的副产物硝基苯；有的作为成品，如化肥厂的产品氨、农药厂的产品有机磷；有的作为催化剂，如生产氯乙烯的催化剂氯化汞；有的作为溶剂，如生产胶鞋用的溶剂汽油；有的作为夹杂物，如电石中的砷和磷，以及乙炔中的砷化氢和磷化氢；还有，如氯碱厂水银电解法的阴极用汞，以及氩弧焊作业中产生的臭氧和氮氧化物等，多数都是毒性物质。另外，塑料工业、橡胶工业中所用的增塑剂、防老剂、润滑剂、稳定剂、填料等，以及化学工业的废气、废液、废渣等排放物均属于工业毒性物质。对毒物的来源做全面调查,明确主要毒物,有利于解决毒性物质的污染和确定防毒措施,也有利于职业中毒的诊断。

毒性物质的毒害作用是有条件的。它涉及毒性物质的数量、存在形态以及作用条件。例如氯化钠作为普通食用盐,被认为无毒,但是如果溅到鼻黏膜上就会引起溃疡,甚至使鼻中隔穿孔。如果一次服用 200～250g,就会使人致死。这就是说,一切物质在一定的条件下均可以成为毒物。生产工艺的需要以及所进行的加工过程,例如加热、加压、破碎、粉碎、筛分、溶解等操作,使工业毒物常呈气体、蒸气、烟雾、烟尘、粉尘等形式存在。毒物存在的形式直接关系到接触时中毒的危险性,影响到毒物进入人体的途径和病因。

思考题:腈纶生产项目的工业毒物有哪些?

二、工业毒物的分类

(一)按照存在形态分类

工业毒物按照存在的形态可以分为气体、液体、固体,如图 4-1 所示。

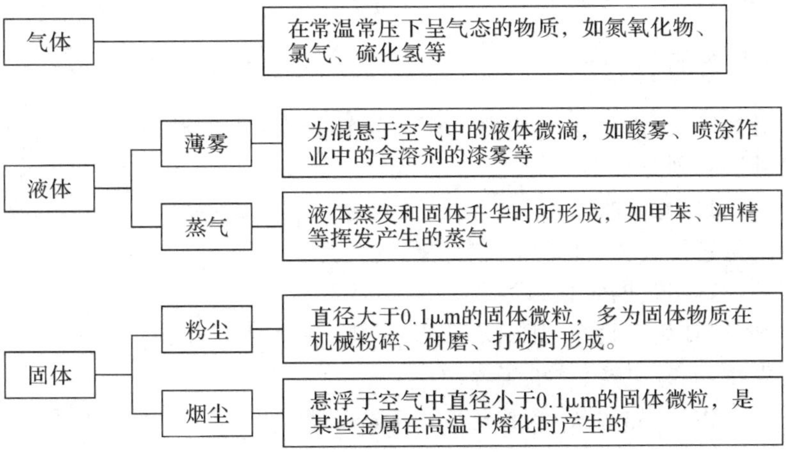

图 4-1 工业毒物按存在的形态分类

(二)按化学类属分类

工业毒物按照化学类属分类,可以分为无机毒物和有机毒物。

1. 无机毒物

无机毒物包括汞、铬、铍、锰、铅、砷、氯气、硫化氢等。

2. 有机毒物

有机毒物包括苯、四氯化碳、硝基苯、有机磷、有机氯等。

(三)按用途分类

工业生产中经常应用的有机溶剂有百余种,如芳香烃的苯、甲苯、四氯化碳,脂肪烃的汽油、煤油等。

农药指用于防治危害农作物的害虫、病菌、鼠类及其他有害植物,调节植物生产的药剂,如滴滴涕(DDT)、六六六、杀虫脒、巴丹、溴甲烷等。

化工原料指无机化工原料如盐酸、硫酸、磷酸和纯碱,有机化工原料如苯类、烯类、醛类、酚类。

(四)按毒作用性质分类

1. 刺激性毒物,如酸的蒸气、氯、氨、二氧化硫等均属此类毒物。刺激性气体和蒸气尽管其物理和化学性质有所不同,但它们直接作用到组织上时都能引起组织发炎。

2. 窒息性毒物,可分为窒息及化学窒息性毒物两种。前者如氮、氢、氦等,后者如一氧化碳、氰化氢等。

3. 麻醉性毒物,如芳香族化合物、醇类、脂肪族硫化物、苯胺、硝基苯及其他化合物均属此类毒物。该类毒物主要对神经系统有麻醉作用。

4. 全身性毒物,其中以金属为多,如铅、汞等。

(五)工业毒物的分类

在工业防毒技术中,为使用方便多采用综合性分类,即按毒物的存在形态、作用特点、理化性质等多种因素划分如下:

1. 金属、类金属毒物,如汞、铬、铍、锰、铅、砷等。
2. 刺激性或窒息性气体,如氯气、硫化氢、光气等。
3. 有机溶剂类,如苯、四氯化碳等。
4. 苯的氨基、硝基化合物类,如硝基苯、氨基苯、三硝基甲苯等。
5. 农药类毒物,如有机磷、有机氯等。
6. 高分子化合物类,如塑料、橡胶及树脂类产品等。

三、工业毒物的毒性

(一)毒性及其评价指标

毒性是用来表示毒性物质的剂量与毒害作用之间关系的一个概念。在实验毒性学中,经常用到剂量-作用关系和剂量-响应关系两个概念。

剂量-作用关系是指毒性物质在生物个体内所起作用与毒性物质剂量之间的关系。

剂量-响应关系是指毒性物质在一组生物体中产生一定标准作用的个体数,即产生作用的百分率,与毒性物质剂量之间的关系。

研究化学物质毒性时,最常用的剂量-响应关系是以试验动物的死亡作为终点,测定毒物引起动物死亡的剂量或浓度。经口服或皮肤接触进行试验时,剂量常用每千克体重毒物的毫克数，即 mg·kg^{-1}来表示。目前国外已有用每平方米体表面积毒物的毫克数，即 mg·m^{-2}表示的趋势。吸入的浓度则用单位体积空气中的毒物量，即 mg·m^{-3}表示。

常用于评价毒性物质急性、慢性毒性的指标有以下几种：

(1)绝对致死剂量或浓度(LD_{100}或 LC_{100})：指引起全组染毒动物全部(100%)死亡的毒性物质的最小剂量或浓度。

(2)半数致死剂量或浓度(LD_{50}或 LC_{50})：指引起全组染毒动物半数(50%)死亡的毒性物质的最小剂量或浓度。

(3)最小致死剂量或浓度(MLD 或 MLC)：全组染毒动物中只引起个别动物死亡的毒性物质的最小剂量或浓度。

(4)最大耐受剂量或浓度(LD_0 或 LC_0)：全组染毒动物全部存活的毒性物质的最大剂量或浓度。

(5)极限阈值：一个健康成人在一天内能反复经受的毒物浓度的上限，记为 TLV。过去常以 MAC 的值作为最高允许浓度。

毒性物质对试验动物产生同一作用所需要的剂量，会由动物种属或种类、染毒的途径、毒物的剂型等条件不同而不同。除用试验动物死亡表示毒性外，还可以用机体的其他反应，如引起某种病理变化来表示，如上呼吸道刺激、出现麻醉以及某些体液的生物化学变化等。阈剂量或浓度表示的是能引起上述变化的毒性物质的最小剂量或浓度。于是，就有麻醉阈剂量或浓度、上呼吸道刺激阈剂量或浓度、嗅觉阈剂量或浓度等。

致死浓度和急性阈浓度之间的浓度差距，能够反映出急性中毒的危险性，差距越大，急性中毒的危险性就越小。而急性阈浓度和慢性阈浓度之间的浓度差距，则反映出慢性中毒的危险性，差距越大，慢性中毒的危险性就越大。而根据嗅觉阈或刺激阈，可估计工人能否及时发现生产环境中毒性物质的存在。

(二)毒物的危害程度分级

不同化学物质具有不同的毒性，GB 5044 将物质的毒性分成四级，详见表 4-1。

表 4-1 化学物质的急性毒性分级表

指标		分级			
		Ⅰ（极度危害）	Ⅱ（高度危害）	Ⅲ（中度危害）	Ⅳ（轻度危害）
急性中毒	吸入 LC_{50}，mg/m^3	<200	200≤LC_{50}<2000	2000≤LC_{50}≤<20000	>20000
	经皮 LD_{50}，mg/kg	<100	100≤LD_{50}<500	500≤LD_{50}≤2500	>2500
	经口 LD_{50}，mg/kg	<25	25≤LD_{50}<500	500≤LD_{50}≤5000	>5000
急性中毒发病状况		生产中易发生中毒，后果严重	生产中可发生中毒，预后良好	偶可发生中毒	迄今未见急性中毒，但有急性影响
慢病中毒患病状况		患病率(5%)	患病率较高(<5%)或症状发生率高(≥20%)	偶有中毒病例发生或症状发一率较高(≥10%)	无慢性中毒，而有慢性影响

续表

指标	分级			
	Ⅰ (极度危害)	Ⅱ (高度危害)	Ⅲ (中度危害)	Ⅳ (轻度危害)
慢性中毒后果	脱离接触后，继续进展或不能治愈	脱离接触后，可基本治愈	脱离接触后，可恢复，不致严重后果	脱离接触后，自行恢复，无不良后果
致癌性	人体致癌物	可疑人体致癌物	实验动物致癌物	无致癌物
最高容许浓度 $mg \cdot m^{-3}$	<0.1	0.1～1.0	1.0～10	>10

表 4-1 中急性毒性数据可以通过查阅物质的安全技术说明书得到，实际生产中常见的毒物主要有以下几种。

(1)Ⅰ级(极度危害)：汞及其化合物、苯、砷及其无机化合物、氯乙烯、铬酸盐及重铬酸盐、黄磷、铍及其化合物、对硫磷、羰基镍、八氟异丁烯、氯甲醚、锰及其无机化合物、氰化物等 13 种。

(2)Ⅱ级(高度危害)：三硝基甲苯、铅及其化合物、二硫化碳、氯、丙烯腈、四氯化碳、硫化氢、甲醛、苯胺、氟化氢、五氟酚及其钠盐、镉及其化合物、敌百虫、氯丙烯、钒及其化合物、溴甲烷、硫酸二甲酯、金属镍、甲苯二异氰酸酯、环氧氯丙烷、砷化氢、敌敌畏、光气、氯丁二烯、一氧化碳、硝基苯等 26 种。

(3)Ⅲ级(中等危害)：苯乙烯、甲醇、硝酸、硫酸、盐酸、甲苯、二甲苯、三氯乙烯、二甲基甲酰胺、六氟丙烯、苯酚、氮氧化物等 12 种。

(4)Ⅳ级(轻度危害)：溶剂汽油、丙酮、氢氧化钠、四氟乙烯、氨等 5 种。

思考题：腈纶生产项目工业毒物的毒性为几级？

(三)影响毒性的因素

1.物质的化学结构对毒性的影响

①在脂肪族烃类化合物中，其麻醉作用随分子中碳原子数的增加而增加；②碳原子数相同时，不饱和键增加其毒性增加，如乙烷的毒性<乙烯的毒性<乙炔的毒性；③一般分子结构对称的化合物，其毒性大于不对称的化合物；④在碳氢化合物中，一般情况下，直链比支链的毒性大；⑤毒物分子中某些元素或原子团对其毒性大小有影响。如烷烃类的氢若为卤族元素取代时其毒性增强，对肝的毒作用增加；且取代愈多，毒性愈大，$CH_3Cl < CH_2Cl_2 < CHCl_3 < CCl_4$。

2.物质的物理化学性质对毒性的影响

(1)溶解度：毒物在水中的溶解度直接影响毒性的大小，水中溶解度越大，毒性愈大。影响毒性作用部位：如刺激性气体中在水中易溶解的氟化氢(HF)、氨等，主要作用于上呼吸道，而不易溶解的二氧化氮(NO_2)则可深入至肺泡，引起肺水肿。脂溶性物质易在脂肪蓄积，易侵犯神经系统。

(2)挥发性：毒物的挥发性越大，其在空气中的浓度越大，进入人体的量越大，对人体的危害越大。有些有机溶剂的LD_{50}值相似，即其绝对毒性相当，但由于其各自的挥发度不同，所以实际毒性可以相差较大。如苯与苯乙烯的LC_{50}值均为45mg/L，即其绝对毒性相同。但苯很易挥发，而苯乙烯的挥发度仅及苯的1/11，所以苯乙烯形成空气中高浓度就较困难，实际上比苯的危害性为低。

(3)分散度：粉尘、烟、雾等状态物质，其毒性与分散度有关。颗粒越小分散度越大，比表面积越大，生物活性也越强。分散度还与颗粒在呼吸道的阻留有关。

大于10μm颗粒在上呼吸道被阻，5μm以下的颗粒可达呼吸道深部，小于0.5μm的颗粒易经呼吸道再排出，小于0.1μm的颗粒因弥散作用易沉积于肺泡壁。毒物颗粒的大小可影响其进入呼吸道的深度和溶解度，从而可影响毒性。

(4)纯度：工业化学物一般会含杂质，杂质可影响毒性，有时还会改变毒作用性质。例如商品乐果大鼠经口LD_{50}为247mg/kg，而纯品乐果为600mg/kg。一般认为，如杂质毒性大于主要成分，样品愈纯，毒性愈小；如杂质毒性小于主要成分，样品愈纯，则毒性愈大。

3. 毒物的联合作用

生产环境中，作业人员可能同时接触多种毒物，多种毒物对人体的联合作用而产生的综合毒性可能等于、大于或小于这几种毒物毒性的总和。

(1)相加作用：综合毒性表现为几种毒物作用的总和。

(2)相乘作用：综合毒性大大超过几种毒物作用的总和，即起增毒作用。例如二氧化硫单独吸入时多数引起上呼吸道损害，但二氧化硫混入含锌烟气时其毒性则加大一倍以上。此外，生产性毒物与生活性毒物的联合作用也较常见，酒精可增强铅、汞、甲苯、硝基苯、氮氧化物等毒物的吸收，故嗜酒者易引起中毒，接触这类物质的作业人员不宜饮酒。

(3)拮抗作用：综合毒性低于几种毒物毒性的总和，如氨与氯的联合作用。

4. 生产环境和劳动强度与毒性的关系

生产环境中毒物的存在状态、浓度，人与毒物的接触机会是与生产工艺直接相关的。环境中的物理因素与毒物也有联合作用。例如，高温条件促进毒物的挥发使空气中毒物浓度增大。高温环境下毒物毒性一般比常温条件大(1,2-一氯乙烯对大鼠急性经口毒性在35℃和40℃条件下比22℃条件下增加1～2倍)。湿度加大可使氯化烃的毒性增大。

劳动强度对毒物吸收、分布、排泄都有明显影响。劳动强度大，呼吸量大，空气中有毒物吸入的量也随之增多。同时汗量增多，代谢和吸收毒物速度加快，耗氧量增加，使人对一些导致缺氧的毒物更敏感。

5. 个体因素与毒性的关系

同一条件下接触相同剂量的同一毒物，有的人不中毒有的人则中毒，中毒的症状也有轻重不一，这种个体的差异是人体对毒物耐受性不同所致。引起个体差异的因素有以下几个方面。

(1)性别：一般女性比男性敏感，尤其是孕期、哺乳期、经期妇女。

（2）年龄：胎儿、婴儿、儿童、未成年人、老年人对毒性耐受力差，中毒程度往往较严重。未成年人的器官尚处发育阶段，抵抗力弱，也易中毒。

（3）身体状态：健康状态欠佳、营养状态不良和高敏感体质也容易发生中毒。

器官功能不良或已有病损，再接触毒物，则更易中毒。肝是毒物在体内转化的主要器官，肾是主要的排毒途径，肝肾功能不良者接触毒物，这两器官更易受损。又如月经期对苯、苯胺的敏感性增高。将耐受性差的个体区别出来，使之脱离或减少接触并加强医学监护，有利于预防职业危害。

6. 剂量、浓度、作用时间

毒物进入人体内的剂量是引起中毒的决定因素，一般情况下空气中毒物的浓度愈高，接触时间愈长，则进入人体内的总量愈大，危害后果出现越快，健康损害越严重。降低空气中毒物的浓度、减少接触毒物的时间，可减少进入人体内毒物。

四、工业毒物侵入人体的途径

毒物可经呼吸、食用和皮肤吸收作用进入体内（图 4-2）。在工业生产中，毒物主要经呼吸道和皮肤进入体内，亦可经消化道进入，但比较次要。

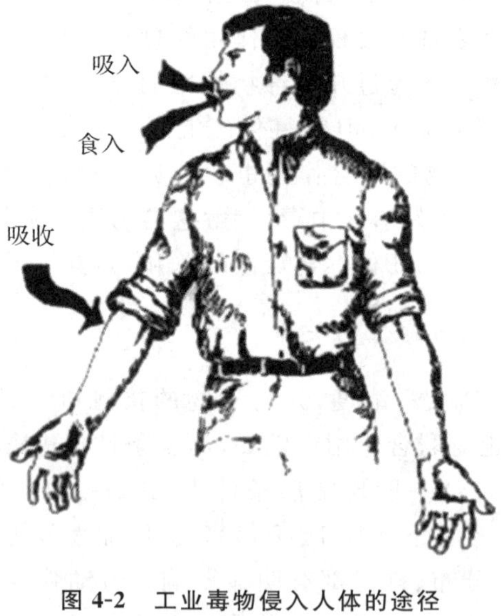

图 4-2　工业毒物侵入人体的途径

（一）呼吸道

呼吸道是工业生产中毒进入体内的最重要的途径。凡是以气体、蒸气、雾、烟、粉尘形式存在的毒物，均可经呼吸道侵入体内。人的肺由很多肺泡组成，肺泡壁很薄，壁上有丰富的毛细血管，毒物一旦进入肺，很快就会通过肺泡壁进入血液循环而被运送到全身。通过呼吸道吸收最重要的影响因素是其在空气中的浓度，浓度越高，呼吸越快。

进入呼吸道的毒物，通过肺泡直接进入大循环，其毒作用发生快。

气态毒物进入呼吸道的深度与其水溶性有关。水溶性较大的毒物易为上呼吸道吸收，除非浓度较高，一般不易到达肺泡（如氨）。水溶性较差的毒物在上呼吸道难以吸收，而在深部呼吸道，肺泡则能吸收一部分（如氮氧化物）。

以下物质容易被呼吸道吸收：

1. 呈气体、蒸气、气溶胶状态的毒物可经呼吸道进入体内。

2. 气态毒物经呼吸道吸收效果会受到接触毒物的水平影响，即毒物在空气中的浓度高，则进入体内的速度快，进入的量也大。

3. 呈气溶胶状态的毒物，它们在呼吸道滞留的量和受呼吸道清除系统清除的量与粒径大小有密切关系。气溶胶颗粒不能小于 1×10^{-6} cm 或大于 1×10^{-4} cm，否则颗粒太小，毒物容易在呼吸道内漂浮而被呼出；颗粒过大，则毒物容易停留在上呼吸道的黏膜表面，难以从肺泡吸收中毒。

大部分职业中毒系毒物由此途径进入体内而引起的。

（二）皮肤

在工业生产中，毒物经皮肤吸收引起中毒亦比较常见。脂溶性毒物经表皮吸收后，还需有水溶性，才能进一步扩散和吸收，所以水、脂皆溶的物质（如苯胺）易被皮肤吸收。

此类毒物可以经过以下器官进入人体：

1. 主要是通过表皮到达真皮而进入血循环。另外，毒物经皮肤吸收后也不经肝脏而直接进入大循环。

2. 通过汗腺和毛囊吸收，但其总截面积仅占表皮面积的 0.1%～1.0%，实际意义不大。

3. 皮肤最易吸收毒物的部位为腋窝、腹股沟、四肢的内侧、颈部和薄嫩而潮湿的皮肤。

以下物质容易被皮肤吸收：

1. 正常的皮肤表面有一层类脂质层，对水溶性毒物有很好的防护作用，但对一些脂溶性毒物如苯、芳香族的氨基、硝基化合物、金属的有机化合物（四乙铅）、有机磷化合物、氯仿等，可以穿透该层而到达真皮层致吸收中毒。若皮肤有伤口或在高温、高湿度情况下，可增加毒物的吸收。

2. 个别金属，如汞亦可经皮肤吸收。某些气态毒物（如氰化氢），浓度较高时可经皮肤进入体内。

（三）消化道

在工业生产中，生产性毒物经消化道进入体内而致职业中毒的事例甚少。毒物易经消化道侵入人体的主要有以下几种情况：

1. 个人卫生习惯不好和发生意外时可经消化道进入体内，主要是固体、粉末状毒物。

2. 毒物经口腔和食道黏膜吸收很少，但有些毒物如有机磷、氰化物等可迅速由该处吸收而进入血循环。

3. 不可忽略的是，进入呼吸道的难溶性气溶胶被清除后，可经由咽部而进入消化道。

4. 进入消化道的毒物主要在小肠吸收，经门脉、肝脏再入大循环。

五、毒物在人体的代谢过程

(一)分布

毒物被吸收后,随血液循环分布到全身。毒物在体内分布的情况主要取决于其进入细胞的能力及与组织的结合力。大多数毒物在体内的分布并不均匀,往往具有选择性,相对集中于体内并直接发挥毒作用的某些组织器官(即称为靶器官)。如铅、氟集中于骨骼,一氧化碳集中于红细胞。在组织器官相对集中的毒物呈动态变化,随时间的推移而有所变动。最初,毒物常分布于血液循环充沛且易透过细胞膜的组织器官,随后逐渐移向血液循环较差的部位。

(二)生物转化

进入体内的毒物,有的可直接作用于靶部位产生毒效应,并可以原形排出。但多数毒物吸收后在体内酶作用下,经受各种生化过程使其化学结构发生一定的改变,称为毒物的生物转化。

毒物在体内的生物转化可概括为氧化、还原、水解和结合(或合成)四类反应。毒物经生物转化将亲脂物质最终变为更具极性和水溶性的物质,使之有利于更快地经尿或胆汁排出体外;同时,也使其透过生物膜进入细胞的能力以及组织成分的亲和力减弱,从而消除或降低其生物效应。但是,也有不少毒物在生物转化过程中反而毒性增强,或者由原来无毒成为有毒。许多致癌物如芳香胺、苯并(a)芘等,均是经代谢转化而被活化。

(三)排出

毒物可以原形或代谢物的形式从体内排出。排出的速率对其毒效应有较大影响,排出缓慢的、潜在的毒效应相对较大。

1. 肾脏

肾脏是排泄毒物及其代谢物的极有效器官,也是最重要的排泄途径。许多毒物均由此排出。肾脏排出的速度,除受肾小球滤过率、肾小管分泌及对排出物的重吸收影响外,还取决于毒物或其代谢物的分子量、脂溶性、极性和离子化程度。尿中毒物或代谢物的浓度常与其在血液中的浓度密切相关,所以测定尿中毒物或代谢物水平可间接衡量体内负荷情况;结合临床征象和其他检查,有助于诊断。

2. 呼吸道

气态毒物可从呼吸道以原形排出,例如乙醚、苯蒸气等。排出的方式为被动扩散,排出的速度主要取决于肺泡呼吸膜内外两侧有毒气体的分压差;通气量也影响排出速度。

3. 消化道

肝脏也是排泄外源物质的重要器官,许多金属毒物如铅、锰,可由肝细胞分泌,经胆汁随粪便排出。有些毒物排入肠腔后可被肠腔壁再吸收，形成肝肠循环。从粪便排出的毒物常包含经口摄入而未被消化道吸收的部分。

4.其他排出途径

有的毒物如汞可经唾液腺排出；有的如铅、锰可经乳腺排入乳汁；有的还可通过胎盘屏障进入胎儿，如铅等。头发和指甲虽不是排出器官和组织，但有的毒物可富集于此，如铅、砷等。

排出是机体对毒物的一种解毒方式；但在排出过程中，毒物也可损害排出器官和组织，如镉可引起肾近曲小管损害，汞可产生口腔炎。

(四)蓄积

毒物或其代谢产物在接触间隔期内，如不能完全排出，则可在体内逐渐积累，此种现象称为毒物的蓄积。毒物的蓄积作用是引起慢性中毒的物质基础。当毒物的蓄积部位与其靶器官一致时，则易发生慢性中毒。例如有机汞化合物蓄积于脑组织，可引起中枢神经系统损害。当毒物的蓄积部位与其靶器官不一致时，则称为该毒物的"储存库"，如铅蓄积于骨骼内其毒物处于相对无活性状态，在急性毒作用期间对毒性危害起缓冲作用；但在某些条件下(如感染、饮酒、外伤、服用酸性药物等)体内平衡状态被打破时，储存库内的毒物可释放入血液，可诱发或加重毒性反应，如慢性铅中毒的急性发作。

有些毒物停止接触后，因其代谢迅速，在体内含量很快降低，难以检出；但反复接触，仍可引起慢性中毒。例如反复接触低浓度有机磷农药，由于每次接触所致胆碱酯酶活力轻微抑制的叠加作用，最终引起酶活性明显抑制，呈现功能蓄积。

六、毒物对人体的危害

毒品对人体产生的损害主要有急性中毒、慢性中毒、致癌作用、致突变作用和致畸胎作用。

(一)急性中毒

急性中毒是由于在短时间内有大量毒物进入人体后突然发生的病变。由大量毒品短时间侵入人体所造成。大多由毒品泄漏事故或无防护进入有毒环境、误服误用毒品引起。发病突然，主要有呕吐、呼吸困难、头晕头痛、昏迷等症状，抢救不及时极易造成死亡。

特点：发病急、变化快、病情重。发病时间：可能当班、下班几小时或 1～2d 发生。如 CO 中毒。

(二)慢性中毒

由于少量的毒品持续或经常地侵入人体内逐渐发生。慢性中毒的发生是毒物在人体内积蓄的结果。因此，凡有积蓄性的毒品都可能引起慢性中毒，如汞、铅、砷等。由于中毒症状往往在几个月、几年甚至多年后才出现，而且早期症状往往都很轻微，故常被忽视而不能及时发觉。因此在工业生产中预防慢性职业中毒问题更为重要。

(三)致癌作用

随着科学技术和工业生产的发展,进入到环境中的致癌物也越来越多。据报道人类的癌 80%以上是由环境因素引起,目前已知的化学致癌毒品约有 1100 种之多。

这些致癌物质作用于机体的方式有两种:一是直接作用,二是间接作用。多数化学致癌毒品属于间接作用。它们进入人体后,经过一系列代谢,一部分被排出体外,另一部分则变为具有致癌作用的中间产物,与细胞内的大分子(如核糖、核酸、蛋白质等)结合,从而构成致癌物。

(四)致突变作用

毒品可导致生物遗传基因的突变,产生长远的遗传影响。突变作用的潜在危害并不一定马上表现出来,有可能在隐性状态经历几代后才出现。突变作用可以发生在生殖细胞,也可以发生在体细胞。生殖细胞发生突变可导致不育,胚胎死亡、流产、出现畸形或引起其他遗传性疾病;体细胞的突变,一般认为就是癌症。最新研究表明,很多致突变物质能引起癌症,同时很多致癌物质又可致突变。

(五)致畸胎作用

受精卵在发育过程中,主要是在胚胎的器官分化发育的敏感时期,接触了某种化学毒品或受物理因素的刺激,影响器官的分化发育,导致形成程度轻重不同的畸形胎儿。

七、毒物造成有机体中毒的机理

(一)缺氧

毒物引起缺氧的原因:①破坏了呼吸机能,如抑制或麻痹了呼吸中枢,或由于物引起喉头水肿等。②引起血液成分的改变,如发生变性血红蛋白血症以及溶血等。③使机体组织的呼吸抑制,如氰化物、硫化氢中毒等。④引起心血管机能的破坏,如对毛细血管及心肌的影响导致休克等。

(二)对酶的影响

大部分毒物是通过对酶系统的作用而引起中毒的,其作用如下:

1. 破坏酶的蛋白质部分的金属或活性中心

例如氰化物抑制细胞色素氧化酶中 Fe^{2+} 的活性,而一氧化碳抑制细胞色素氧化酶是 Fe^{3+} 的活性,从而破坏酶蛋白质分子中的金属,使细胞发生窒息。

2. 毒物与基质竞争同一种酶而产生抑制作用

例如在三羧酸循环中,由于丙二酸结构与琥珀酸相似,所以可以抑制琥珀酸脱氢酶。

3. 与酶的激活剂作用

例如氟化物可与 Mg^{2+} 形成复合物，使 Mg^{2+} 失去激活磷酸葡萄糖变位酶的作用。

4. 去除辅酶

例如铅中毒时，造成烟酸的消耗增多，结果使辅酶Ⅰ和辅酶Ⅱ均减少，从而抑制了脱氢酶的作用。

5. 与基质直接作用

例如氟乙酸可直接与柠檬酸结合形成氟柠檬酸，从而阻断三羧酸循环的继续进行。

（三）毒物对传导介质的影响

有的毒物，特别是有机磷化合物，可抑制体内的胆碱酯酶，使组织中乙酰胆碱过量蓄积，引起一系列以乙酰胆碱为传导介质的神经处于过度兴奋状态，最后则转为抑制和衰竭。例如四氯化碳中毒时，首先作用于中枢神经系统，使之产生交感神经冲动，引起体内大量释放儿茶酚胺、肾上腺素、去甲肾上腺素等，这可使内脏血管收缩引起供血不足，中毒数小时后即可出现肝、肾损害。

（四）毒物通过竞争作用引起中毒

如一氧化碳与氧对血红蛋白来说有其共性，因此，一氧化碳可与氧竞争血红蛋白，而形成碳氧血红蛋白，破坏了正常的输氧功能。

（五）毒物通过破坏核糖核酸的代谢引起中毒

毒物可通过破坏核糖核酸代谢引起机体中毒，芥子气即是如此。

第二节　综合防毒知识

一、防毒技术措施

（一）以无毒代替有毒

以无毒、低毒的物料或工艺代替有毒、高毒的物料或工艺，尤其是以无毒代替有毒，是从根本上解决防毒问题的最好办法。

对于那些毒性大，卫生标准要求高，而采取防毒措施又很困难的生产工艺尽可能以无毒代替有毒。

在选择生产工艺或确定工艺路线时，要考虑寻找新的无毒或低毒的生产工艺，把有毒无毒作为权衡选择的重要条件，以无毒代替有毒的具体例子后面专做介绍。

（二）生产设备的密闭化、管道化和机械化

使用密闭的生产设备，或者把敞口设备改为密闭的设备，是防止有毒气体和粉尘外逸的有效措施。①投料出料时为了配合密闭的生产设备，改变为使用高位槽、管道和机械投料出料，实行管道化和机械化。②对于一些敞口操作的机械化，特别是流水作业线，往往是集中作业地点的实行通风排毒的必要条件。否则，作业地点分散将无法实现通风排毒措施。③为提高密闭的效果，在生产条件允许时尽可能使密闭设备内保持负压状态，并且加强管理，最大限度地清除跑、冒、滴、漏现象。

（三）通风排毒和净化回收

密闭的生产设备仍有有毒气体或粉尘逸出时，就要采取通风排毒措施来防毒，通风排毒的方法主要有局部排风、局部送风和全面通风换气三种。其中以局部排风的效果最好、最为常用。

局部排风，就是把有毒气体罩起来，排出去，也就是把有毒气体直接从它的发生源抽走，所以能够做到消耗风量小，排毒效果好，还便于有毒气体的净化和回收。局部排风系统一般由排风罩（吸气罩）、风道和风机组成，除了风道安装和风机选择要正确合理外，吸气罩很重要，即要把有毒气体发生源有效地罩起来，又要适应生产操作情况，做到不妨碍操作。通风吸气罩的吸风口愈靠近有毒气体发生源愈好。操作口开得愈小愈好。为了适应不同的操作情况，吸气罩有多种形式，常见的有矩形、伞形、旁侧、槽边、下部及移动式等。

局部送风，则是把新鲜空气直接送到工作地点，使操作者与周围的污染空气相隔离。

全面通风换气，是用大量新鲜空气将整个车间空气中有毒气体或粉尘冲淡到国家卫生标准规定的最高允许浓度。

（四）隔离操作和仪表控制（自动化）

1.因生产设备条件限制而使有毒气体浓度无法降低到国家卫生标准时，也可以采取隔离操作的措施，即把生产设备和人员操作地点隔离开来。这有两种做法：其一把生产设备放在隔离室内，而用送风使隔离室保持负压状态；其二把人员操作地点放在隔离室内，而用送风使隔离室处于正压状态。

2.远距离控制，则是用仪表控制生产，使人员操作地点远离生产设备，因而叫仪表控制。这种仪表控制，因为容易忽视生产设备的排毒，所以在人员要进入车间修理设备或处理事故时，要特别注意采取防毒的临时措施。

思考题：腈纶生产项目丙烯腈的防毒措施有哪些？

二、个体防护措施

针对有毒物质进入人体的三条途径（呼吸道、皮肤、消化道）予以防护。

(一)呼吸防护

采用呼吸防护器是防止有毒物质从呼吸道进入人体引起职业中毒的有效措施之一。呼吸防护器有过滤式(空气净化式)和隔离式(供气式)两种类型。

1.过滤式呼吸器

过滤式呼吸防护用品把吸入的环境空气,通过净化部件的吸附、吸收、催化或过滤等作用,除去其中有害物质后作为气源,供使用者呼吸用,主要有过滤式防毒面具和过滤式防毒口罩(图 4-3)。

过滤式防毒面具由面罩、吸气管和滤毒罐组成。

过滤式防毒口罩由于滤毒盒容量小,一般用以防御低浓度的有毒物质。

图 4-3　过滤式防毒面具与过滤式防毒口罩

2.隔离式呼吸器

隔离式呼吸器将使用者呼吸器官与有害空气环境隔绝,靠本身携带的气源(携气式或称自给式)或导气管(长管供气式),引入作业环境以外的洁净空气供呼吸。

按照面罩内压力模式分:正压式(图 4-4)和负压式。按照供气气流分:连续供气式(只适用于长管供气式系统)、压力需求式。

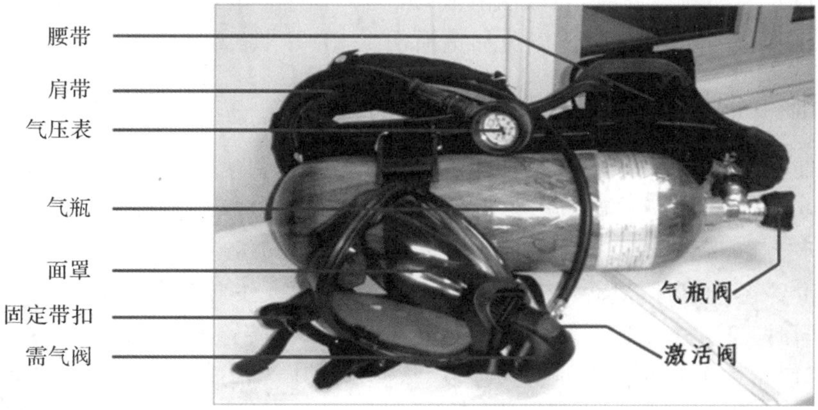

图 4-4　正压式空气呼吸器

由于应急响应作业中A和B级呼吸防护都选择正压全面罩空气呼吸器，一般不会选择长管供气式。我国目前正压全面罩空气呼吸器产品一般执行消防行业的空气呼吸器标准，目前在抢险作业中也有不少选择欧美进口产品。

逃生型呼吸防护用品：只用于在紧急情况下从有害环境逃生的呼吸防护用品。可分为过滤式和供气式。

（二）皮肤防护

生产过程中对皮肤的有害因素有物理因素、化学因素和生物因素。物理因素如放射性辐射、电火、机械摩擦等；化学因素如煤焦油、石油分馏产品，铬、铍、砷、石棉等；生物因素如昆虫叮咬等。

皮肤防护主要依靠个人防护用品，如工作服、工作帽、工作鞋、手套、眼镜等，对外露的皮肤需涂上皮肤防护剂。

皮肤被有毒物质污染后，应采用皮肤清洗剂立即清洗（如皮肤清洗液、皮肤干洗膏）。

（三）消化道防护

消化道防护主要是要搞好个人卫生。

三、中毒急救措施

（一）气体中毒

迅速将伤员救离现场，搬至空气新鲜、流通的地方，松开领口、紧身衣服和腰带，以利呼吸畅通，使毒物尽快排出，有条件时可接氧气。同时要保暖、静卧，并密切观察伤者病情的变化。

（二）毒物灼伤

应迅速除去伤者被污染的衣服、鞋袜，立即用大量清水冲洗（时间一般不能少于15～20min），也可用“中和剂”（弱酸、弱碱性溶液）清洗。对一些能和水发生反应的物质，应先用棉花、布和纸吸除后，再用水冲洗，以免加重损伤。

（三）口服非腐蚀性毒物

首先要催吐。若伤者神志清醒，能配合时，可先设法引吐。即用手指、鸡毛、压舌板或筷子等刺激咽后壁或舌根引起呕吐，然后给患者饮温水300～500ml，反复进行引吐，直到吐出物已是清水为止。

严重中毒昏迷不醒时，对心跳、呼吸停止者，要进行人工呼吸和胸外心脏按压。同时，迅速送就近医院进行诊断治疗。在送医院途中，要坚持进行抢救，密切注意伤者的神志、瞳孔、呼吸、脉搏及血压等情况。

思考题：腈纶生产项目丙烯腈中毒后如何急救？

四、防毒卫生保健

这是从医学卫生方面直接保护从事有害作业工人的健康，主要措施有以下几个方面。

(一)个人卫生

如饭前洗脸洗手，车间内禁止吃饭、饮水和吸烟，班后沐浴，工作衣帽与便服隔开存放和定期清洗等。

(二)保健食品

1. 按照国家规定供给从事有毒作业人员保健食品，以增加营养，增强体质。
2. 保健食品的发放范围应当是有显著职业性毒害并对营养有特殊需要的工种。

(三)定期健康检查

由卫生部门对从事有毒作业人员进行定期健康检查，以便对职业中毒能够早期发现，早期治疗。同时，实行就业前健康检查，发现患有禁忌证的，不要分配相应的有毒作业，在定期检查中发现患有禁忌证时，也应及时调离相应的有毒作业。

(四)其他

对一些新的有毒作业和新的化学物质，应当请职业病防治院、卫生防疫站或卫生科研部门协助进行卫生调查，做动物试验。弄清致毒物质、毒害程度、毒害机理等情况，研究防毒对策，以便采取有关的防毒措施。

思考题：腈纶生产项目防毒保健措施有哪些?

五、防毒管理措施

(一)加强领导

各级领导要提高对保护员工安全健康的认识，要把关心员工和关心生产统一起来。要有专人分管这项工作，并列入议事日程，作为一项重要工作来抓。安全管理员应当好参谋和助手，把有关的职业毒害、防毒经验、改进措施、上级部署等情况及时向领导汇报，使有关领导能够随时掌握情况，及时采取措施。

(二)制订规划，有计划地改善劳动条件

每年在编制生产计划时，要同时编制劳动保护措施计划，所需经费、设备、器材要同生产计划一起安排解决。

(三)加强防毒宣传教育，贯彻群众路线

对员工进行防毒宣传教育，既要讲清说明有毒物质对人体的危害性，又要讲清职业毒

害是可以防止的，教育员工遵守安全操作规程，爱护设备，加强个人防护。

（四）建立健全有关防毒的管理制度

建立针对生产条件和毒物性质而实行的规章制度，对防毒更有直接意义。例如，检修设备与处理事故时的物料清除、通风排毒、防护监护等制度，进入容器、地沟、坑、槽工作时的防毒与监护制度，都是防止急性中毒事故的重要措施。

（五）有关工种休假和劳动组织方面的特殊安排

对从事有毒作业的员工，实行适当缩短工作日制，以减少接触有毒物质的时间；在采取防毒技术措施的基础上实行轮换制度，以便把员工从事有毒作业的延续时间限制在所能耐受的限度以内。

实际项目应用园地

腈纶生产项目毒物防毒措施的确定

第四章测试

第五章 电气安全技术

学习目标

知识目标：了解电流对人体伤害的类型：电击和电伤。熟悉引起触电的三种情况、影响电伤害程度的因素。了解人体电阻和人体允许电流、电压对人体的影响和选用要求。熟悉触电事故的规律及其发生原因。掌握电气安全技术措施。掌握触电急救措施。

能力目标：学生能根据电气安全基本知识，安全使用电气设备。能根据电气安全技术措施的基本要求，做好电气安全设计，防止触电事故的发生。能根据触电急救的基本要求，急救触电人员。

素质目标：培养学生安全用电、触电时及时有效救护的素养与技能。

基础理论知识园地

第一节 电流对人体的伤害

一、电流对人体伤害的类型

(一)电击

电击是电流对人体内部组织造成的伤害。仅 50mA 的工频电流即可使人遭到致命电击，神经系统受到强烈刺激，引起呼吸中枢衰竭，呼吸麻痹，严重时心室纤维性颤动，以致引起昏迷和死亡。

按照人体触及带电体的方式和电流通过人体的途径，电击触电可分为三种情况：

1. 单相触电

单相触电指在地面上或其他接地导体上，人体某一部位触及一相带电体的触电事故。对于高电压，人体虽然没有触及，但超过了安全距离，高电压对人体产生电弧放电，也属于单相触电(图 5-1)。

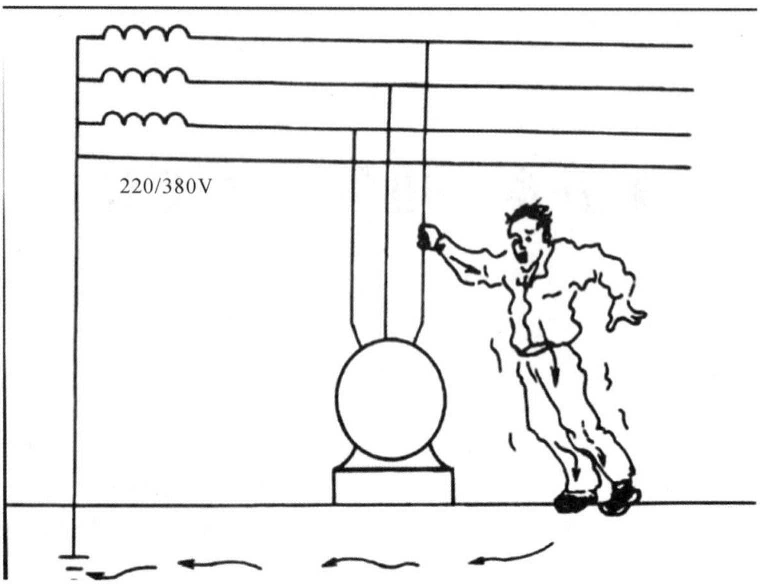

图 5-1　单相触电

单相触电的危险程度与电网运行方式有关，一般情况下，接地电网的单相触电比不接地电网的危险性大。

2. 两相触电

两相触电指人体两处同时触及两相带电体而发生的触电事故。无论电网的中性点接地与否，其危险性都比较大(图 5-2)。

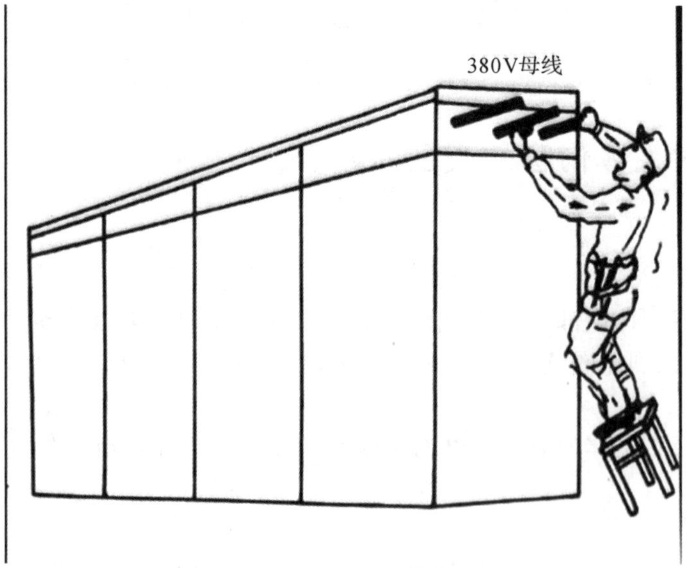

图 5-2　两相触电

3.跨步电压触电

当电网或电气设备发生接地故障时，流入地中的电流在土壤中形成电位，地表面也形成以接地点为圆心的径向电位差分布。人行走时前后两脚间（一般按0.8m）电位差达到危险电压而造成触电，成为跨步电压触电（图 5-3）。

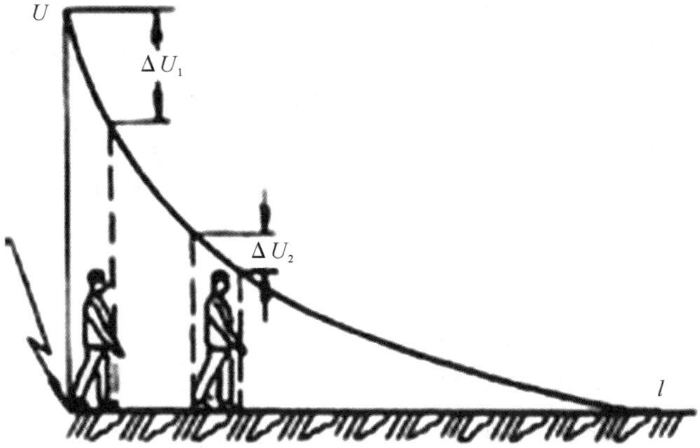

图 5-3　跨步电压触电

人离接地点越近，跨步电压越高，危险性越大。一般在距接地点 20m 以外，可以认为地电位为零。

在高压故障接地处，或有大电流流过接地装置附近，都有可能出现较高的跨步电压，因此要求在检查高压设备的接地故障时，室内不得接近接地故障点 4m 及以内，室外不得接近故障点 8m。若进入上述范围，工作人员必须穿绝缘靴。

（二）电伤

电伤是电流的热效应、化学效应、光效应或机械效应对人体造成的伤害。电伤会在人体留下明显的伤痕，有灼伤、电烙印和皮肤金属化三种。

电弧灼伤是由弧光放电引起的。电弧灼伤也能使人致命。电烙印通常是在人体与带电体紧密接触时，由电流的化学效应和机械效应而引起的伤害。皮肤金属化是由电流熔化和蒸发的金属微粒渗入表皮所造成的伤害，受伤部位变得粗糙坚硬并呈特殊颜色（多为青黑色或褐红色），一般伤在人体的裸露部位，与电弧灼伤相比，皮肤金属化不是主要伤害。

电流对人体伤害类型

二、电流的分级

工频交流电对人体作用电流，按照通过人体的电流大小而使人体呈现不同的状态，可将电流划分为三级。

（一）感知电流

引起人的感觉的最小电流成为感知电流。人接触这样的电流会有轻微麻感。成年男性平均感知电流有效值约为 1.1mA；成年女性约为 0.7mA。感知电流一般不会对人造成伤害，但是接触时间长，表皮被电解而电流增大，感觉增强，反应变大，可能造成坠落等间接事故。

(二)摆脱电流

电流超过感知电流并不断增大时，触电者会因肌肉收缩，发生痉挛而紧握带电体，不能自行摆脱电源。人体触电后能自行摆脱电源的最大电流成为摆脱电流。一般成年男性平均摆脱电流为 16mA，成年女性约为 10.5mA。儿童较成年人小。

摆脱电流是人体可以忍受而一般不会造成危险的电流。若通过人体的电流超过摆脱电流且时间过长，会造成昏迷、窒息，甚至死亡。因此，人摆脱电源能力随时间的延长而降低。

(三)致命电流

在较短时间内危及生命的电流，称为致命电流。电流达到 50mA 以上，会引起心室颤动，有生命危险，100mA 以上的电流，则足以致死。而接触 30mA 以下的电流通常不会有生命危险。

三、影响触电伤害程度的因素

(一)电流大小

一般通过人体的电流越大，人的生理反应越明显、越强烈，死亡危险性也越大。

(二)持续时间

通电时间越长，电击伤害程度越严重。

(三)电流的途径

电流通过心脏、呼吸系统和中枢神经系统时，危险性最大。从外部来看，从手至脚及从一只手到另一只手时的触电最危险，脚到脚的触电对心脏影响最小。

(四)电流频率

触电的伤害程度还与电流的频率高低有关。由实验得知，频率为 30～300Hz 的交流电最易引起人体心室颤动。常用的50Hz～60Hz 的工频交流电正处于这一频率范围，故触电时也最危险。在 30～300Hz 范围之外，频率越高或越低，对人体的危害程度反而会相对小一些，但并不是没有危险。

影响触电伤害程度因素

四、人体电阻和人体允许电流

(一)人体电阻

人体电阻的大小是影响触电后人体受到伤害程度的重要物理因素。人体电阻由体内电阻和皮肤组成,体内电阻基本稳定,约为500Ω。接触电压为220V时,人体电阻的平均值为1900Ω;接触电压为380V时,人体电阻降为1200Ω。经过对大量实验数据的分析研究确定,人体电阻的平均值一般为2000Ω左右,而在计算和分析时,通常取下限值1700Ω。

一般在干燥环境中,人体电阻大约在2kΩ～20MΩ范围内;皮肤出汗时,约为1kΩ;皮肤有伤口时,约为800Ω。人体触电时,皮肤与接触面积越大,人体电阻越小。当人体接触带电体时,人体就被当作一电路元件接入回路。人体阻抗通常包括外部阻抗(与触电当时所穿衣服、鞋袜以及身体的潮湿情况有关,从几千欧至几十兆欧不等)和内部阻抗(与触电者的皮肤阻抗和体内阻抗有关)。

一般认为,接触到真皮里,一只手臂或一条腿的电阻大约为500Ω。因此,由一只手臂到另一只手臂或由一条腿到另一条腿的通路相当于一只1000Ω的电阻。假定一个人用双手紧握带电体,双脚站在水坑里而形成导电回路,这时人体电阻基本上就是体内电阻约为500Ω。一般情况下,人体电阻可按1500～2000Ω考虑。

(二)人体允许的电流

人体对0.5mA以下的工频电流一般是没有感觉的。实验资料表明,不同的人产生感觉的最小电流是不一样的,成年男性平均约为1.1mA,成年女性约为0.7mA,这一数值称为感知电流。这时,人体由于神经受刺激而感觉轻微刺痛。同样,不同的人触电后能自主摆脱电源的最大电流也不一样,成年男性平均为16mA,成年女性为10mA,这个数值称为允许电流。一般情况下,8～10mA以下的工频电流,50mA以下的直流电流可以当作人体允许的安全电流,但这些电流长时间通过人体也是有危险的(人体通电时间越长,电阻会越小)。在装有防止触电的保护装置的场合,人体允许的工频电流约30mA,在空中、水面等可能因电击导致坠落、溺水等造成严重二次事故的场合,人体允许的工频电流应按不引起强烈痉挛的5mA考虑。

人体电阻和人体允许电流

五、电压对人体的影响和选用要求

(一)电压对人体安全的影响

从安全的角度看,确定人体触电的安全条件通常不采用安全电流而是用安全电压,因为影响电流变化的因素很多,而电力系统的电压是较为恒定的。电压对人体的影响及允许接近的最小安全距离如表5-1所示。

表 5-1　电压对人体的影响及允许接近的最小安全距离

电压/V	对人体的影响	电压/kV	设备不停电时允许接近的最小安全距离/m
10	全身在水中时跨步电压界限为 10V/m	10 及以下	0.7
20	湿手的安全界限	20～35	1.0
30	干燥手的安全界限	44	1.2
50	对人生命无危险的界限	60～110	1.5
100～200	危险性急剧增大	154	2.0
200～3000	对人的生命发生危险	220	3.0
3000～10000	被带电体吸引	330	4.0
10000 以上	有被弹开而脱险的可能	500	5.0

（二）不同场所对电压的要求

1. 无高度触电危险的建筑物

主要指干燥（湿度不大于 75%）、温暖、无导电粉尘的建筑物。室内地板是由干木板或沥青、瓷砖等非导电性材料制成，且室内金属占有系数（金属制品所占面积与建筑物总面积之比）小于 20%，例如，住宅、公共场所、生活建筑物、实验室、仪表装配楼、纺织车间等。在这种场所中，各种易接触到的用电器、携带型电气工具的使用电压不超过 220V。

2. 有高度触电危险的建筑物

主要指地板、天花板和四周墙壁经常处于潮湿、室内炎热高温（气温高于 30℃）和有导电粉尘的建筑物。一般金属占有系数大于 20%。室内地坪由泥土、砖块、湿木板、水泥和金属等制成，例如，金工车间、锻工车间、电炉车间、泵房、变配电所、压缩机站等。在这种场所中，各种易接触到的用电器、携带型电气工具的使用电压不超过工频 36V。

3. 有特别触电危险的建筑物

主要指特别潮湿、有腐蚀性液体及蒸气、煤气或游离性气体的建筑物，例如，铸工车间、锅炉房、染化料车间、化工车间、电镀车间等。

在这种场所中，各种易接触到的用电器、携带型电气工具的使用电压不超过工频 12V。

在矿井和浴池之类的场所，在检修设备时，常使用专用的工频 12V 或 24V 工作手灯。

电压对人体的影响和选用要求

第二节 电气安全技术措施

一、安全电压

为防止触电事故而采取的由特定电源供电的电压系列，这个电压系列的上限值，在正常和故障情况下，任何两导体或任一导体与地之间均不得超过交流（50～500Hz）有效值 50V。

安全电压额定值为：42，36，24，12，6V，最常用的是 32，24，12V。空载上限值为：50，43，29，15，8V。

（一）安全电压对供电电源的要求

1. 安全电压的特定电源是指单独自成回路的供电系统。该系统与其他电气回路包括零线和地线，不应有任何联系。例如，专用发电机、双线圈安全隔离变压器都可作为安全电压电源。

2. 使用变压器做电源时，其输入电路和输出电路要严格实行电气上的隔离，而二次回路不允许接地。为防止高压窜入低压，变压器的铁心（或隔离层）应牢固接地或接零。不允许用自耦变压器作安全电压电源。

（二）安全电压的选用

在安全电压的额定值中，42V 和 36V 可在一般和较干燥环境中使用；而 24V 以下是在较恶劣环境中允许使用的电压等级。

安全电压

二、隔离带电体

有效隔离带电体是防止人体遭受直接电击事故的重要措施，通常采用的方式有：绝缘、屏护和间距。

（一）绝缘

绝缘是用绝缘物把带电体隔离起来。良好的绝缘是设备和线路正常运行的必要条件，也是防止触电事故的重要措施。

1. 绝缘材料

电工绝缘材料电阻率一般在 $10^9\Omega \cdot cm$ 以上。云母、磁、橡胶等都是常用的绝缘材料。设备和线路的绝缘必须与使用的电压等级、周围环境和运行条件相适应。选择绝缘材料时，要考虑一定的安全系数。

电工绝缘材料很多，通常分为：

(1)气体绝缘材料,常用的有空气、氮气、二氧化碳等。

(2)液体绝缘材料,常用的有变压器油、开关油、电容器油、电缆油、十二烷基苯、硅油、聚丁二烯等。

(3)固体绝缘材料,常用的有绝缘漆胶、漆布、漆管、绝缘云母制品、聚四氟乙烯、瓷和玻璃制品。

2.绝缘破坏

绝缘材料除因击穿而破坏外,自然老化、电化学损伤、机械损伤、潮湿、腐蚀、热老化等也会降低其绝缘效果或导致绝缘破坏。

绝缘体承受的电压超过一定数值时,电流穿过绝缘体而发生放电现象称为电击穿。气体绝缘在击穿电压消失后,绝缘性能还能恢复;液体绝缘多次击穿后,将严重降低绝缘性能;而固体绝缘击穿后,就不能再恢复绝缘性能。

在长时间存在电压的情况下,由于绝缘材料的自然老化、电化学作用、热效应作用,绝缘性能逐渐降低,有时电压并不很高也会造成电击穿。

3.绝缘电阻

物体的绝缘电阻是其表面电阻和体积电阻的并联值,合格的绝缘电阻能将电气设备的泄漏电流限制在规定范围,保证人身安全。

一般对低压设备和线路,绝缘电阻应不低于 0.5MΩ;携带式电气设备绝缘电阻不低于 2MΩ;配电盘的二次线路绝缘电阻不低于 1MΩ。

4.耐压试验

电气绝缘不良有普遍性劣化和局部缺陷两种情况,用交流耐压试验会有效地发现局部绝缘缺陷。经常要做耐压试验的有变压器油、高压瓷瓶、密集型插接式母线、安全用具(如绝缘靴、绝缘手套、验电器、拉闸杆等)。

(二)屏护

1.屏护的作用

在供电、用电、维修的工作中,为了防止触电事故、电弧飞溅和电弧短路而采取的遮拦、护罩、护网、隔板、闸箱等措施称为屏护。

永久性屏护装置,如闸箱、变压器护栏、开关罩盖、较低母线的防护网等。临时性屏护装置,如检修中使用的临时遮拦、临时设备的屏护装置等。移动性屏护装置,如随天车移动的天车滑触线屏护装置、防止行人通过的栅栏等。

2.屏护设置

所有屏护装置不能直接接触带电体。所有材料的电气性能没有严格要求,但要有一定机械强度。对金属屏护装置必须采用保护接地或保护接零措施。

永久性固定遮拦要考虑材料的耐燃性能。距地面高度不低于 1.7m,底边距地不大于

0.1m；网眼遮拦距裸导体、低压设备不小于0.15m，10kV设备不小于0.35m，室内不低于1.2m，户外不低于1.5m，与低压裸导体距离不小于0.8m，栏条间距离不大于0.2m；户外地上变压器围墙高度不低于2.5m。

（三）间距

为了防止人体触及或接近带电体，防止车辆等物体碰撞或过分接近带电体，防止电气短路事故、过电压放电造成火灾；为了运行和检修的方便而在带电体与地面之间、带电体与其他设施和设备之间、带电体之间均须保持一定的安全距离，这种安全距离简称间距。

安全距离的大小，取决于设备间距、检修间距、安装方式等因素。

1.设备间距

配电装置的布置应考虑设备搬运、检修、操作和试验方便。为了工作人员安全，配电装置以外需保持必要的安全通道。配电室低压配电装置正面通道宽度，单列布置时应不小于1.5m；双列布置时应不小于2m。其背面通道不小于1m，特殊情况可减为0.8m。通道上方有裸露带电体时，高度应在2.3m，否则应加屏护，屏护的最低高度为1.9m。

室内变压器与四壁应留有适当距离，1000kW以下的为0.6m，1250kW以上的应不小于0.8m，而变压器到门的距离分别不小于0.8m和1m。室外安装变压器，其外廓与周围围栏或建筑物间距不小于0.8m。

2.检修间距

在维护检修中人体及所带工具与带电体必须保持足够的安全距离。在低压工作中，人体及所携带的工具与带电体距离应不小于0.1m。

在高压无遮拦操作中，人体及所携带工具与带电体之间最小距离，10kV应不小于0.7m，35kV应不 小于1m。用绝缘杆操作，上述距离可减为10kV时0.4m，35kV时0.6m。在线路上工作时，人体及所携带工具与邻近带电体之间最小距离，10kV以下为1m，35kV为2.5m。

使用喷灯、气焊等明火作业时，火焰不得喷向带电体，其最小距离10kV及以下为1.5m，35kV为3m。

隔离带电体

三、保护接地与保护接零

（一）保护接地

接地的几种情况如表5-2所示。

表 5-2　接地的几种情况

<table>
<tr><td rowspan="7">接地</td><td rowspan="2">临时接地</td><td colspan="2">检修接地——临时封地线</td></tr>
<tr><td colspan="2">事故接地——带电体与地意外连接</td></tr>
<tr><td rowspan="5">固定接地</td><td colspan="2">工作接地——三相四线制中性点接地</td></tr>
<tr><td rowspan="4">安全接地</td><td>保护接地</td></tr>
<tr><td>防雷接地</td></tr>
<tr><td>防静电接地</td></tr>
<tr><td>屏蔽接地</td></tr>
</table>

1. 概念

保护接地

保护接地是为防止电气装置的金属外壳、配电装置的构架和线路杆塔等带电危及人身和设备安全而进行的接地。所谓保护接地就是将正常情况下不带电，而在绝缘材料损坏后或其他情况下可能带电的电器金属部分（即与带电部分相绝缘的金属结构部分）用导线与接地体可靠连接起来的一种保护接线方式。接地保护一般用于配电变压器中性点不直接接地（三相三线制）的供电系统中，用以保证当电气设备因绝缘损坏而漏电时产生的对地电压不超过安全范围。

2. 原理

（1）电气设备外壳未装保护接地（图 5-4）：当电气设备内部绝缘损坏发生一相碰壳时：由于外壳带电，当人触及外壳，接地电流将经过人体入地后，再经其他两相对地绝缘电阻 R 及分布电容 C 回到电源。当 R 值较低、C 较大时，I_b 将达到或超过危险值。

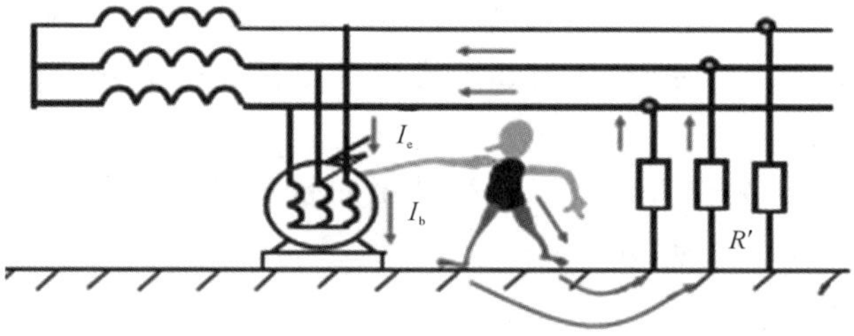

图 5-4　电气设备外壳未装保护接地

（2）电气设备外壳（正常情况下是不带电的）安装保护接地（图 5-5）：用于中性点不接地的低压系统。

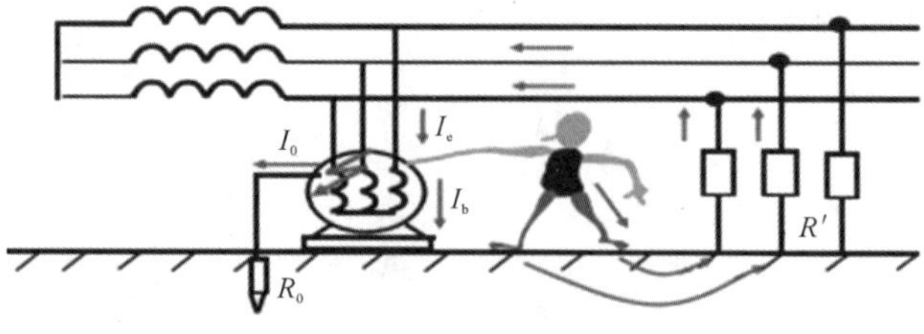

图 5-5　电气设备外壳安装保护接地

电气设备外壳有保护接地时通过人体的电流：

$$I_b = I_e \frac{R_0}{R_0 + R_b}$$

R_b 与 R_0 并联，且 $R_b \gg R_0$，用接地装置的分流作用来减少通过人体的电流，人体的电流可减小到安全值以内。

I_b 为流过人体的电流；I_e 为总电流，$I_e = I_0 + I_b$

由保护接地的原理可知，保护接地就是利用并联电路中的小电阻（接地电阻 R_0）对大电阻（人体电阻 R_b）的强分流作用，将漏电设备外壳的对地电压限制在安全范围以内，各种保护接地的接地电阻就是根据这一原理确定的。

在中心点不接地的380/220V低压系统中，单相接地电流很小。为了保证漏电设备漏电时外壳对地电压不超过安全范围，一般要求保护接地电阻 $R_0 \leqslant 4\Omega$。当变压器的容量在100kVA及以下时，R_0 可放宽至不大于 10Ω。

高压系统按单相接地短路电流的大小，可以分为大接地短路电流（其值大于500A）系统与小接地短路电流（其值小于500A）系统。

在小接地短路电流系统中，如果高压设备与低压设备共用接地装置，则要求设备对地电压不超过120V。其接地电阻为 $R_0 \leqslant 120/I_e$，Ie 系统接地短路电流。如果高压设备单独装设接地装置，则要求对地电压不超过250V。其接地电阻阻值为 $R_0 \leqslant 250/I_e$，以上两种情况都要求 R_0 不超过 10Ω。

在大接地短路电流系统中，由于接地短路电流很大，很难限制设备对地电压不超过某一范围，而是靠线路上的继电保护装置迅速切断电源来保障安全的。一般接地电阻应为 $R_0 \leqslant 2000/I_e$，当接地短路电流大于4000A时，可采用 $R_0 \leqslant 0.5\Omega$。

3. 适用范围

保护接地适用于中性点不直接接地的电网。在这种电网中，凡是由于绝缘破坏或其他原因，可能呈现危险电压的金属部分，除有特殊规定外，均应采取保护接地措施。包括：

（1）电机、变压器、照明灯具、携带式移动式用电器具的金属外壳和底座。

（2）配电屏、箱、柜、盘及其金属构架。

（3）穿电线的金属管，电缆的金属外皮，电缆终端盒、接线盒的金属部分。

（4）互感器的铁芯及二次线圈的一端。

（5）装有避雷线的电力线杆、塔。高频设备的屏护。

（二）保护接零

1. 概念

保护接零就是在1kV以下，变压器中性点直接接地的系统中，一切电气设备正常情况下不带电的金属部分与电网零干线可靠连接。

保护接零

2. 原理

（1）未保护接零时：一旦发生漏电或火线碰壳，会造成人体触电。空气开关不会跳闸,漏电开关会跳闸(图 5-6)。

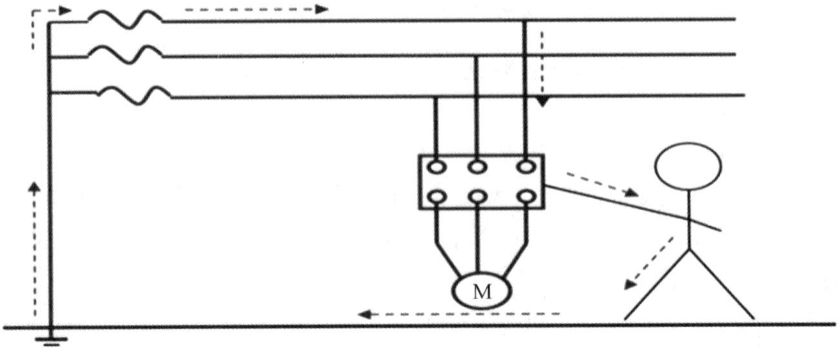

图 5-6　电动机未保护接零

(2)电动机采用保护接零时:①形成短路电流(PE→开关→火线→电动机)会使空气开关跳闸。②此时,发生人体触摸电动机外壳的情况,人不会触电,电流不会流经人体(图 5-7)。

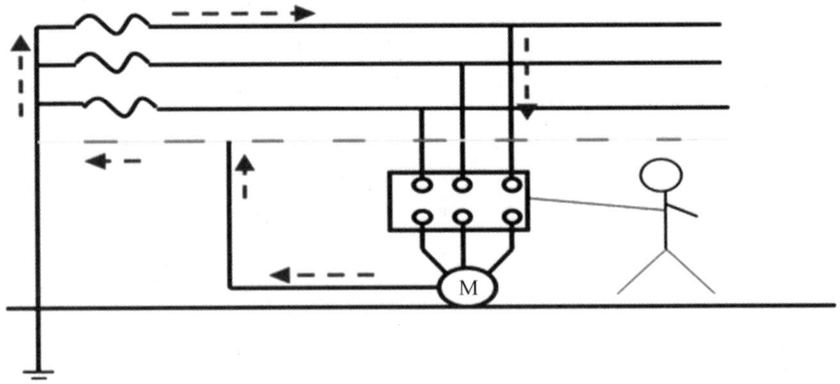

图 5-7　电动机采用保护接零

3. 适用范围

中性点直接接地的供电系统中,凡因绝缘损坏而可能呈现危险对低电压的金属部分均应采用保护接零作为安全措施。

保护接零线路上,不准装设开关或熔断器。在三相四线制供电系统中,零干线兼做工作零线时,其截面不能按工作电流选择。在中性点接地的供电系统中,电气设备不允许采用接地保护,也不允许有的设备采取借地保护有的设备采取接零保护。在 TN-S 供电系统中,同一设备可以既采用保护接零又采用保护接地,相当于 PE 线重复接地。

4. 工作接地

在三相四线制供电系统中变压器低压侧中性点的接地称为工作接地。接地后的中性点称为零点,中性线称为零线。

工作接地提高了变压器工作的可靠性,同时也可以降低了高压窜入低压的危险性。对高压侧中性点不接地系统,单相接地电流通常不超过 30A,事故时低压中性点接地电压不超过 120V，则工作接地电阻≤4Ω 就能满足接地要求。

5. 重复接地

将零线一处或多处通过接地装置与大地再次连接称为重复接地。它是保护接零系统中不可缺少的安全技术措施，其安全作用是：

(1)降低漏电设备对地电压。

(2)减轻了零干线断线后的危险。

(3)增加短路电流，可以加速保护装置的动作速度，缩短事故时间。

(4)改善了架空线路的防雷性能。

重复接地的设置位置：户外架空线路或电缆的入户处，架空线路每隔 1km 处，架空线路的转角杆、终端杆处。

(三)接地与接零装置及接地电阻的测量

接地装置由接地体和接地线(包括接地网)组成。接零装置由接地体、接地线和零线网组成。零线网在三相四线供电中指零干线；在三相五线供电中指保护零线。

1. 接地体

(1)自然接地体：凡与大地有紧密接触的金属导体多可用作自然接地体。例如：埋没在地下的金属管道(流经可燃或爆炸性介质的管道除外)，与大地有可靠连接的建筑物及建筑物的金属构架，水中建筑物的金属柱等自然导体均可作为自然接地体。优点是节省材料及施工费用。缺点是在自然接地体被拆装检修时，可能破坏其电气安全保护作用或使接地电阻发生变化，此时应采取适当安全措施。因为直流电有比较强烈的腐蚀作用，所以直流电接地不允许利用自然接地体。

(2)人工接地体：人工接地体多采用镀锌角钢、圆钢、厚壁钢管和扁钢。接地体宜垂直打入地下，多岩石地区可水平埋设。

2. 接地线和零线网

电气设备金属外壳和接地体之间是通过接地线和接零线连接在一起的，接地线或接零线分为干线和支线。

(1)在三相四线供电中，零干线兼作工作零线和保护零线，其截面要按相线的 1/3～1/2 选取。

在用电设备较集中的地方，宜选用(15～40)mm×4mm 扁钢沿车间四周敷设一圈，距地 300mm～400mm，距墙 10mm～15mm，过门口时可以埋地或升高。遇有自然接地体时，可作为 1000V 以下电气设备的接地接零干线，如建筑物的金属构架、钢筋，生产用的固定金属结构，火车轨道，配线钢管，金属管道(流经易燃易爆物质的除外)等。

接地接零干线与每组接地体至少要有两处连接。其连接后在出地面部位要用螺丝连接，结合面要镀锌。这是为了检测接地电阻时便于把接地体和接地线分开。

(2)支线：用电量较小的电气设备或独立的金属外壳电气部件如按钮、开关、闸箱、照明器具等，可用较小截面导线(导体)和接地接零干线直接连接，其允许的截面见表 5-3。

表 5-3　接地(接零)支线最小截面

（单位：mm^2）

	铜质材料	铜质材料	铁质材料
明敷裸导线	4	6	12
绝缘导线	1.5	2.5	
塑料或橡胶护套线	1	1.5	

支线与干线的连接，可以用一般相线的连接方法，应缠以包布防止松脱和锈蚀，也可以用螺丝连接或卡箍压接，但必须防止锈蚀，保证接触良好。

（3）接地接零用明敷裸干线时要涂黑漆，使用绝缘导线时要用黄绿双色专用线。

3. 接地、接零装置的安全要求

（1）导电的连续性：必须保证从电气设备至接地体之间的导电良好。自然接地装置和人工接地装置要连接可靠，在建筑物伸缩缝处的接地干线要有补偿装置，自然接地体跨接的地方要加跨接线。

接地体的连接要电焊焊接；扁钢搭接长度为宽度的两倍，且至少三个边通焊；圆钢搭接长度为直径的 6 倍，且至少两个边焊接。

（2）足够的机械强度：接地线接零线宜采用钢质材料，铝导体不得埋地，携带型接地线要用多股软铜线。要注意防止损伤。一般接地线接零线尽量安装在人不易触及而又明显的地方，便于经常检查。有震动的地方要加减震措施，过墙时要加护套。

（3）要防腐蚀：埋地部分最好用镀锌件，除接地体外可以涂沥青油防腐，强烈腐蚀土壤中要加大接地体截面。

（4）地下安装距离：接地体与建筑物的距离应不小于 1.5m，与独立避雷针的接地体之间要相距 3m 以上。

（5）保护接地（接零）支线不得串：这是为了提高保护接地（接零）线的可靠性。一般变配电所的接地，既是变压器工作接地又是高低压设备的保护接地，所以这部分也不得串接。变压器最少要两处以上用接地线与接地体相连接。

（6）接地电阻的确定：低压电气设备保护接地电阻不大于 4Ω，小接地短路电流（500A）的高压保护接地电阻不大于 10Ω，大接地短路电流（500A 以上）的高压保护接地电阻不大于 0.5Ω，变压器中性点接地电阻不大于 4Ω，重复接地电阻不大于 10Ω。

四、漏电保护器

漏电保护器有电压型、电流型、脉冲型等。现在应用和发展最广泛的是把电流型电子放大式漏电保护器与低压空气开关组合在一起，做成漏电电流保护开关，简称漏电保护开关或漏电保护断路器。

漏电保护开关除了具有保护漏电或单相触电特性外，还有空气开关的保护特性（如过流、过压、短路、失压、欠压等）。

(一)漏电保护器结构和原理

电流动作型漏电保护器由测量元件、放大元件、执行元件和检测元件组成。

测量元件是一个零序电流互感器,铁心由高导磁材料制成,全部供电导线从中穿过,包括工作零线。当电源供出的电流经负载使用后又全部回到电源时,在互感器铁芯中合成磁场为零,二次线圈中没有感生电动势,也就没有信号放大。若漏电保护器负荷侧的设备或线路发生漏电,则互感器中合成磁场不为零,二次线圈中产生感生电动势并送到放大元件。

放大元件是一个带有过压保护的有源电子元件,它可以把检测到的感生电动势信号经过比较进行放大,推动灵敏继电器动作,触动执行开关跳闸。

执行元件一般是由灵敏继电器触动自动空气开关的脱扣机构。

检测元件是人为地给一个漏电信号,看漏电保护器是否动作,它由试验按钮和串联电阻组成。串联电阻通过电流的大小一般是漏电保护器额定漏电动作电流的一半。

(二)漏电保护器的分类和性能参数

1.分类

(1)按其动作灵敏度:①高灵敏度型,漏电额定动作电流在30mA以下。②中灵敏度型,漏电额定动作电流在30～1000mA。

(2)按其动作时间:①快速型,能在0.1s以内动作。②延时型,动作时间在0.1～0.2s。③反延时型,通过额定动作电流时,动作时间在0.2～1s;通过电流为额定动作电流的1.4倍时,动作时间在0.1～0.5s;通过电流为额定动作电流的4.4倍时,动作时间在0.05s以内。

(3)按安装使用方法:①固定安装和固定接线,和空气开关使用方法一样,但明装时上下接线柱有屏蔽罩。②带有护套线的可移动式漏电保护器,这多半是和插座盒配合使用。但护套线内除了工作导线外还必须有保护接地或保护接零线。

(4)根据极数和线数分类:①单极二线漏电保护器,220V电压使用,工作零线直接穿过互感器,不受开关控制。②两极两线漏电保护器,220V和380V两种。③两极三线漏电保护器,工作零线直接穿过互感器,不受开关控制。④三极三线漏电保护器,三相380V电压使用。⑤三极四线漏电保护器,工作零线直接穿过互感器。⑥四极四线漏电保护器,工作零线也带断点,一般使用较少。

2.性能参数

参数主要有两个,即漏电动作时间和漏电动作电流。

(三)使用要求

1.对触电、防火要求较高的场所和新建、改建、扩建工程的低压系统,均应安装漏电保护器。选用低压设备时,要优先考虑带有漏电保护器的电气设备。建筑工地、临时线路的用电设备必须安装漏电保护器。对移动电器、环境恶劣场所用电,必须要安装漏电保护器。

2.在用电支路上使用漏电保护器一般主要是用来放置直接或间接电击的,常选用动作时间不大于 0.1s，漏电动作电流在 30mA(一般干燥场所)和 15mA(防火场所、金属容器内、特别潮湿环境)。

3. 如果多级使用，要考虑总闸和分闸的分级保护特性，总电源的漏电保护主要考虑保护设备和线路上由于绝缘老化或突然损坏造成的漏电流。如果线路分布广或设备台数较多，则要放宽保护动作电流。

4. 在用电设备上有单相负载时，其工作零线必须穿过漏电保护器的零序电流互感器。三相四线制供电系统，在漏电保护器之后工作零线和保护零线必须分开敷设；虽然使用了漏电保护器，其用电设备和线路还必须进行保护接地或保护接零。

5. 每次使用前，必须利用试验按钮做漏电动作试验；连续使用的要定期每周或每月做一次试验。实验按钮不能连续多次重复操作。如果开关合不上闸时，要查找出原因，不能强行合闸；使用中发现掉闸，要找出原因或对设备和线路进行检查。

6. 根据漏电保护器的原理，对两相触电不能进行保护，对相间电路也不能起到保护作用，所以漏电保护器不能取代熔断器，还要安装短路保护。

7. 漏电保护器一般没有磁场保护装置，安装时要避开强磁场的影响。

8. 漏电保护器外形的选择：在爆炸危险场所应选择防暴型的；潮湿场所应选择密闭性的；粉尘浓度大的应选防尘型或密闭性的。

9. 因为一般使用部门没有相应的检测手段，所以对漏电保护器的内部部件不能任意拆装或修理。

漏电保护器

五、电气安全用具

(一)电气安全用具

1. 绝缘安全用具

绝缘安全用具分为两类：基本绝缘安全用具和辅助绝缘安全用具。

(1)基本绝缘安全用具的绝缘强度能长时间承受电气设备的工作电压。如高压的绝缘棒、绝缘夹钳；低压的绝缘手套、带绝缘的钢丝钳、尖嘴钳、扁嘴钳等。高压绝缘工具使用前应用干布擦拭干净，操作时要停掉负荷，穿绝缘靴，戴绝缘手套，阴雨天气没有特殊措施不得室外操作。绝缘夹钳不用时存放在盒子里，绝缘棒平时要垂直存放以免变形或受潮。

低压绝缘工具主要是靠把手上的绝缘护套起到安全作用，使用电压等级不准超过 500V，在绝缘护套上应有 500V 标记。绝缘护套破裂老化的应予更换。

(2)辅助绝缘安全用具的绝缘强度不能承受电气设备的工作电压。

①绝缘手套和绝缘靴是高压系统的辅助安全用具，但可作为低压的基本安全用具。绝缘靴可以用来直接防止跨步电压。绝缘手套长度至少超过腕部 10cm，绝缘靴高度至少应 15cm，上部另加高边 5cm。绝缘手套和绝缘靴平时保管要放在专用架上倒放或放在柜子内，但不得和工具、油类接触，以防止破损和变质。绝缘靴不准当雨鞋使用。绝缘手套和绝缘靴使用前必须经过检查，检查外观和有无漏气现象。

②绝缘胶垫是橡胶制成，厚度不小于 5mm，宽度不小于 0.8mm。绝缘台由木块或木条

制成，相邻板条之间的距离不大于2.5cm，以免鞋跟陷入。台面板用绝缘瓷瓶支起，对地绝缘，瓷瓶高度不小于10cm，台面板的边缘不得伸出绝缘瓷瓶以外，以免站台倾翻人员摔倒。绝缘站台最小尺寸0.8m×0.8m，但为了便于移动和检查，最大尺寸也不得大于1m×1.5m。绝缘站台应放在坚硬地面使用。户外使用站台的绝缘瓷瓶不得陷于泥中，台面板不得与杂草接触。

③绝缘杆又称绝缘杆、操作杆或拉闸杆，用电木、胶木、塑料、环氧玻璃布棒等材料制成。结构如图5-8所示。主要包括：工作部分、绝缘部分、握手部分、保护环。

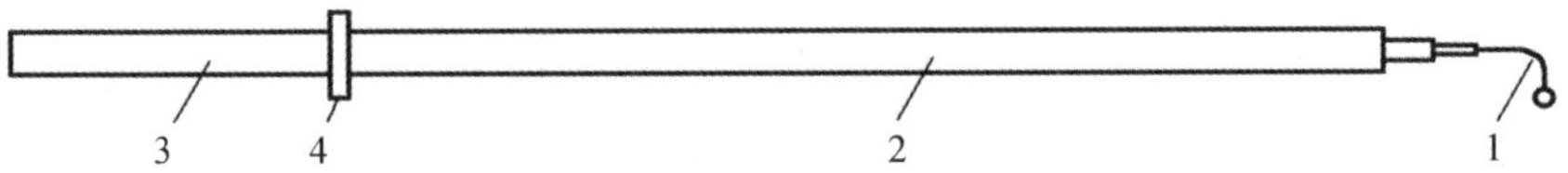

1.工作部分；2.绝缘部分；3.握手部分；4.保护环

图5-8　绝缘杆

④绝缘夹钳由工作钳口、绝缘部分和绝缘握柄三部分组成；各部分都用绝缘材料制成，所用材料与绝缘棒相同，只是工作部分是一个坚固的夹钳，并有一个或两个管型的开口，用以夹紧熔断器。

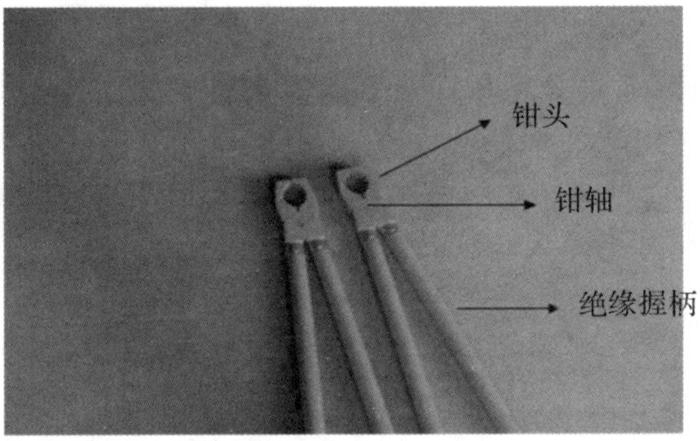

图5-9　绝缘夹钳

绝缘夹钳使用及保存应注意的事项如下：①使用时绝缘夹钳不允许装接地线。②在潮湿天气只能使用专用的防雨绝缘夹钳。③绝缘夹钳应保存在特制的箱子内，以防受潮。④绝缘夹钳应定期进行试验，试验方法同绝缘棒，试验周期为一年。10～35kV夹钳实验时施加3倍线电压，220V夹钳施加400V电压，110V夹钳施加260V电压。

2.携带式电压指示器

高压验电器能测6～35kV，使用前用干布擦拭干净，操作者要戴好绝缘手套，室外还要穿绝缘靴；验电时要逐渐靠近带电体，至灯亮或发出信号为止；验电器一般不用接地线，如果使用接地线，应注意防止由于接地线碰到带电体引起事故。试电笔是低压验电的主要工具，用于100～500V电压的检测。使用时笔头接触带电体，手指按住柄上金属部分，氖泡发亮说明有电。对试电笔要注意保管，尤其是组合式试电笔(带改锥或其他工具的)。使用前先在带电部位试一下。另外，试电笔对低压电适应范围较广，使用时要根据氖泡亮暗程度做出准确判断。

3.登高作业安全用具

登高作业安全用具包括梯子和高凳、脚扣、登高板、安全带等。

(1)梯子和高凳要用木材和竹材制成,电气作业不准使用金属的。梯子和高凳应牢固可靠,能承受工作人员和所携带工具、材料的总重量,每次使用前要进行检查,无劈裂开楔缺陷。梯子下部应有防滑胶皮,高凳要有绳扣,高凳铰链连接处要牢固。

使用中的要求:①与地倾角不能小于60°;上梯是应有专人扶梯,扶梯人应戴安全帽;梯子不准平放使用;使用高凳时绳扣要拴好,4m以上应加晃绳或有人扶。②梯子靠在管道或杆上时,上端要绑牢固才能开始工作。③不准站在梯子最上端工作,不准骑在高凳上面工作。不准两人同在一梯(高凳)工作,工作时要一腿跨在体内,并应注意全身重心。④梯上有人不准移动,传递工具和材料时要用带绳。⑤梯子上使用电动工具要有人监护、系安全带、将梯子绑牢或多人扶梯。

(2)脚扣又叫铁脚,是登杆工具。分木杆用和水泥杆用两种。脚扣使用前要检查金属结构有无开焊处、绑脚皮带强度和钎子是否完好。使用时先选好上杆位置,上杆跨度不要太大,要稳,身体重心要落在后脚上,双手抱住电杆维持身体平衡。脚扣存放要轻拿轻放,不准摔砸,橡胶部分不准沾油。

(3)登高板又叫蹬板、站脚板,也是登高用具。应能承受载荷225kg。

(4)安全带是防止坠落的安全用具。安全带由大小两根带子组成,小的系在腰部偏下,大的系在电杆或其他牢固闭合的构件上,起防止坠落作用。腰带宽度应不小于6cm,大带子拉力不小于225kg。有的安全带为防止大带断脱,还另附一根带扣环的保险带。安全带使用前要检查带子和全部部件。

4.携带型接地线、遮拦

(1)携带型接地线一般装设在被检修区段两端的电源线路上,用来防止停电设备或线路突然来电,消除临近高压线路上的感应电,放尽线路或设备上可能残余的静电。主要用软导线和接线夹头组成。软导线用不小于25mm^{2}多股裸铜线,每相封一根,三根连接在一起和接地装置相连。接线夹头要接触良好,有足够夹持力。挂封接地线前先验明没电。在高压设备和线路上操作,要戴绝缘手套、穿绝缘靴,通过绝缘杆操作。挂封时先接接地端,后接线路端,拆时顺序相反。不得三相短接方法代替封地作用。

(2)遮拦主要是用来防止工作人员走错、无意碰到或过分接近带电体而设立的。遮拦一般用干燥木材制成,不准使用导电材料。高度不低于1.7m,下部边缘距地面不超过10cm。遮拦与带电体距离10kV不小于0.35m,35kV不小于0.5m。遮拦上应有“止步、高压危险”等字样,或上面悬挂相应标示牌。

(二)电气设备安全用具使用要求

1.电气安全用具应该正确选用(如电压等级),正确使用,正确存放和专人管理。制定安全用具的管理制度。

2.每次使用前要做好认真地检查,使用后要擦拭干净。

3.对高压安全绝缘用具,要定期进行耐压和泄漏的预防性试验。

电气设备安全用具的检验要求详见下表：

表 5-4　电气设备安全用具检验表

序号	名称	电压等级/kV	周期	交流耐压/kV
1	绝缘棒	6～10	每年一次	44
		35～154		四倍相电压
		220		三倍线电压
2	绝缘挡板	6～10	每年一次	30
		35（20～44）		80
3	绝缘罩	35（20～44）	每年一次	80
4	绝缘夹钳	35 及以下	每年一次	三倍线电压
		110		260
		220		440
5	绝缘笔	6～10	每六个月一次	40
		20～35		105
6	绝缘手套	高压	每六个月一次	8
		低压		2.51
7	橡胶绝缘靴	高压	每六个月一次	15
8	核相器 电阻管	6	每六个月一次	6
		10		10
9	绝缘绳	高压	每六个月一次	105/0.5m

第三节　常用电气设备的安全使用

一、用电设备的工作环境

电气安全用具

（一）干燥环境（即无较大危险的场所）

这种环境在正常情况下，具有绝缘地板（如木地板）、金属占有系数很小的干燥无粉尘场所，属于无较大危险场所。如普通住房、办公室、某些实验室和铺有胶板地面的房间等。电气设备可采用明线敷设，选用开启式或保护式电气设备。

（二）危险场所（即有较大危险的场所）

这种环境包括：空气相对湿度经常超过 75％的潮湿场所；环境温度经常或昼夜周期性

地超过35℃的炎热场所；含导电性粉尘(如煤尘、金属尘等)，且得以沉积在导线上或透入机器、仪器内的场所；有金属、泥土、钢筋混凝土、砖等导电性地面的场所；周围金属占有率大于20%的场所，如机械厂的金工车间和锻工车间，冶金厂的压延车间、拉丝车间、电炉电极车间、煤粉车间、水泵房、空气压缩机站、成品库、车库等。电气设备可以采用明管布线，选用防尘式开关柜、开关箱，防爆式电气设备或防尘电气设备。

(三)特别危险场所

这种环境包括：空气相对湿度接近100%的特别潮湿场所；室内经常或长时间存在腐蚀性蒸气、气体、液体等化学活性介质或有机介质的场所；具有两种及两种以上有较大危险场所特征的环境(如有导电性地板的潮湿场所、有导电性粉尘的炎热场所等)，如铸造车间、酸洗车间，以及发电车间、室外电气装置设置区域、电缆沟等。电气设备要采用钢管明、暗辐射，用封闭式电气设备，电气设备要安装过负荷保护，导线要采用铜芯绝缘线，电气设备的保护接地(接零)连接可靠。易燃易爆环境要用防火防爆型电气设备和线路。

用电设备工作环境

选用电气设备除注意工作环境触电危险性外，还必须注意工作环境爆炸和火灾的危险性，如煤气站等。

二、移动式电器设备

(一)用电特点及一般要求

电焊机、无齿锯等电器设备，工作时随着需要而经常移动，工作环境经常变化。由于电源设备的导线是临时性的。所以，对这类设备要求有专人管理，每次使用前都要进行外观和电气检查，一次线不得超过两米，要用橡套线；每次接电源前，都要查看保护电器是否合格(如熔断器)。设备的金属外壳要有可靠的接地(接零)，导线两端必须连接牢固。要按照设备铭牌的要求去接电源。带电动机设备接线后应点动试运转。室外使用应有防雨措施。

(二)电焊机

使用移动式电焊机时，除了要做到前面的一般要求，还要首先选择好工作环境，在易燃易爆或有挥发性物质的场所不许使用。电焊机应当放置在通风良好的地方。

电焊机的闸，不准使用胶盖闸。

焊机一、二次的接线均应用接线端子连接。一、二次接线柱不得外露。

焊接人员应该穿绝缘鞋、工作服，戴合格的焊接手套，使用合格焊具。

二次线一般不超过20m，穿越道路时要加防护，要使用不破皮的焊接用缆线，不允许用一根导线而另一根借用其他金属管路或用铁棍搭接，更不准借用电气保护零线作焊接二次线的地线用。

在高空作业或金属管道内作业时，必须两人进行，有一人负责安全监护。

焊机停用或移动时，必须切断电源。

(三)潜水泵及无齿锯

这一类设备，都是在比较危险环境中使用，保护地线(零线)必须连接牢固可靠，电源侧应加装漏电保护器和设专人监护以便随时断电。使用的橡套线中间不许有接头，到现在使用中不准受拉、受压、受砸。工作人员应穿绝缘鞋。

移动式电器设备

三、手持式电动工具

手持式电动工具是携带式电动工具，移动性很大，容易发生漏电及其他故障。由于此类工具又常常在人手的紧握中使用，一旦发生触电事故，往往难以摆脱带电体，后果比较严重。

(一)按触电保护方式分类

1. Ⅰ类工具

工具在防止触电的保护方面不仅依靠基本绝缘，还包含一个附加的安全预防措施。其方法是将可触及的可导电零件与已安装的固定线路中的保护(接地)导线连接起来，以这样的方法来使可触及的可导电的零件在基本绝缘损坏的事故中不成为带电体。

2. Ⅱ类工具

工具在防止触电的保护方面不仅仅依靠基本绝缘，而且它还提供双重绝缘或加强绝缘的附加安全预防措施和没有保护接地或依赖安装条件的措施。

Ⅱ类工具分绝缘外壳Ⅱ类工具和金属外壳Ⅱ类工具，在工具的明显部位标有Ⅱ类结构符号“回”。

3. Ⅲ类工具

工具在防止触电的保护方面依靠由安全特低电压供电和在工具内部不会产生比安全特低电压高的电压。

(二)合理使用

1. 在一般场所，为保证使用安全，应选用Ⅱ类工具。

如果使用Ⅰ类工具，则必须还采用下面之一的保护措施：

(1)漏电保护器。

(2)安全隔离变压器。

(3)戴绝缘手套，穿绝缘鞋或站在绝缘台上。

2. 在潮湿场所或金属构架上等导电性能良好的作业场所，必须使用Ⅱ类或Ⅲ类工具。如果使用Ⅰ类工具，必须装设额定漏电动作电流不大于 30mA、动作时间不大于 0.1s 的漏电保护器。

3. 在狭窄场所如锅炉、金属容器、管道内等，应使用Ⅲ类工具。如果使用Ⅱ类工具，必须装设额定漏电动作电流不大于15mA、动作时间不大于0.1s的漏电保护器。且Ⅲ类工具的安全隔离变压器、控制箱、电源连接器等和Ⅱ类工具的漏电保护器必须放在外面,并在外面设专人监护。

(三)使用与保管

1.手持式电动工具必须有专人管理、定期检修和健全的管理制度。

2.每次使用前都要进行外观和电气检查。

(1)外观检查包括:①外壳、手柄有无裂纹和破损,紧固件齐全有效。②软缆或软线是否完好无损,保护接地(接零)是否正确、牢固。插头是否完好无损。③开关动作是否正常、灵活、完好。④电气保护装置和机械防护装置是否完好。⑤工具转动部分是否灵活无障碍,卡头是否牢固。

(2)电气检查包括:①通电后反应正常,开关能控制。②信号指示正确,自动控制作用正常。③若是旋转工具,通电后观察电刷火花和声音是否正常。

3.停止工作时要切断电源,移动工作地点时,要手握提把,不能提拉导线或其他活动部位。

4.在高空使用电动工具时(如在梯子上使用电钻),除了遵守上面的规定外,工作人还要系安全带。如果在梯子上干活,梯子要绑牢,要加设监护人等措施。

(四)检修

手持式电动工具的检修应由专职人员进行。修理后的工具,不应降低原防护性能。对工具内的原有绝缘衬垫、套管等不得任意拆除或调换。检修后的工具其绝缘电阻:Ⅰ类不低于2MΩ,Ⅱ类不低于7MΩ,Ⅲ类不低于1MΩ。绝缘电阻用500MΩ表摇测。

四、其他用电器具

手持式电动工具

其他用电器具如电风扇、电烙铁、电烤箱、电炉子、空调、电脑等。

(一)安装使用要求

在家庭、办公室、公共场所内,如果地板由木材或其他绝缘材料制成,其触电危险性较小,采取接零(或接地)会将大地电位引入室内,增加触电的危险。因此,不应采取接零(或接地)措施。这时,工作零线必须采用与相线相同的绝缘线。这类场所的单相线路往往分布较多,相线、零线容易弄错,用电器具种类又很多,又考虑到要有利于切断短路和过载事故,减轻火灾的危险,相线和工作零线上都应装设熔断器。如果线路上有专设保护零线的,则必须接保护接零(接地)。

在家庭、办公室、公共场所应普及漏电保护器的使用。这类用电器具除了应遵守产品说明书上规定的安装使用注意事项外,还应遵守前面手持式电动工具在使用上的有关规定。

每次使用完,要及时切断电源。连续使用的要经常观察指示信号;外出无人时,最好拔掉插头;搬运移动时要切除电源;发现有异常声响、异味时要停止使用,请专业人员修理。

电热器具除了防止触电外,要注意预防火灾。

(二)检修与维护

定期由专业人员进行检修和保养,有故障或零件损坏不要继续使用,应及时由专业人员修配好使用。非专业不懂电气者,不要私自拆修,以免发生触电事故。

其他用电器具

五、带电作业电气安全要求

(一)带电工作前的准备

1.组织准备

带电工作必须经主管部门批准,做好组织。操作人必须由有一定经验的持证电工担任,并指定由实践经验者做监护工作。

2.技术准备

工作人和监护人都要明确工作现场带电情况,熟悉线路和设备情况,看好工作位置,明确工作任务,统一工作方法。

3.工具材料准备

工作前要检查工具的绝缘,所需材料齐全,高处作业要检查梯子、高凳和电杆、安全带、脚扣等。

4.技术人员准备

工作人和监护人都要穿戴好工作服、绝缘鞋和戴干燥的线手套。距头部小于 30cm,距左、右、后不足 1m 有带电体的部位要加以绝缘或隔离。

(二)带电工作要求

1.监护人应精神集中,不可与操作人接触,不得擅离职守参与同监护工作无关的事宜。

2.带电工作只能一人进行,在同一部位不能两人同时带电工作。

3.带电拆线时,先拆相线,后拆零线;接线时,先接零线,后接相线。带电作业断接导线时,不许带负荷操作。

4.对电流互感器,严禁带电拆除二次侧导线。

5.断接处应用绝缘包布包好。

6.在多层架空线下层带电工作时,头不能越过工作线层;若在上层带电工作,下面几层都要停电,并采取安全技术措施。

(三)以下几种情况禁止带电作业

1.雷、雨、大雾、潮湿天气不准进行室外带电作业。

电气安全用具

2. 有导电粉尘、易燃、易爆、高温、特别潮湿环境不能带电作业。

3. 没有安全措施的高空作业，不能带电操作。

4. 带有储能元件的线路，如电缆线路、带电容或电压互感器线路，不能带电拆接。

实际项目应用园地

腈纶生产项目罐区与危化品仓库电气安全设计

第五章测试

第六章　静电安全技术

学习目标

知识目标：了解静电的危害及特性。掌握静电防护技术。

能力目标：能根据静电的危害及特性，消除各类静电。能根据静电防护的基本要求，做好静电安全设计，防止静电事故的发生。

素质目标：培养良好的安全行为、安全素养。

基础理论知识园地

第一节　静电的危害

一、静电的定义

静电，就是一种处于静止状态的电荷或者不流动的电荷（流动的电荷就形成了电流），由相互摩擦或感应而产生。当电荷聚集在某个物体上或表面时就形成了静电，而电荷分为正电荷和负电荷两种，也就是说静电现象也分为两种即正静电和负静电。当正电荷聚集在某个物体上时就形成了正静电，当负电荷聚集在某个物体上时就形成了负静电。但无论是正静电还是负静电，当带静电物体接触零电位物体（接地物体）或与其有电位差的物体时都会发生电荷转移，这就是我们日常见到火花放电现象。例如北方冬天天气干燥，人体容易带上静电，当接触他人或金属导电体时就会出现放电现象。人会有触电的针刺感，夜间能看到火花，这是化纤衣物与人体摩擦后，人体带上正静电的原因。（有基本物理知识我们就知道橡胶棒与毛皮摩擦，橡胶棒带负电，毛皮带正电）。

根据电阻率的不同，不同物料、固体表面可以分成静电导体、静电亚导体、静电非导体。

1. 静电导体（static conductor）

在任何条件下，体电阻率小于或等于 $1\times10^{6}\ \Omega\cdot m$（即电导率等于或大于 $1\times10^{-6}\ S/m$）的物料及表面电阻率等于或小于 $1\times10^{7}\ \Omega$ 的固体表面。

2. 静电亚导体(static sub-conductor)

在任何条件下，体电阻率大于或等于 $1\times10^{6}\,\Omega\cdot m$，小于 $1\times10^{10}\,\Omega\cdot m$ 的物料及表面电阻率大于 $1\times10^{7}\,\Omega$，小于 $1\times10^{11}\,\Omega$ 的固体表面。

3. 静电非导体(static non-conductor)

在任何条件下，体电阻率大于或等于 $1\times10^{10}\,\Omega\cdot m$(即电导率小于或等于 $1\times10^{-10}\,S/m$)的物料及表面电阻率等于或大于 $1\times10^{11}\,\Omega$ 固体表面。

二、静电产生的机理

(一)物质的组成

任何物质都是由原子组合而成，而原子的基本结构为质子、中子及电子(图 6-1)。科学家们将质子定义为正电，中子不带电，电子带负电。在正常状况下，一个原子的质子数与电子数量相同，正负电平衡，所以对外表现出不带电的现象。

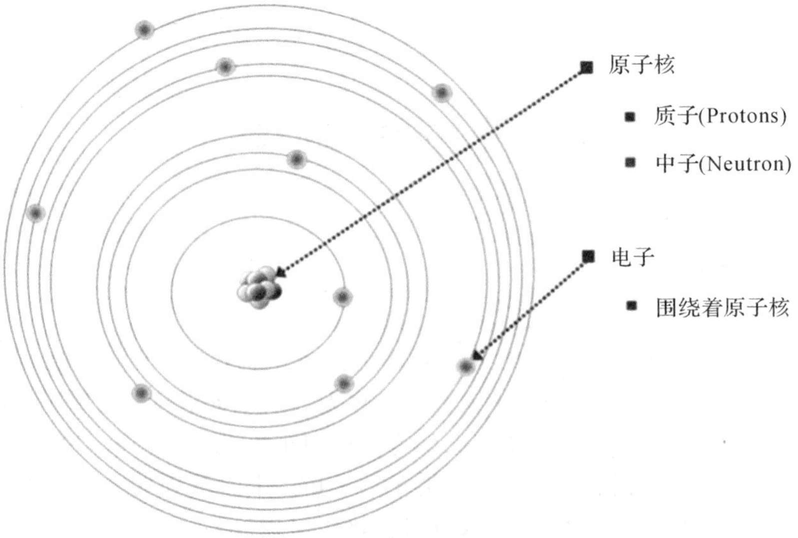

图 6-1　原子组成

(二)静电产生原因

1. 独立的物质对外表现出不带电，但是电子环绕于原子核周围，如原子 A 一经外力即脱离轨道，离开原来的原子核而侵入其他的原子 B，A 原子因缺少电子数而带有正电现象，称为阳离子，B 原子因增加电子数而呈带负电现象，称为阴离子。

2. 造成不平衡电子分布的原因即是电子受外力而脱离轨道，这个外力包含各种能量(如动能、位能、热能、化学能等)。在日常生活中，任何两个不同材质的物体接触后再分离，即可产生静电。

3. 接触起电

当两个不同的物体相互接触时就会使一个物体失去一些电荷，如电子转移到另一个物体使其带正电，而另一个物体得到一些电子带负电。若在分离的过程中电荷难以中和，电荷就会积累，使物体带上静电。所以物体与其他物体接触后分离就会带上静电。通常在从一个物体上剥离一张塑料薄膜时就是一种典型的“接触分离”起电，在日常生活中脱衣服产生的静电也是“接触分离”起电。

固体、液体甚至气体都会因接触分离而带上静电。这是因为气体也是由分子、原子组成的，当空气流动时分子、原子也会发生“接触分离”而起电。我们都知道摩擦起电而很少听说接触起电。实质上摩擦起电是一种接触又分离的造成正负电荷不平衡的过程。摩擦是一个不断接触与分离的过程。因此摩擦起电实质上是接触分离起电。在日常生活，各类物体都可能由于移动或摩擦而产生静电。另一种常见的起电是感应起电。当带电物体接近不带电物体时会在不带电的导体的两端分别感应出负电和正电（图 6-2）。

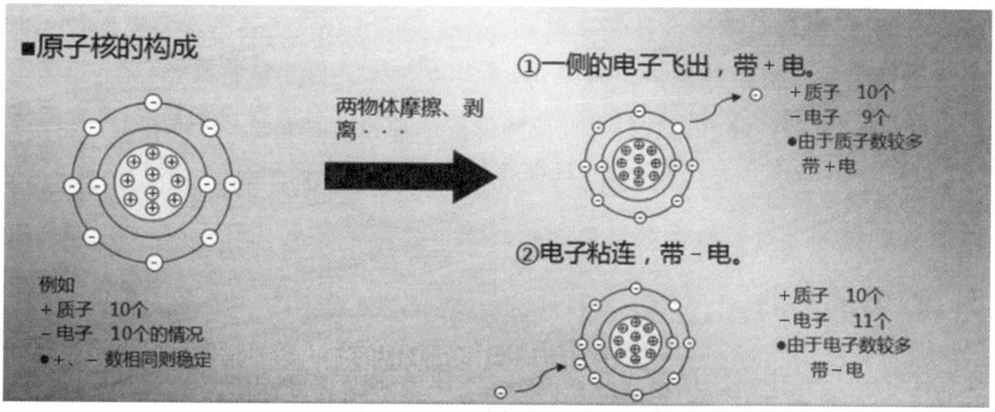

图 6-2　摩擦产生静电的过程

4. 静电现象

在干燥和多风的秋天，我们常常会碰到这种现象。晚上脱衣服睡觉时，黑暗中常听到噼啪的声响，而且伴有蓝光；见面握手时，手指刚一接触到对方，会突然感到指尖针刺般刺痛，令人大惊失色；早上起来梳头时，头发会经常“飘”起来，越理越乱；拉门把手、开水龙头时都会“触电”，时常发出“啪、啪”的声响。这就是发生在人体的静电，上述的几种现象就是体内静电对外“放电”的结果。

三、静电的危害

工艺过程产生的静电可能引起火灾和爆炸，也可能给人以电击，还可妨碍生产。其中火灾或爆炸是最大的危害和危险。

1. 火灾和爆炸

静电能量虽然不大，但电压高则易放电出现电火花。该火花在有爆炸性气体、爆炸性粉尘或可燃物质且浓度达到燃烧或爆炸极限时，可能发生火灾或爆炸。静电引起火灾或爆炸的充分必要条件是：

(1)周围空间必须有可燃性物质存在；

(2)具有产生和积累静电的条件，包括物体本身和周围环境有产生和积累静电的条件；

(3)静电积累到足够高的电压后，发生局部放电，产生静电火花；

(4)静电火花能量大于或等于可燃物的最小点火能量。

2. 静电电击

当人体接近静电体或带静电的人体接近接地体时，都可能遭到电击，但由于静电能量很小，电击本身对人体不致造成重大伤害，但很容易造成坠落等二次伤害事故。

静电危害

3. 妨碍生产

有些生产工艺过程，静电会妨碍生产或降低产品质量。如纺织、粉体加工、塑料、橡胶、印刷、胶片等行业，以及电子控制元件、自动化仪表由于静电而误动作，使其控制的生产线程序混乱，导致产品不合格。

四、静电的特性

1. 化工生产过程中产生的静电电量都很小，但电压却很高，其放电火花的能量大大超过某些物质的最小点火能，易引起着火爆炸，因此是很危险的。

2. 在绝缘体上静电泄漏很慢，这样就使带电体保留危险状态的时间也长，危险程度相应增加。

3. 绝缘的静电导体所带的电荷平时无法导走，一有放电机会，全部自由电荷将一次经放电点放掉，因此带有相同数量静电荷和表观电压的绝缘的导体要比非导体危险性大。

4. 远端放电(静电于远处放电)

若厂房中一条管道或部件产生了静电，其周围与地绝缘的金属设备就会在感应下将静电扩散到远处，并可在预想不到的地方放电，或使人受到电击。它的放电是发生在与地绝缘的导体上，自由电荷可一次全部放掉，因此危害性很大。

5. 尖端放电

静电电荷密度随表面曲率增大而升高，因此在导体尖端部分电荷密度最大，电场最强，能够产生尖端放电。尖端放电可导致火灾、爆炸事故的发生，还可使产品质量受损。

静电特性

6. 静电屏蔽

静电场可以用导体的金属元件加以屏蔽。如可以用接地的金属网、容器等将带静电的物体屏蔽起来，不使外界遭受静电危害。相反，使被屏蔽的物体不受外电场感应起电，也是一种“静电屏蔽”。静电屏蔽在安全生产上被广为利用。

第二节　静电消除安全技术

一、工业中易产生静电的部位

凡是容易得失电子且电阻率很高的材料都容易产生和积累静电。生产中常见的乙烯、丙烯、丁烯、丁烷、原油、汽油、轻油、苯、甲苯、二甲苯、硫黄、橡胶、赛璐珞、塑料等都比较容易产生和积累静电。具体有下列各类工艺过程：

1. 固体物质大面积的摩擦。如塑料或橡胶碾制，纸张与辊轴摩擦，传运带与带轮或辊轴摩擦等；固体物质在压力下接触后分离，如塑料压制、上光等；固体物质在挤出、过滤时与管道、过滤器等发生摩擦：如塑料的挤出，赛璐珞的过滤等。

2. 固体物质的粉碎、研磨过程；悬浮粉尘的高速运动等。

3. 在混合器中搅拌各种高电阻率的物质，如纺织品的涂胶过程等。

4. 高电阻率液体在管道中流动且流速超过 1m/s 时，液体喷出管口时，液体溶入容器发生冲击、飞溅等。

5. 液化气体、压缩气体或高压蒸气在管道中流动和由管道喷出时，从气瓶放出压缩气体、喷漆等。

二、静电安全防护技术措施

静电安全防护主要是对爆炸和火灾的防护。当然，一些防护措施对于防护静电电击和消除影响生产的危害也是同样是有效的。

(一)环境危险程度的控制

静电引起爆炸和火灾的条件之一是有爆炸性混合物存在。为了防止静电的危害，可采取以下控制所在环境爆炸和火灾危险性的措施。

1. 取代易燃介质

在不影响工艺过程、产品质量和经济许可的情况下，尽量用不可燃介质代替易燃介质。

2. 降低爆炸性混合物的浓度

在爆炸和火灾危险环境，采用通风装置或抽气装置及时排出爆炸性混合物，使混合物的浓度不超过爆炸下限。

3.减少氧化剂含量

这种方法实质上是充填氮、二氧化碳或其他不活泼的气体，使爆炸性混合物中氧的含量不超过8%，就不会引起燃烧。

(二)工艺控制

工艺控制是从材料选择、工艺设计、设备结构等方面采取措施，控制静电的产生和积累，使其不超过危险程度，是消除静电危害的重要方法之一。

1.材料及设备的选用

(1)带轮及输送带或皮带应选用导电性好的材料的制作。
(2)用齿轮传动代替带轮传动。
(3)使物料与不同材料制成的设备或装置摩擦时产生不同极性的电荷，相互中和。
(4)搅拌工艺应适当安排加料顺序，以降低静电产生。
(5)选用导电性工具，增加泄露途径等。

2.限制摩擦速度或流速

(1)烃类燃油在管道流动，其流速与管径应满足以下关系：$vD \leqslant 0.64$，式中：v——流速，m/s；D——管径，m；

(2)铁路槽车装油流速应满足以下关系：$vD \leqslant 0.8$，式中：v——流速，m/s；D——装油管径，m；当油料电阻率大于$2\times10^{2}\Omega\cdot m$时，最大流速不得超过7m/s。

(3)汽车槽车装油流速应满足以下关系：$vD \leqslant 0.5$，式中：v——流速，m/s；D——装油管径，m；当油料电阻率大于$2\times10^{2}\Omega\cdot m$时，最大流速不得超过7m/s；

(4)管径12mm的乙醚管道、管径24mm的二硫化碳管道，其流速不应大于1～1.5m/s。

(5)脂类、酮类、醇类液体，在管道内的流速不应大于9～10m/s。

3.改变注油方式

(1)往油箱、油罐注油时，应从底部压入。
(2)从顶部往油箱、油罐注油时，可改变鹤管的形状或将注油管插道底部。
4.清除油罐或管道内的杂质或积水，以利于减少静电。
5.合理选用防爆设备和装设松弛容器。

(三)接地

接地是消除静电危害最常见的方法，它主要是消除导体上的静电。
1.直接接地主要用于消除导体上的静电，其接地电阻不大于1000Ω即可。
2.为使绝缘体上的静电消除的较快，绝缘体宜经过106～108Ω的电阻接地。

(四)增湿

增湿适用于绝缘体上静电的消除。但增湿主要是增强静电沿绝缘体表面的泄漏，而不是增加通过空气的泄漏。因此，增湿对于表面容易形成水膜或表面容易被水润湿的绝缘体有效，如醋酸纤维、硝酸纤维素、纸张、橡胶等。而对于表面不能形成水膜、表面水分蒸发极快的绝缘体或孤立的带静电绝缘体，增湿也是无效的。从消除静电危害的角度考虑，保持相对湿度在70%以上较为好。

(五)抗静电添加剂

抗静电添加剂是化学药剂，具有良好的导电性或较强的吸湿性。因此，在容易产生静电的高绝缘材料中加入抗静电添加剂，能降低材料的电阻，加速静电的泄漏。如在橡胶中导电黑、火药药粉中一般加入石墨，石油中一般加入环烷酸盐或合成脂肪酸盐等。

(六)静电中和器

静电中和是利用静电中和器产生电子或离子来中和物体上的静电电荷。静电中和器主要用来中和非导体上的静电(图6-3)。按照工作原理和结构的不同，大体上可以分为感应式中和器、高压式中和器、放射线式中和器和离子风式中和器。与抗静电添加剂相比，静电中和器不影响产品质量，使用也很方便。

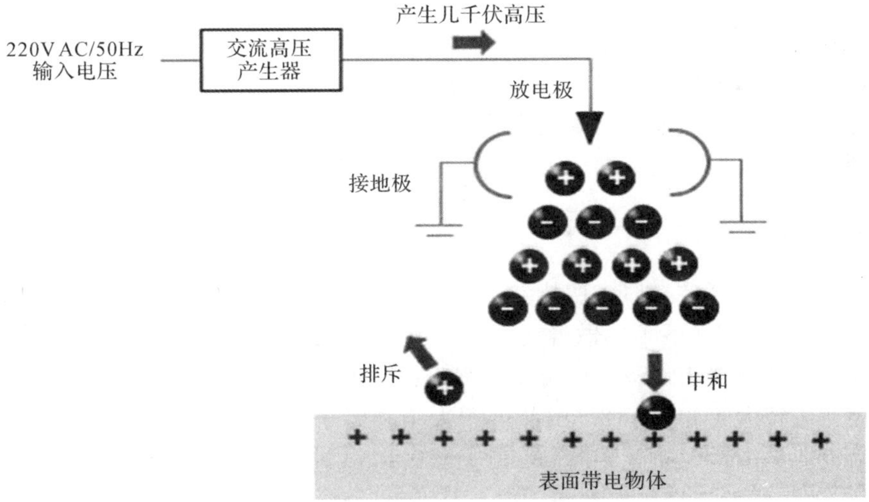

图6-3　静电中和器工作原理

(七)人体防静电措施

人体防静电措施主要是防止带电体向人体放电或人体带静电所造成的危害，具体有以下几个措施：

1. 易燃易爆场所工作人员需穿防静电鞋、防静电服。

2. 在易燃场所入口处，安装硬铝或铜等导电金属的接地通道，操作人员从通道经过后，可以导除人体静电。同时，入口门的扶手也可以采用金属结构并接地，当手触门扶手时可以导除静电。

3. 电阻率在 $10^6\Omega \cdot cm$ 以下的材料制成的导电性地面有利于导除积累在人体上的静电。

三、静电接地技术

（一）静电接地的范围

1. 对爆炸和火灾危险环境内可能产生静电危害的物体，应采取工业静电接地措施（以下简称静电接地）。

2. 对无爆炸和无火灾危险环境内的物体，如因其带静电会妨碍生产操作、影响产品质量或使人体受到静电电击，应采取静电接地。

3. 在生产、贮运过程中的器件或物料，彼此紧密接触后又迅速分离而可能产生和积聚静电，或可能产生静电危害时，应采取静电接地。

4. 在下列情况下，可不采取专用的静电接地措施（计算机、电子仪器等除外）；

（1）当金属导体与防雷、电气保护接地、防杂散电流、电磁屏蔽等的接地系统有连接时；

（2）当金属导体间有紧密的机械连接，并在任何情况下金属接触面间有足够的静电导通性时。

5. 对任何流送或喷射中的带电体，严禁用接地的导体去导走其静电荷。

6. 当设备及管道需作静电接地时，其金属外壳和零部件，应连接成一个导电整体，并与大地相导通。严禁存在与地相绝缘的金属物体。

7. 各种静电消除器的接地端，应按产品说明书的要求进行接地。

（二）静电接地连接

1. 固定设备（塔、容器、机泵、换热器、过滤器等）的外壳，应进行静电接地，如已有防雷、防杂散电流等接地时，可不必另做静电接地。在生产装置区内的设置，其金属体的静电接地应连接成网。若为覆土设备一般可不做静电接地。

2. 当设备直径大于和等于 2.5m 或容积大于和等于 $50m^3$ 时，其接地点应设两处以上。接地点应沿设备外围均匀布置，其间距不应大于 30m。

3. 接地支线、挠性连接线推荐选用表 6-1 所示材料。

表 6-1　接地支线、挠性连接线

接地支线	圆钢 ϕ10mm，扁钢 20×4mm
	多股铜芯绝缘电线，16mm^2
挠性连接线	裸铜软绞线，16mm^2

可利用电气保护接地干线作为静电接地干线。下列接地干线和线路不得用于静电接地：

(1)照明回路的工作零线和三相四线制中工作零线；

(2)整流所各级电压的交流、直流保护接地系统；

(3)直流回路的专用接地干线；

(4)电子线路的“工作地”干线；

(5)雷电引流线(兼有引流作用的金属设备本体除外)。

接地干线的接地体的钢材规格一般可按表 6-2 选用。地上用的材料应镀锌或涂漆，地下用的材料应镀锌。

表 6-2　接地干线和接地体用钢材的推荐规格表

名称	规格及单位	地上		地下
		室内	室外	
扁钢	截面积，mm^2	100	100	160
	厚度，mm	4(5)	4(5)	4
圆钢	直径，mm	12(14)	12(14)	11
角钢	规格，mm			50×5
钢管	直径，mm			50

4. 在贮罐的取样操作台面上，应于操作口两侧各设置一组接地端头，以便在上风向给取样绳索、检尺等工具接地用。端头位置应设在不妨碍操作之处。

当浮动式金属罐顶无防雷接地时，则应将罐顶用挠性连接线与罐体相连接，连接点不应少于两处。挠性连接线宜选用截面不小于 25mm^2 的裸铜软绞线。

贮罐内部金属浮体等必须与罐体相连接。

当贮罐内壁涂漆时，漆的导电性能应高于被贮液体，其电阻率应在 $10^8\Omega\cdot m$ 以下。

5. 与地绝缘的金属部件，如螺栓、法兰等，应跨接引出接地。

6. 为消除人体静电，在罐、塔梯子的进口处，应装设接地金属棒，或在已接地的金属栏杆上留出 1 米长的裸露金属面。

7. 管网的接地连接点应符合下列要求：

(1)装置区中各个相对独立的建(构)筑物内的管道，可通过与工艺设备金属外壳的连接(法兰连接)，进行静电接地。

(2)管网内的泵、过滤器、缓和器等处应设置接地连接点。

(3)管网在进出装置区处、不同爆炸危险环境的边界、管道分岔处的管道应进行接地，对于长距离的无分支管道，应每隔 80～100m 与接地体可靠连接。

(4)对金属配管中间的非导体管段(如聚氯乙烯管),除需做屏蔽保护外,两端的金属管应分别与接地干线相接,或用 $6mm^2$ 多股铜芯绝缘电线跨接后接地。

(5)非导体管段上的金属件应接地。

8.作阴极保护用的金属管段不得做静电接地。

9.管网静电接地的具体做法应符合下列要求:

(1)在管壁或管支座上,应设置连接端头作管间或管与接地支、干线间的连接用。也可利用管道的固定式支座进行接地。

(2)型钢管架可作为接地连接系统的导体使用,并可在管架上焊接连接端头。

(3)地上及非直埋的管道与接地支线间应采用挠性连接,并以螺栓紧固。连接线宜选用 $6mm^2$ 多股铜芯氯乙烯电线,其长度应留有不小于100mm的裕度。

(4)地下直埋的管道应采用40mm×4mm镀锌扁钢作支线,并采用焊接法分别与接地干线相连接。该支线应留出不小于100mm的裕度,并呈平面扭弯90°。

(5)风管及保温层的保护罩当采用薄金属板制作时,应用锡焊咬口,或利用机械固定的螺栓相互连接。金属板间的锡焊长度应大于100mm。

(6)工艺管道与加热伴管之间,除应利用绑扎用金属丝作连接外,尚应使伴管进汽口及回水口与工艺管道的支座相连接。

(7)铸铁承插管应采用25mm×4mm扁钢、搪锡制成的卡箍和 $6mm^2$ 多股铜芯聚氯乙烯电线(或25mm×4mm扁钢)作连接。

(8)整根非导体管道的屏蔽线可分段连接于已接地的管道金属支架上。该管段的所有金属部件均应就近连接在已接地的支架上或接地干线相连接。

(9)管网中的软管应尽量使用具有金属螺旋线或金属保护网。金属螺旋线、金属保护网和软管两端的金具应相互连接,并在一端接地。导电橡胶制软管、涂导电漆的硬质绝缘管应装设与之紧密结合的金属箍接地。

10.有静电危害的装卸站台和码头区

(1)装卸站台和码头区内的所有管道、设备、建(构)筑物的金属体和铁路钢轨等(作阴极保护者除外),均应连成电气通路并进行接地。

(2)有关公路、铁路、码头的装卸站台(船位),应设置静电接地干线和接地体。码头的接地体应至少有一组设置在陆地上。

(3)装卸站台和码头应选择合适的位置,设置若干个接地的端子排板和裸露金属体。

(4)在装卸作业区内,铁路钢轨的轨端需进行接地连接。连接线可选用2根∅5mm镀锌铁线,并用塞钉铆进钢轨。平行钢轨间可用 $1\times19-14.9mm^2$ 镀锌钢绞线相跨接,其跨接点位置应选择在装卸作业区两侧与静电接地体位置相对应处,并直接与接地体相连接。

(5)码头引桥、趸船等应有两处相互连接并进行接地。连接线可选用 $35mm^2$ 多股铜芯绝缘电线。码头的固定式栈桥,其桥墩钢筋应与栈桥金属体相连接。

11.能产生静电危害的移动物体

(1)汽车槽车宜携带一端已与车体相连的专用接地电缆,以便汽车到位后,在装卸作业前接地。也可用接地现场准备的连接线，接到汽车槽车的连接端头上，接地的方法可用螺栓紧固或合用的夹头进行夹接。汽车槽车的连接端头应焊接在远离料口的不易受损的车体侧面。

为及时导走汽车行驶时产生的静电，可采用导电橡胶拖地带，不宜采用拖地链条。

(2)火车槽车除通过接地的钢轨进行接地外，在装卸作业前，有关车体还应加专用的接地连线。

(3)油轮与码头区的接地端头之间，应有两处相接。每处可用一根专用的接地线。不得利用加油软管的屏蔽线作船体接地。两艘油轮靠船作业，船和船应有两处相接，每处用一根专用的接地线。

油轮上的各种金属构件、管线等，应连成导电整体。

(4)各种装载易燃、易爆物品的容器，如桶、瓶等，应放置在导电的地坪上，导电地坪应无绝缘油垢，并与接地线相连。

带轮子的小车，其轮子应采用有导电性能的材质制作。

计量用的台秤、地衡等应用连接线与接地干线相连接。

小型容器应采用电池夹子、跨接线与接地干线相连接。

检尺棒、取样器及其绳索应接地。为避免快速放电。取样绳索两端间的电阻应小于 $10^8\,\Omega$。

(5)皮带输送机的皮带应尽量选用导电性的材质。当皮带是绝缘性时，皮带的接头不应使用金属材料。皮带罩必须接地，且固定牢固，不得与皮带有碰刮的现象。

12. 计算机房和电子仪器的静电接地

(1)在计算机(电子仪器)房内使用防静电活动地板时，应静电接地，为静电电荷泄放提供良好的电气通路。

(2)计算机(电子仪器)房内亦可铺设防静电地面。在有窗式空调器的室内，墙壁应采用防静电墙面，门也应采用防静电材质。

(3)计算机(电子仪器)房内地上严禁铺普通腈纶、尼龙等化纤地毯或普通橡胶垫。若要铺地毯，一定要用防静电地毯。

(4)计算机(电子仪器)房的静电接地极应远离防雷接地极。

四、静电防护管理措施

(一)静电危害的安全界限

下面为静电危害的安全界限，超出该界限，应严格落实静电安全技术措施。

1. 静电放电点燃界限

(1)导体间的静电放电能量按下式计算：

$$W=CV^2$$

式中：W——放电能量，单位为焦耳(J)；

C——导体间的等效电容,单位为法拉(F);

V——导体间的电位差,单位为伏特(V)。

当其数值大于可燃物的最小点燃能量时,就有引燃危险。

(2)当两导体电极间的电位低于 1.5kV 时,将不会因静电放电使最小点燃能量大于或等于 0.25mJ 的烷烃类石油蒸气引燃。

(3)在接地针尖等局部空间发生的感应电晕放电不会引燃最小点燃能量大于 0.2mJ 的可燃气。

2.物体带电安全管理界限

(1)当固体器件的表面电阻率或体电阻率分别在 $1\times10^{8}\Omega$ 及 $1\times10^{6}\Omega\cdot m$ 以下时,除了与火炸药有关情况外,一般在生产中不会因静电积累而引起危害。某些爆炸危险程度较低的场所(如环境湿度较高、可燃物最小点燃能量较高等情况),在正常情况下,表面电阻率或体电阻率分别低于 $1\times10^{11}\Omega$ 和 $1\times10^{10}\Omega\cdot m$ 时,也不会因静电积累引起静电引燃危险。

(2)用非金属材料制造液体贮存罐、输送管道时,材料表面电阻和体电阻率分别低于 $1\times10^{10}\Omega$ 及 $1\times10^{8}\Omega\cdot m$。

(3)在气体爆炸危险场所外露静电非导体部件的最大宽度及表面积,参见表 6-3。

表 6-3 气体爆炸危险场所外露静电非导体部件的最大宽度及表面积

环境条件		最大宽度/cm	最大表面积/cm^2
0 区	Ⅱ类 A 组爆炸性气体	0.3	50
	Ⅱ类 B 组爆炸性气体	0.3	25
	Ⅱ类 C 组爆炸性气体	0.1	4
1 区	Ⅱ类 A 组爆炸性气体	3.0	100
	Ⅱ类 B 组爆炸性气体	3.0	100
	Ⅱ类 C 组爆炸性气体	2.0	20

(4)固体静电非导体(背面 15cm 内无接地导体)的不引燃放电安全电位对于最小点燃能量大于 0.2mJ 的可燃气是 15kV。

(5)轻质油品装油时,油面电位应低于 12kV。

(6)轻质油品安全静止电导率应大于 50pS/m。

(7)对于采取了基本防护措施的,内表面涂有静电非导体的导电容器,若其涂层厚度不大于 2mm,并避免了快速重复灌装液体,则此涂层不会增加危险。

3.引起人体电击的静电电位

(1)人体与导体间发生放电的电荷量达到 $2\times10^{-7}C$ 以上时就可能感到电击。当人体的电容为 100pF(皮法)时,发生电击的人体电位约 3kV,不同人体电位的电击程度见表 6-4。

表 6-4　人体带电电位与静电电击程度的关系表

人体电位/kV	电击程度	备　注
1.0	完全无感觉	
2.0	手指外侧有感觉，但不疼	发出微弱的放电声
2.5	有针触的感觉，有哆嗦感。但不疼	
3.0	有被针刺的感觉，微疼	
4.0	有被针深刺的感觉，手指微疼	见到放电的微光
5.0	从手掌到前腕感到疼	指尖延伸出微光
6.0	手指感到剧疼，后腕感到沉重	
7.0	手指和手掌感到剧疼，稍有麻木感觉	
8.0	从手掌到前腕有麻木的感觉	
9.0	手腕子感到剧疼，手感到麻木沉重	
10.0	整个手感到疼，有电流过的感觉	
11.0	手指剧麻，整个手感到被强烈电击	
12.0	整个手感到被强烈打击	

注：人体的静电容量大约为 100pF。

(2)当带电体是静电非导体时，引起人体电击的界限因条件不同而变化。在一般情况下，当电位在 30kV 以上向人体放电时，将感到电击。

(二)静电危害控制方案

在静电危险场所，应制订静电危害控制方案，并使之成为单位内部管理规范文件的一部分。其内容应包括：①可能产生的静电危害；②静电危害的表现形式；③静电危害的产生原因；④静电危害的控制措施；⑤人员的培训计划；⑥防静电措施的验证。

(三)人员

在静电危险场所工作的人员，应定期的防静电危害培训。培训应同本单位的实际工作结合，培训的内容应包括法规的培训、防静电措施的执行方法、必要的演习及知识的补充。

对短期来访的外来人员，应配备公用的个体防静电装备。进入静电危害区域前，应由有经验的工作人员以适合的方式告知有关规定。

静电消除安全技术

(四)检查

任何技术措施都有可能随时间的推移而失效，在工作中应按照静电危害控制方案对采取的防静电措施进行定期检查。检查的频率取决于控制对象的用途、耐久性及失效的风险。

（五）标志与记录

所有静电危险场所应设立明显的危险标志。静电危险场所必须有接地点、应使用的防静电物品、必备的衣物、静电危险区及运动方面的限制等标志。

所有的工作都应被记录在案并保存。

实际项目应用园地

防静电安全措施的确定

第六章测试

第七章　雷电安全技术

学习目标

知识目标：了解雷电的形成、分类及危害。掌握常用防雷装置的种类与作用。熟悉建构筑物、化工设备及人体防雷。

能力目标：能根据雷电的分类、危害及防雷技术措施，做好雷电安全设计，防止雷击事故的发生。

素质目标：培养良好的安全行为、安全素养。

基础理论知识园地

第一节　雷电的危害

一、雷云的形成

大气的剧烈运动引起静电摩擦和其他电离作用，使云团内部产生了大量的带正、负电荷的带电离子，又因空间电场力的作用，这些带电离子定向垂直移动，使云团上部积累正电荷，下部积累负电荷（情况也可以相反），云团内产生分层电荷，形成产生雷电的雷云。雷云的成因是大气的运动，当雷云在天空移动时，在其下方的地面会静电感应出一个带相反电荷的地面阴影，如图 7-1 所示。

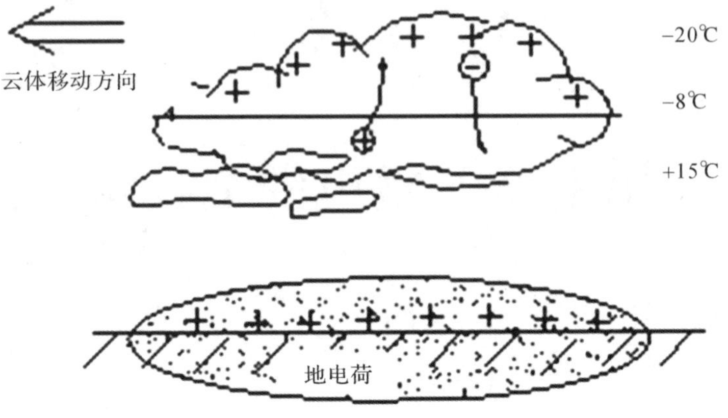

图 7-1　雷云的形成

二、雷云放电

著名的雷云放电理论是“长间隙放电”理论，该理论认为雷云对地放电的过程可以分为四个阶段：即对地先导、迎面先导、定向闪击和回闪四个阶段（图 7-2）。

具体过程是这样的：雷云形成前，首先是云内放电和云间放电频繁，云中放电造成云中电荷的重新分布和电场畸变。当云中电荷密集处的电场强度达到 25～30kV/cm 时，就会由云团向地开始先导放电。

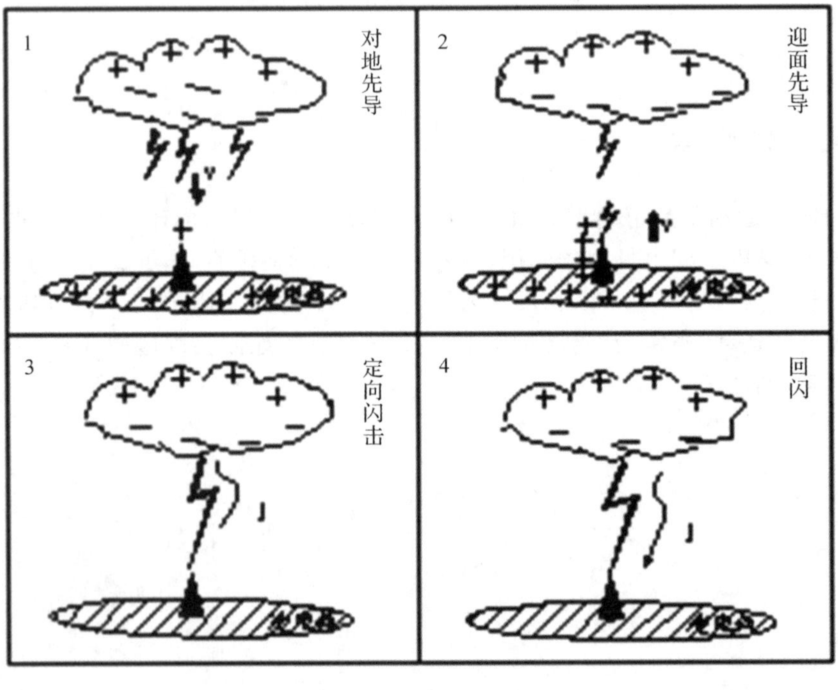

图 7-2　雷云的放电

先导放电是步进的，发展的平均速度为 105～106m/s，各脉冲间隔约 30～90s，每阶段推进约 50m，跳跃着逐步向下延伸，当先驱放电距地 50m 左右，可诱发迎面先导，通常迎面先导来自地面上最突出的部分（尖端放电最易发生处），当对地先导和地面的迎面先导会合时，就形成了从云团到地面的强烈电离通道。步进放电转为定向闪击。

定向闪击是沿最短路径进行的，紧接着回闪，这时出现极大的电流，开始雷电的主放电阶段，即雷击，在主放电中雷云与大地之间所聚集的大量电荷，通过先驱放电所开辟的狭小电离通道发生猛烈的电荷中和，放出能量，引发强烈的闪光和雷鸣。主放电的时间极短，为 50～100s，主放电过程是逆着先导通道发展的，速度约为光速的 1/20～1/2，主放电电流可达数十千安，是全部雷电流的主要部分。

主放电到达云端时就结束。然后残余电荷经过主放电通道流过来，产生短暂的余光。由于云中电阻较大，余光阶段的电流只有数百安培。持续时间 0.03～0.15s。

通常一次雷电过程包括 3～4 次放电。重复放电都是沿着第一次放电通路发生的。

三、闪电

（一）闪电及分类

1. 闪电

闪电指雷（雨）云中不同部分之间聚集的电荷形成的电场（可达几百万伏每米），把云内或云外的大气层击穿，产生的强火花放电。

2. 按闪电方式分类

（1）云内闪电：带电云层内部击穿放电。云内闪电如图 7-3 所示。

图 7-3　云内闪电

(2)云际闪电：一部分带电的云层与另一部分带异种电荷的云层之间的击穿放电。

(3)云地闪电：带电的云层对大地之间的击穿放电。

云际闪电、云地闪电如图 7-4 所示。

图 7-4　云际闪电、云地闪电

3. 按闪电形状分类

(1)线状闪电：常发生在云地之间，线状闪电如图 7-5 所示。

图 7-5　线状闪电

(2)带状闪电:线状闪电的特殊情形。

(3)片状闪电:发生在云际之间的线状闪电的特殊情形。

(4)联珠闪电:强线状闪电中偶尔出现的一种特殊现象,如图 7-6 所示。

(5)球状闪电:具有强烈的电磁效应和穿透金属能力,形如火球,也称球闪或滚地雷,如图 7-7 所示。

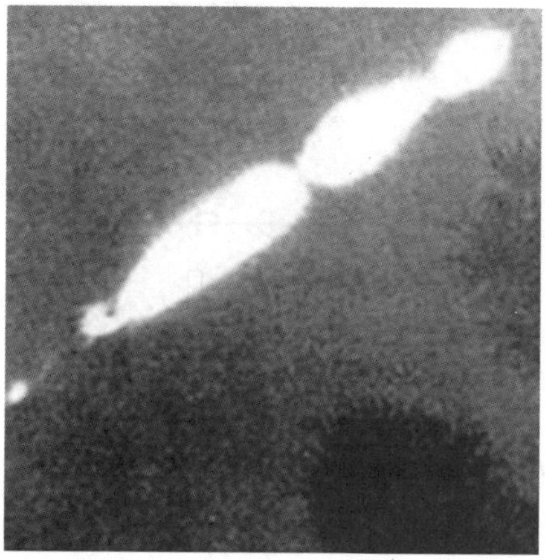

图 7-6 联珠闪电

图 7-7 球状闪电

(二)云地闪(简称地闪)的结构

1. 地闪应具备的特殊条件

(1)大地作为导体,感应的正电荷可以自由流动。

(2)积雨云中带电粒子之间仍是绝缘的空气。

(3)足够大的电场使绝缘的空气被击穿,形成导电通道。

2. 地闪的全过程

(1)积雨云中层的负电荷区与下层正电荷区之间的强电场产生局部区域击穿,负电荷区扩展到积雨云下部,形成流光。

(2)扩展的结果是积雨云下端与大地之间的电场强度增大,致使云下端某些特殊地点的空气先被击穿,形成向下发展的流光,即形成一段(级)导电通道,在导电通道前端会累积大量负电荷。

(3)累积的结果又使下面空气被击穿,这样不断重复上述过程,导电通道逐步向下发展,即形成梯级先导。此过程时间约 20ms。

(4)经过多次击穿,当梯级先导的通道前端达到离地面很近(10～20m)时,向下扩展的趋势直接受地面物的影响,此时发生电击穿,会形成由地面物冲出一段明亮无比的光柱(闪电),沿着导电通道冲向积雨云完成一次回击放电(称主放电)。同时温度陡升,空气骤胀,骤缩形成爆炸波,即雷声。

(5)由梯级先导到回击完地闪的第一次放电闪击,约过几十毫秒还会出现第二次放电闪击。此过程，先导是沿旧导电通道，称“直窜先导”或“箭式先导”。平均速度约 2×10^{8} cm/s。

地闪过程如图 7-8 所示。

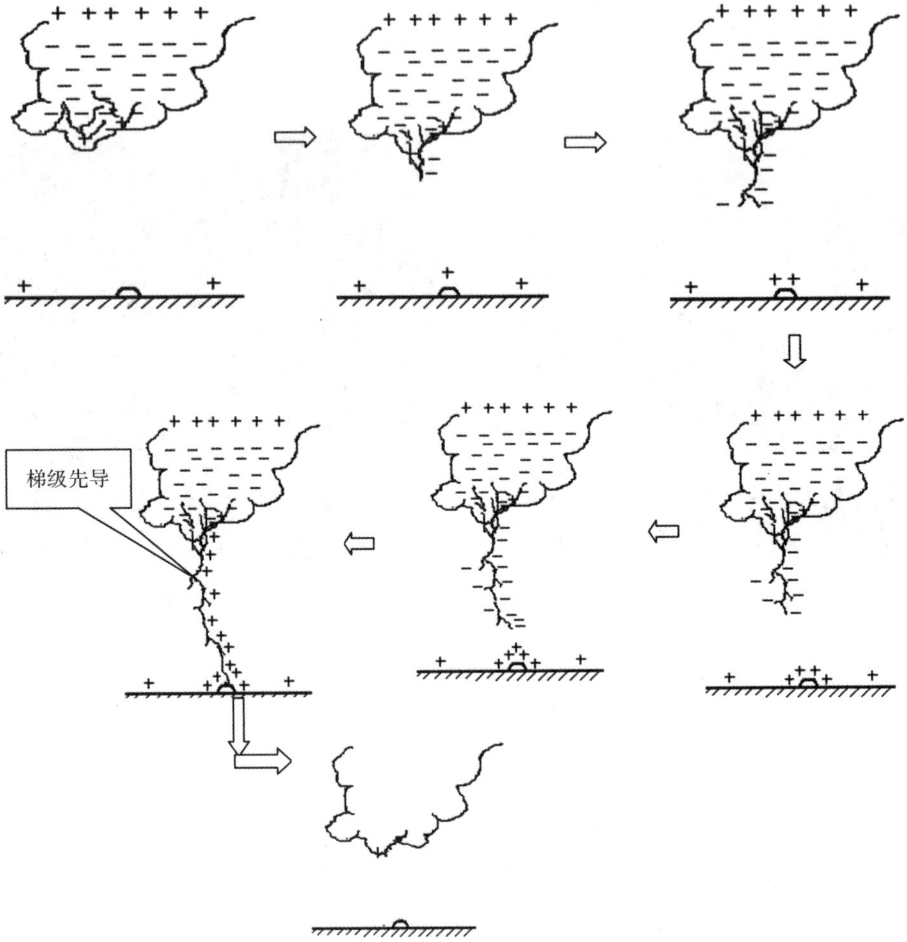

图 7-8 地闪过程

(三)地闪的类型

1. 按有无回击分类

(1)a 类：无回击的闪电。

(2)b 类：有回击的闪电。

2. 按大地输送出的有无正负电荷分类

(1)1a 型：云闪(负电荷先导)。

(2)1b 型：下行负雷(负电荷先导，大地回击正电荷)，常见。

(3)2a 型：由地面物正电荷向上扩展形成带正电的向上先导与云中放电。

(4)2b 型：在 2a 的基础上出现云中负电荷向地面物回击(称上行负雷)。

(5)3a 型:云闪(正电荷先导)。

(6)3b 型:积雨中正电荷向下先导,大地回击为负电荷(下行正雷)。

(7)4a 型:由地面物的负电荷向上扩展,形成带负电荷的向上先导,与云中放电。

(8)4b 型:在 4a 的基础上,出现云中正电荷向地面物回击(上行正雷)。

不同类型地地闪如图 7-9 所示。

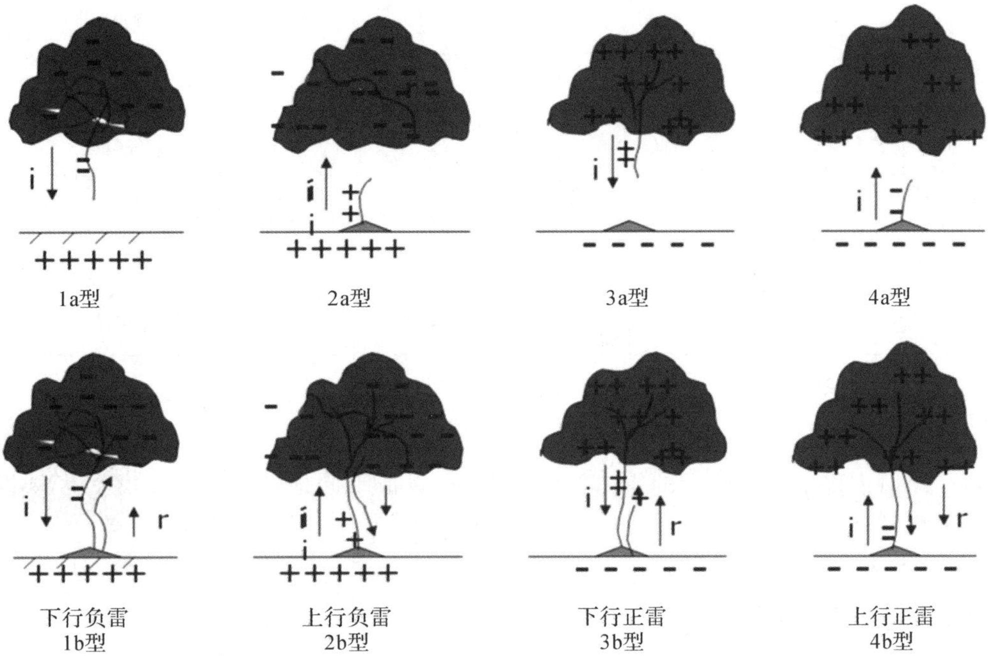

图 7-9　地闪类型

闪电的长度有长有短,短的 2～3km,长的 20km。

四、雷电基本参数

雷暴日和雷暴小时两个参数主要用来表征不同地区雷电活动的频繁程度。

1. 雷暴日

雷暴日指一年中有雷电放电的平均天数。不足 15d 为少雷区;超过 40d 为多雷区,大于 90d 为强雷区。

(1)雷暴与地球表面纬度的关系:纬度愈低雷暴天数愈多。赤道地带 100～150d,热带 75～100d,中纬度地带 50～80d,两极地区仅有几天。

(2)我国雷暴日分布:长江以北 15～40d,以南 40d 以上;西北 15d 以下,海南及雷州半岛高达 100～133d。中国各主要城市雷暴天数如表 7-1 所示。

表 7-1　中国各主要城市雷暴天数表

地名	平均全年日期	最早初日(日/月)	最晚终日(日/月)
海口	104.3	1/1	30/12
上海	32.2	14/2	10/10
重庆	40.1	14/2	1/12
拉萨	75.4	9/3	3/11
武汉	26.7	11/1	20/12
北京	36.7	30/3	3/11
呼和浩特	29.5	20/3	24/10
哈尔滨	28.9	20/4	10/10

2. 雷暴小时

以一小时内出现一次以上的雷击为统计单位，表征不同地区每个雷暴日雷电活动持续时间的差别。

雷电的形成

五、雷电的危害

雷电流也是电流，它具有电流所具有的一切效应，不同的只是它在短时间以脉冲的形式通过强大的电流。尤其是直击雷，它的峰值有几十千安至几百千安。它的峰值时间(从雷电流上升至1/2峰值算起，直至下降到1/2峰值小的时间间隔)，通常负闪击只有几微秒到十几微秒，正闪击较长些，正是这种特殊情况，使雷电流具有较强的破坏作用。

雷电的危害主要包括雷电热效应的破坏作用、雷电冲击波的破坏作用、雷电流电动力效应的破坏作用、雷电静电感应的破坏作用、雷电流电磁感应的破坏作用、雷电反击和引入高电位的破坏作用。

(一)直接雷击

直接雷击指雷云直接通过人体、建筑物或设备等对地所产生的电击现象。产生的高温可达到某些物体的燃点或熔点，强大的冲击波可使建筑物或设备毁坏。

1. 雷电热效应的破坏作用

闪电表面上看只闪一次，实际上是一系列闪光，在闪光发生的瞬间，雷电流在极短的时间内，以连续的、尖峰脉冲形式通过强大电流。尤其是直击雷，它的放电电流平均达25～45kA，大雷暴时最高达200kA。

如果雷电击在树木或建筑物件上，被雷击的物体瞬间将产生大量热能。由于雷电流很大，通过的时间又极短(50～100μs)，根本来不及散发，可致物体内部的水分大量变成蒸气，并迅速膨胀，产生巨大的爆炸力，造成破坏。与雷电通道直接接触的金属因高温而熔化的可能性很大，因为通道的温度可高大6000～10000℃，甚至更高。因此在雷电流通道上遇到易燃物质，会引起火灾。

2.雷电冲击波的破坏作用

闪电时，由于空气受热急剧膨胀，会产生一种叫“激波波前”的冲击波。又由于庞大体积的雷云迅速放电而突然收缩，电应力突然解除，会产生一种次声波。这两种冲击波都会引起附近的建筑物被破坏，人、畜伤亡，就仿佛炸弹在附近爆炸一样。

3.雷电流电动力的破坏作用

(1)由安培定律两根平行导线单位长度的相互作用力

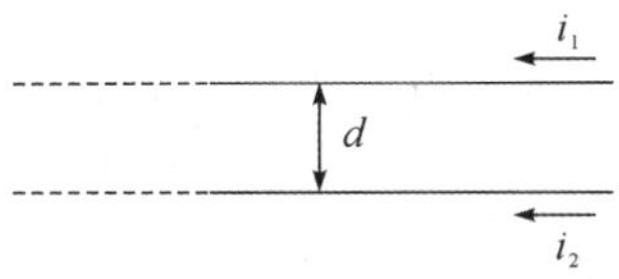

$$F=2.04\cdot\frac{i_1\cdot i_2}{d}\times10^{-8}(\mathrm{kg/m})$$

如雷电流 i_1、i_2=100kA，d=50cm，则 F=408(kg/m)。此力可能造成导线折断。

(2)一根弯曲的导线(或金属结构)在成角处受力最大，雷电流在成角处的电动冲力可能造成导线折断。此力与角度有关，锐角受力大，钝角受力小。所以引下线采用钝角的拐弯。

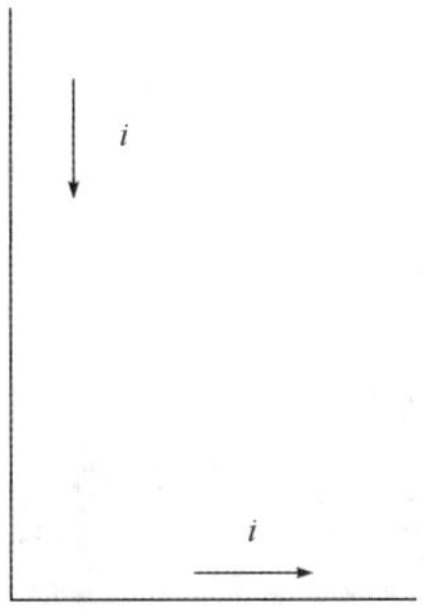

(二)感应雷击

1.静电感应雷击

静电感应雷击指云中放电使云中电荷突然消失，导致地面物体静电感应的电荷产生很高的电压，引起放电，但比直接雷电流小，相应破坏程度小于直接雷(图7-10)。

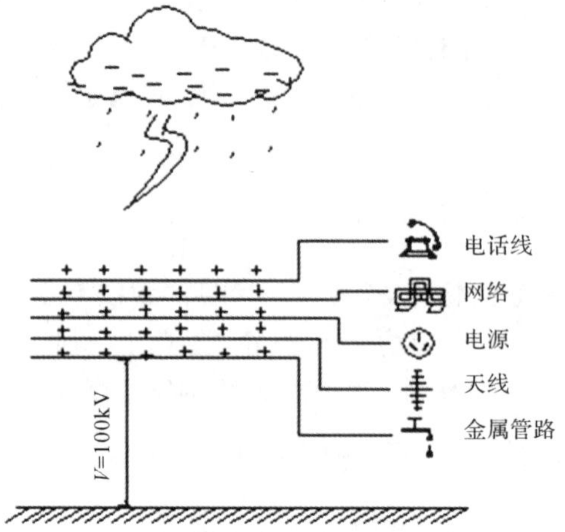

图 7-10　静电感应雷击

这种过电压对接地不良的电气系统有很大的破坏作用，它可以在其路径上的任何金属间隙中产生电弧打火。如果电弧打火发生于易燃场所中（如汽油库、瓦斯厂、火药库等场所），会引起火灾和爆炸；如果电弧打火发生在电路板上，则电路板将被破坏。

2. 电磁感应雷击

电磁感应雷击指直接雷击电流在闪电通道周围空间产生磁场，使附近金属导体上激发感应电动势或感应电流，致使某些用电设备遭受电击而毁坏（图 7-11）。

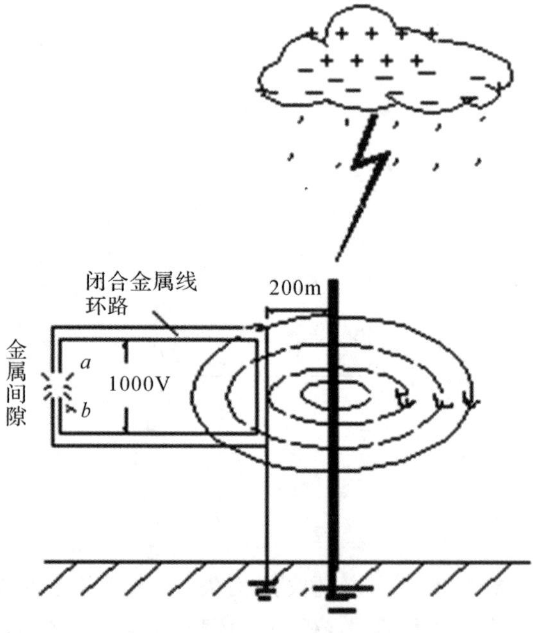

图 7-11　电磁感应

雷电流有极大的峰值和陡度，可能在附近空间形成强大的瞬变电磁场，一个 5m×5m 的开口金属管，在雷电流峰值为 100kA 时，距离雷击点 200m 也可以感应到 1000V 左右的高压。零点几毫米的气体间隙就可能被电磁感应雷击击破，发生有害火花，损坏电气系统中的电气元件。

3. 感应雷击简析

(1)静电感应雷击模型(图 7-12)：将地面上的金属物与雷云之间用等效电容 C 表征，金属物与大地之间的电阻用 R 表示，Q 为累积的电荷，雷电闪击瞬间的感应电压：$U=\dfrac{Q}{C}$

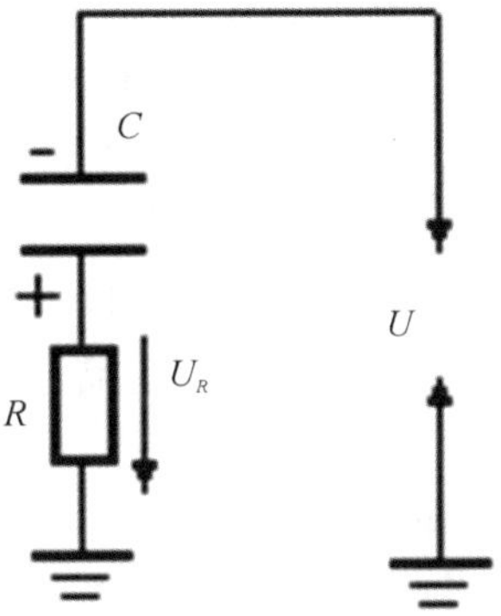

图 7-12　静电感应模型

雷电闪击瞬间以后，电容放电，电阻两端电压衰减：$U_R=Ue^{-\frac{t}{RC}}$

感应电压统计数据：高压架空线达 300～400kV，一般低压架空线达 100kV，电信线路达 40～60kV。感应电压可造成设备击穿，或放电产生火花引起事故。

(2)电磁感应雷击模型(图 7-13)：将引下线等效为一直导线，假定与一个有气隙(开口)的正方形金属环处于同一平面，金属环开口最大感应电动势：

$$E_m=2\times10^{-7}l\cdot ln\frac{x_2}{x_1}\cdot\frac{di}{dt}$$

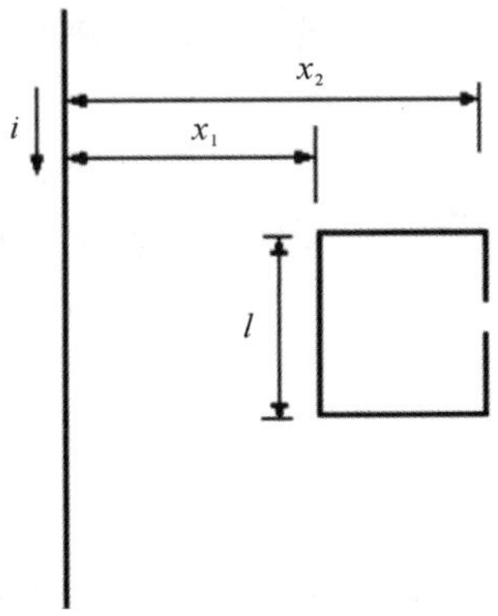

图 7-13　电磁感应模型

当金属环与导线所在平面的夹角为 α，则乘以 cosα。

如取雷电流等值斜角波，峰值电流为 50kA，波头为 2.5us。当 $l=5m$，在离雷击点 200m 处可感应约 1000V 的电压，此电压使能气隙被击穿，产生电火花引起事故。

（三）电磁脉冲辐射

电磁脉冲辐射指雷击放电时，脉冲电流向外辐射电磁波，致使对瞬态电磁脉冲极其敏感的某些现代电子设备失效。辐射电磁波强度与距离成反比。

（四）雷电过电压侵入

雷电过电压侵入指直接雷或感应雷使导体或金属管道产生的过电压，沿着导线或金属管道从远处雷区传来，造成设备击穿损坏。这种损坏是防雷的重点。

（五）雷电反击和引入高电位

闪电时，接闪装置（包括接闪器、接地引下线和接地体）在接闪瞬间与大地间存在很高的电压，这种高压能引起与大地相连的其他金属物品的闪击，这就是雷电反击。雷电反击会使室内人或物受到雷电直接伤害。

雷电引入高电位是指雷电流沿输电线，通信电缆，接收天线等通道蹿入室内，发生闪击而造成雷击事故（图 7-14）。

雷电危害

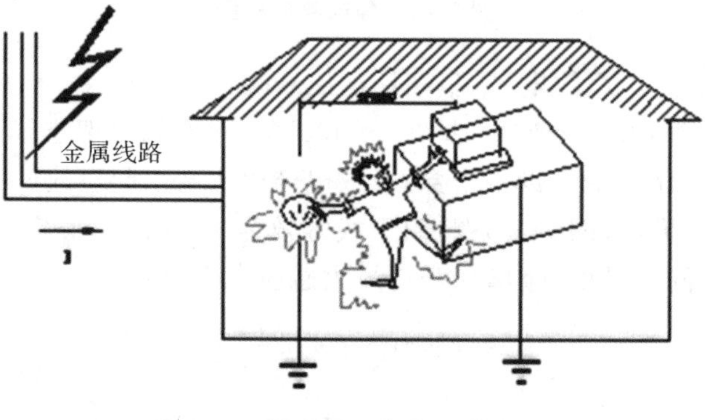

图 7-14　雷电反击和引入高电位

第二节　防雷安全技术

一、防雷装置及接地

防雷装置一般由接闪器、引下线和接地装置等三个部分组成。接地装置又由接地体和接地线组成。

(一)接闪器

接闪器就是专门用来接受雷云放电的金属物体。接闪器的类型有避雷针、避雷线、避雷带、避雷网、避雷环等,都是经常用来防止直接雷击的防雷设备。

所有接闪器都必须经过引下线与接地装置相连。根据其金属特性,当雷云先导接近时,接闪器与雷云之间的电场强度最大,因而可将雷云“诱导”到接闪器本身,并经引下线和接地装置将雷电流安全地泄放到大地中去,从而起到了保护物体免受雷击。

1.避雷针及保护范围

避雷针主要用来保护露天发电、配电装置、建筑物和构筑物。

避雷针通常采用圆钢或焊接钢管制成,将其顶端磨尖,以利于尖端放电。为保证足够的雷电流流通量,其直径应不小于表 7-2 给出的数值。

表 7-2　避雷针接闪器最小直径

针型	直径/mm	
	圆钢	钢管
针长 1m 以下	12	20
针长 1～2m	16	25
烟囱顶上的针	20	40

避雷针对周围物体保护的有效性,常用保护范围来表示。在安装有一定高度的接闪器下面,有一个一定范围的安全区域,处在这个安全区域内的被保护的物体遭受直接雷击的概率非常小,这个安全区域叫作避雷针的保护范围。确定避雷针的保护范围至关重要。避雷针对建筑物保护范围一般用滚球法确定。

滚球法是将一个以雷击距为半径的滚球,沿需要防直接雷击的区域滚动,利用这一滚球与避雷针及地面的接触位来限定保护范围的一种方法。

避雷针保护范围的确定方法见图 7-15,具体步骤如下:

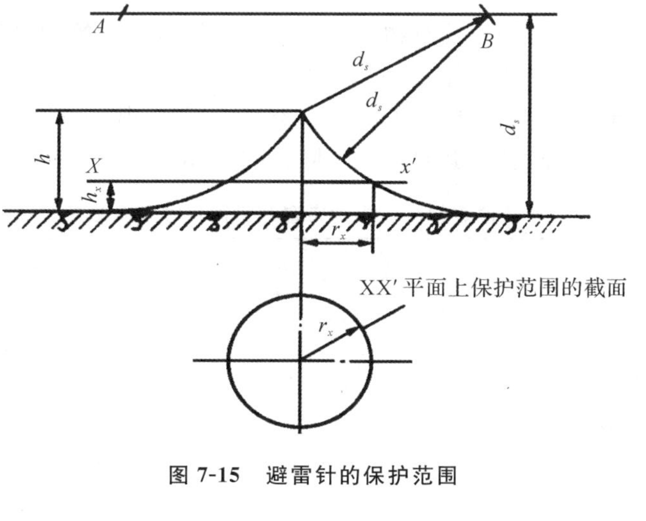

图 7-15　避雷针的保护范围

(1)当避雷针高度 $h \leqslant$ 滚球半径 d_s：

①距地面 d_s 处作一平行于地面的平行线。

②以避雷针针尖为圆心，以 d_s 为半径，作弧线交平行线于 A、B 两点。

③以 A 或 B 为圆心，d_s 为半径作弧线，该两条弧线上与避雷针尖相交，下与地面相切，再将此弧线以避雷针为轴旋转 180°，形成的圆弧曲面体空间就是避雷针保护范围。

④避雷针在 h_x 高度 XX' 平面上的保护半径 r_x 按下列计算式确定：(单位为 m)

$$r_x = \sqrt{h(2d_s - h)} - \sqrt{h_x(2d_s - h_x)} \tag{7.1}$$

避雷针在地面上的保护半径 r_0 可确定为：

$$r_0 = \sqrt{h(2d_s - h)} \tag{7.2}$$

式中：r_x——避雷针在 h_x 高度的 XX' 平面上的保护半径(m)；

d_s——滚球半径，按表 7.2 确定(m)；

h——避雷针的高度(m)；

h_x——被保护物的高度(m)；

r_0——避雷针在地面上的保护半径(m)。

(2)当避雷针高度＞滚球半径 d_s：在避雷针上取高度为 d_s 的一点，代替避雷针针尖作为圆心，其余的作图步骤与 $h \leqslant$ 滚球半径 d_s 时的情况同。用上述计算公式时，h 用 d_s 代替。据此可知，当 $h > d_s$ 时，避雷针的保护范围不再增大，并在其高出滚球半径 $h - d_s$ 部分，将会遭受侧面雷击。

2. 避雷线

避雷线是由悬挂在架空线上的水平导线、接地引下线和接地体组成的。水平导线起接闪器的作用。它对电力线路等较长的保护物最为适用。

避雷线一般采用截面积不小于 35mm^2 的镀锌钢绞线，架设在长距离高压供电线路或变电站构筑物上，以保护架空电力线路免受直接雷击。由于避雷线是架空敷设的而且接地，所以避雷线又叫架空地线。避雷线的作用原理与避雷针相同。

3. 避雷带和避雷网

避雷带和避雷网主要适用于建筑物。避雷带通常是沿着建筑物易受雷击的部位，如屋脊、屋檐、屋角等处装设的带形导体。

避雷网是将建筑物屋面上纵横敷设的避雷带组成网格，其网格尺寸大小按有关规范确定，对于防雷等级不同的建筑物，其要求也不同，见表 7-3。

表 7-3　按建筑物防雷类别布置避雷网尺寸及其滚球半径

建筑物防雷类别	滚球半径 h_r/m	避雷网网格尺寸/m
第一类防雷建筑	30	≤5×5 或≤6×4
第二类防雷建筑	45	≤10×10 或≤12×8
第三类防雷建筑	60	≤20×20 或≤24×16

避雷带和避雷网可以采用圆钢或扁钢，但应优先采用圆钢。圆钢直径不得小于 8mm，扁钢厚度不小于 4mm，截面积不得小于 48mm^2。避雷带和避雷网的安装方法有明装和暗装。避雷带和避雷网一般无须计算保护范围。

4. 避雷环

避雷环用圆钢或扁钢制作。防雷设计规范规定，高度超过一定范围的钢筋混凝土结构、钢结构建筑物，应设均压环防侧击雷。当建筑物全部为钢筋混凝土结构时，可利用结构圈梁钢筋与柱内引下线钢筋焊接作为均压环。没有结合柱和圈梁的建筑物，应每三层在建筑物外墙内敷一圈$\varnothing$12mm 镀锌钢作为均压环，并与防雷装置所有的引下线连接。

（二）引下线

引下线是连接接闪器与接地装置的金属导体。其作用是构成雷电能量向大地泄放的通道。引下线一般采用圆钢或扁钢，要求镀锌处理。引下线应满足机械强度、耐腐蚀和热稳定性的要求。

1. 一般要求

引下线可以专门敷设，也可利用建筑物内的金属构件。

引下线应沿建筑物外墙敷设，并经最短路径接地。采用圆钢时，直径应不小于 8mm，采用扁钢时，其截面不应小于 48mm^2，厚度不小于 4mm。暗装时截面积应放大一级。

在我国高层建筑中，优先利用柱或剪力墙中的主钢筋作为引下线。当钢筋直径为不小于 16mm 时，应用两根主钢筋（绑扎或焊接）作为一组引下线。当钢筋直径为 10mm 及以上时，应用四根钢筋（绑扎或焊接）作为一组引下线。建筑物在屋顶敷设的避雷网和防侧击的接闪环应和引下线连成一体，以利于雷电流的分流。

防雷引下线的数量多少影响反击电压大小及雷电流引下的可靠性，所以引下线及其布置应按不同防雷等级确定，一般不得少于两根。

为了便于测量接地电阻和检查引下线与接地装置的连接情况，人工敷设的引下线宜在引下线距地面 0.3～1.8m 的位置设置断接卡子。当利用混凝土内钢筋、钢柱作为自然引下线并同时采用基础接地时，不设断接卡。但利用钢筋作引下线时，应在室内或室外的适当地点设置若干连接板，该连接板可供测量、接人工接地体和作等电位联结用。

2. 引下线施工要求

明敷的引下线应镀锌，焊接处应涂防腐漆。地面上约 1.7m 至地下 0.3m 的一段引下线，应有保护措施，防止受机械损伤和人身接触。

引下线施工不得直角转弯，与雨水管相距接近时可以焊接在一起。

高层建筑的引下线应该与金属门窗电气连通，当采用两根主筋时，其焊接长度应不小于直径的 6 倍。

引下线是防雷装置极重要的组成部分，必须可靠敷设，以保证防雷效果。

(三)接地装置

无论是工作接地还是保护接地,都是经过接地装置与大地连接的。接地装置包括接地体和接地线两部分,它是防雷装置的重要组成部分。接地装置的主要作用是向大地均匀地泄放电流,使防雷装置对地电压不至于过高。

1. 接地体

接地体是人为埋入地下与土壤直接接触的金属导体;接地线是连接接地体或接地体与引下线的金属导线。

接地体一般分为自然接地体和人工接地体。自然接地体是指兼作接地用的直接与大地接触的各种金属体,例如利用建筑物基础内的钢筋构成的接地系统。有条件时应首先利用自然接地体。因为它具有接地电阻较小,稳定可靠,减少材料和安装维护费用优点。

人工接地体专门作为接地用的接地体,安装时需要配合土建施工进行。在基础开挖时,也要同时挖好接地沟,并将人工接地体按设计要求埋设好。

有时自然接地体安装完毕并经测量后,接地电阻不能满足要求时,需要增加敷设人工接地体来减小接地电阻值。

人工接地体按其敷设方式分为垂直接地体和水平接地体两种。垂直接地体一般为垂直埋入地下的角钢、圆钢、钢管等。水平接地体一般为水平敷设的扁钢、圆钢等。

(1)垂直接地体:垂直接地体多使用镀锌角钢和镀锌钢管,一般应按设计所提数量及规格进行加工。镀锌角钢一般可选用 40mm×40mm×5mm 或 50mm×50mm×5mm 两种规格,其长度一般为 2.5m。镀锌钢管一般直径为 50mm,壁厚不小于 3.5mm。垂直接地体打入地下的部分应加工成尖形,其形状如图 7-16 所示。

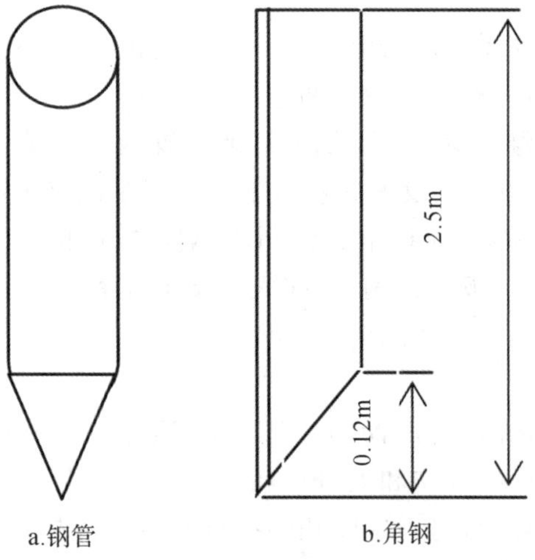

图 7-16　垂直接地体端部处理

接地装置须埋于地表层以下,一般深度不应小于 0.6m。为减少邻接地体的屏蔽作用,垂直接地体之间的间距不宜小于接地体长度的 2 倍,并应保证接地体与地面的垂直度。

接地体与接地体之间的连接一般采用镀锌扁钢。扁钢应立放，这样既便于焊接又可减小流散电阻。

(2)水平接地体：水平接地体是将镀锌扁钢或镀锌圆钢水平敷设于土壤中，水平接地体可采用40mm×4mm的扁钢或直径为16mm的圆钢。水平接地体埋深为不小于0.6m。水平接地体一般有三种形式：即水平接地体、绕建筑物四周的闭合环式接地体以及延长外引接地体。普通水平接地体埋设方式如图7-17所示。普通水平接地体如果有多根水平接地体平行埋设，其间距应符合设计规定，当无设计规定时不宜小于5m。围绕建筑物四周的环式接地体见图7-18。当受地方限制或建筑物附近的土壤电阻率高时，可外引接地装置，将接地体延伸到电阻率小的地方去，但要考虑到接地体的有效长度范围限制，否则不利于雷电流的泄散。

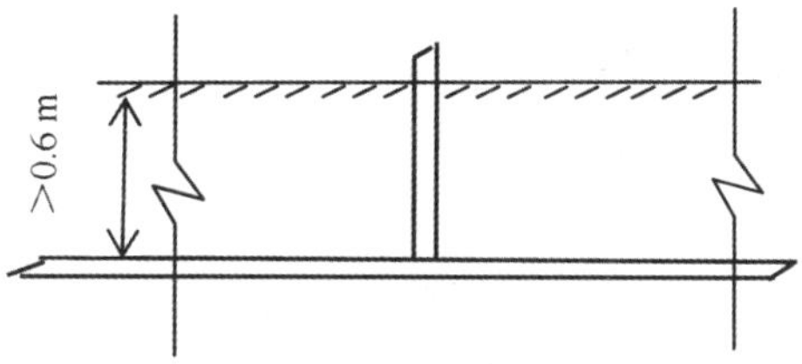

图7-17 普通水平接地体

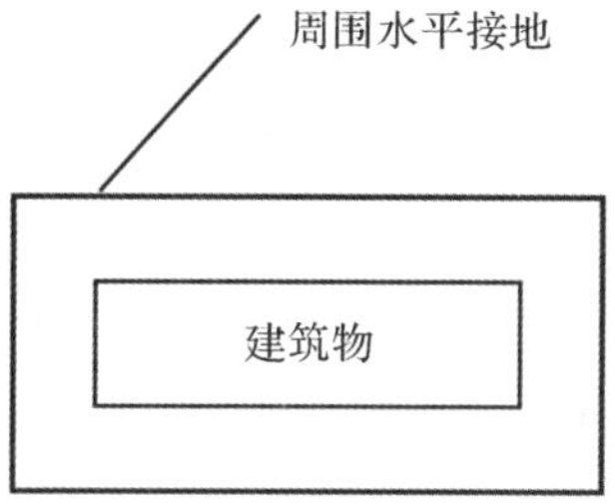

图7-18 建筑物四周环式接地体

2. 接地线

接地线是连接接地体和引下线或电气设备接地部分的金属导体，它可分为自然接地线和人工接地线两种类型。

自然接地线可利用建筑物的金属结构，如梁、柱、桩等混凝土结构内的钢筋等，利用自然接地线必须符合下列要求：

(1)应保证全长管路有可靠的电气通路。

(2)利用电气配线钢管作接地线时管壁厚度不应小于3.5mm。

(3)用螺栓或铆钉连接的部位必须焊接跨接线。

(4)利用串联金属构件作接地线时，其构件之间应以截面不小于100mm^{2}的钢材焊接。

(5)不得用蛇皮管、管道保温层的金属外皮或金属网作接地线。

人工接地线材料一般采用扁钢和圆钢，但移动式电气设备、采用钢质导线而在安装上有困难的电气设备可用有色金属作为人工接地线，绝对禁止使用裸铝导线作接地线。采用扁钢作为地下接地线时，其截面积不应小于25mm×4mm，采用圆钢作接地线时，其直径不应小于10mm。人工接地线不仅要有一定机械强度，而且其截面应满足热稳定的要求。

防雷装置

二、建筑物防雷措施

前面介绍了各种主要防雷装置的基本结构、工作原理，各种防雷器件保护特性和适用范围。对建筑物的防雷，需要针对各种建筑物的实际情况因地制宜地采取防雷保护措施，才能达到既经济又能有效地防止或减小雷击的目的。GB 50057——2010 把建筑物的防雷进行分类,并规定了相对应的防雷措施。

(一)建筑物的防雷分类

根据建筑物的重要性、使用性质、受雷击可能性的大小和一旦发生雷击事故可能造成的后果进行分类,按防雷要求分为三类,各类防雷建筑的具体划分方法,在国标 GB 50057—2010 中有明确规定。

1. 第一类防雷建筑物

第一类防雷建筑物对防雷装置的要求最高。在可能发生对地闪击的地区,遇下列情况之一时,应划为第一类防雷建筑物。

(1)凡制造、使用或贮存火炸药及其制品的危险建筑物,因电火花而引起爆炸、爆轰,会造成巨大破坏和人身伤亡者。

(2)具有 0 区或 20 区爆炸危险场所的建筑物。

(3)具有 1 区或 21 区爆炸危险场所的建筑物,因电火花而引起爆炸,会造成巨大破坏和人身伤亡者。

2. 第二类防雷建筑物

在可能发生对地闪击的地区,遇下列情况之一时,应划为第二类防雷建筑物。

(1)国家级重点文物保护的建筑物。

(2)国家级的会堂、办公建筑物、大型展览和博览建筑物、大型火车站和飞机场、国宾馆,国家级档案馆、大型城市的重要给水泵房等特别重要的建筑物。(注:飞机场不含停放飞机的露天场所和跑道。)

(3)国家级计算中心、国际通信枢纽等对国民经济有重要意义的建筑物。

(4)国家特级和甲级大型体育馆。

(5)制造、使用或贮存火炸药及其制品的危险建筑物,且电火花不易引起爆炸或不致造成巨大破坏和人身伤亡者。

(6)具有 1 区或 21 区爆炸危险场所的建筑物,且电火花不易引起爆炸或不致造成巨大破坏和人身伤亡者。

(7)具有 2 区或 22 区爆炸危险场所的建筑物。

(8)有爆炸危险的露天钢质封闭气罐。

(9)预计雷击次数大于 0.05 次/a 的部、省级办公建筑物和其他重要或人员密集的公共建筑物以及火灾危险场所。

(10)预计雷击次数大于 0.25 次/a 的住宅、办公楼等一般性民用建筑物或一般性工业建筑物。

3. 第三类防雷建筑物

在可能发生对地闪击的地区,遇下列情况之一时,应划为第三类防雷建筑物。

(1)省级重点文物保护的建筑物及省级档案馆。

(2)预计雷击次数大于或等于0.01次/a,且小于或等于0.05次/a的省、部级办公建筑物和其他重要或人员密集的公共建筑物,以及火灾危险场所。

(3)预计雷击次数大于或等于0.05次/a,且小于或等于0.25次/a的住宅、办公楼等一般性民用建筑物或一般性工业建筑物。

(4)在平均雷暴日大于15d/a的地区,高度在15m及以上的烟囱、水塔等孤立的高耸建筑物;在平均雷暴日小于或等于15d/a的地区,高度在20m及以上的烟囱、水塔等孤立的高耸建筑物。

(二)建筑物防雷保护措施

接闪器、引下线与接地装置是各类防雷建筑都应装设的防雷装置,但由于对防雷的要求不同,各类防雷建筑物在使用这些防雷装置时的技术要求有所差异。

在可靠性方面,对第一类防雷建筑物所提的要求相对来说是最为苛刻的。通常第一类防雷建筑物的防雷保护措施应包括防直接雷、防雷电感应和防雷电波侵入等保护内容,同时这些基本措施还应当被高标准地设置;第二类防雷建筑物的防雷保护措施与第一类相比,既有相同处,又有不同之处,综合来看,第二类防雷建筑物仍采取与第一类防雷建筑物相类似的措施,但其规定的指标不如第一类防雷建筑物严格;第三类防雷建筑物主要采取防直接雷和防雷电波侵入的措施。各类防雷建筑物的防雷装置的技术要求对比见表7-4。

表7-4 各类防雷建筑物的防雷装置的技术要求对比

防雷措施特点	防雷类别		
	一类	二类	三类
防直击雷	应装设独立避雷针或架空避雷线(网),使保护物体均处于接闪器的保护范围之内 当建筑物太高或其他原因难以装设独立避雷针、架空避雷线(网)时可采用装设在建筑物上的避雷网或避雷针或混合组成的接闪器进行直接雷防护。网格尺寸≤5m×5m或≤6m×4m	宜采用装设在建筑物上的避雷网(带)或避雷针或混合组成的接闪器进行直接雷防护。避雷网的网格尺寸≤10m×10m或≤12m×8m	宜采用装设在建筑物上的避雷网(带)或避雷针或混合组成的接闪器进行直接雷防护。避雷网网格尺寸≤20m×20m或≤24m×16m
防雷电感应	1.建筑物的设备、管道、构架、电缆金属外皮、钢屋架和钢窗等较大金属物以及突出屋面的放散管和风管等金属物,均应接到防雷电感应的接地装置上 2.平行敷设的管道、构架和电缆金属外皮等长金属物,其净距小于100mm时应采用金属跨接,跨接点的间距不应大于30m。长金属物连接处应用金属线跨接	1.建筑物内的设备、管道、构架等主要金属物,应就近接到接地装置上,可不另设接地装置 2.平行敷设的管道、构架和电缆金属外皮等长金属物应符合一类防雷建筑物要求,但长金属物连接处可不跨接	

续表

防雷 措施特点	防雷类别		
	一类	二类	三类
防雷电入侵波	1. 低压线路宜全线用电缆直接埋地敷设，入户端应将电缆的金属外皮、钢管接到防雷电感应的接地装置上 2. 架空金属管道，在进出建筑物处亦应与防雷电感应的接地装置相连。距离建筑物 100m 内的管道，应每隔 25m 左右接地一次。埋地的或地沟内的金属管道，在进出建筑物处亦应与防雷电感应的接地装置相连	1. 当低压线路采用全线用电缆直接埋地敷设时，入户端应将电金属外皮、金属线槽与防雷的接地装置相连 2. 平均雷暴日小于 30d/a 地区的建筑物，可采用低压架空线入户 3. 架空和直接埋地的金属管道在进出建筑物处应就近与防雷接地装置相连	1. 电缆进出线，就在进出端将电缆的金属外皮、钢管和电气设备的保护接地相连 2. 架空线进出线，应在进出处装设避雷器，避雷器应与绝缘子铁脚、金具连接并接入电气设备的保护接地装置上 3. 架空金属管道在进出建筑物处应就近与防雷接地装置相连或独自接地
防侧击雷	1. 从 30m 起每隔不大于 6m 沿建筑物四周设环形避雷带，并与引下线相连 2. 30m 及以上外墙上的栏杆、门窗等较大的金属物与防雷装置连接	1. 高度超过 45m 建筑物应采取防侧击雷及等电位的保护措施 2. 并将 45m 及以上外墙上的栏杆、门窗等较大的金属物与防雷装置连接	1. 高度超过 60m 建筑物应采取防侧击雷及等电位的保护措施 2. 并将 60m 及以上外墙上的栏杆、门窗等较大的金属物与防雷装置连接
引下线间距	≤12m	≤18m	≤25m

三、设备防雷措施

涉及易燃易爆物料的设备，在雷电环境下易发生火灾爆炸事故，所以此类设备的防雷很重要，具体有以下措施。

1. 当贮存易燃、可燃油品的油罐，其顶板厚度小于 4mm 时，应装设防直击雷设备，如避雷针或半导体消雷器等。当贮存易燃、可燃油品的油罐，其顶板厚度大于等于 4mm 时，可不装设防直击雷设备，年雷暴日大于 40d 的地区例外。

2. 金属油罐必须做环型防雷接地，其接地点不应少于两处，其间弧形距离不应大于 30m。接地体距罐壁的距离应大于 3m，当罐顶装有避雷针或利用罐体作接闪器时，每一接地点的冲击接地电阻不应大于 10Ω。

3. 贮存易燃、可燃油器的非金属油罐应装设独立避雷针（网）或半导体消雷器等防直击雷设备。独立避雷针与被保护物的水平距离不应小于 3m，并应有独立的接地电阻，其冲击接地电阻不得小于 10Ω。

4. 输油管路可用其自身作接闪器，其金属法兰、阀门、弯头等连接处的过渡电阻大于 0.03Ω 时，连接处应设金属跨接，连接处应压接接线端子。当法兰用 5 根及以上螺栓连接，在非腐蚀环境下，法兰可不用金属线跨接，但必须构成电气通路。

5. 管路系统的所有金属件，包括护套的金属包覆层必须接地。管路两端和每隔 200～300m

处，以及分支处、拐弯处均应有一处接地，接地点宜设在管墩处，其冲击接地电阻不得大于10Ω。

6. 可燃性气体放空管路必须装设避雷针，避雷针的保护范围应高管口不小于2m，避雷针距管口的水平距离不得小于3m。地埋管道上应设置接地装置，并经隔离器或去耦合器与管道连接，接地装置的接地电阻应小于30Ω。

7. 地埋管道附近有构筑物（高压线杆塔、变电站、电气化铁路、通信基站等）时，宜沿管线增设屏蔽线，并经去耦合器与管道连接。

四、人体防雷措施

雷雨天容易遭受雷击，致人受伤甚至死亡，所以避雷很重要。人体避免雷击应当做到：

1. 在外出时遇到雷雨天气，要及时躲避，不要在空旷的野外停留。

2. 当有雷电时应避免进入和接近以下区域：不加保护的小型建筑、仓库、棚舍等；未采取防雷保护的帐篷及临时掩蔽所；非金属车顶或敞篷的汽车；空旷的田野、运动场、游泳池、湖泊和海滨，铁丝网、晾衣绳、架空线路、旗杆、大树、烟囱、孤立的树木等。应避免使用或接触电气设备、电话以及管道装置。如果手中有导电的铁锹、金属杆雨伞等物体，要迅速抛到远处，千万不能拿着这些物品在旷野中奔跑，否则会成为雷击的目标。

3. 可以尽快躲入以下区域：采取防雷保护措施的住宅和其他建筑物；地下掩蔽所、地铁、隧道和洞穴；大型金属或金属框架结构建筑物；具有金属车顶的封闭汽车及其他车辆。如果你处于暴露区域，孤立无援，当雷电来临时，你感到头发竖起，预示将遭雷击，则应立即蹲下，身子向前弯曲，并将手放在膝盖上。切勿在地下躺平，也不得把手放在地上。如果在空旷的野外无处躲避，应该尽量寻找如土坑式的低凹地藏身，或者立即下蹲、双脚并拢、双臂抱膝、头部下俯，尽量降低身体的高度。

五、防雷装置的检查

建筑物、设备及人体防雷

每年雷雨季节之前，必须检查、维修防雷电设备和接地。

检查的主要项目如下：

1. 防雷设备的外观形貌、连接程度，如发现断裂、损坏、松动应及时修复，运行15a及以上，腐蚀较严重区域的接地装置宜进行开挖检查，发现问题及时处理；

2. 用仪器检测防雷设备接地电阻值、等电位连接接触电阻，如发现不符合要求，应及时修复。

实际项目应用园地

防雷电安全措施的确定

第七章测试

第八章　检修安全技术

学习目标

知识目标：了解检修作业的基本要求。掌握动火、高处、有限空间、动土、断路、吊装作业的安全措施。熟悉临时用电、抽堵盲板作业的安全要求。

能力目标：能安全地进行检修作业与管理。

素质目标：培养良好的安全意识、安全行为。

基础理论知识园地

第一节　设备检修作业安全规范

设备检修是指为了保持和恢复设备、设施规定的性能而采取的技术措施，包括检测和修理。

一、检修前的安全要求

1. 外来检修施工单位应具有国家规定的相应资质，并在其等级许可范围内开展检修施工业务。

2. 在签订设备检修合同时，应同时签订安全管理协议。

3. 根据设备检修项目的要求，检修施工单位应制订设备检修方案，检修方案应经设备使用单位审核。检修方案中应有安全技术措施，并明确检修项目安全负责人。检修施工单位应指定专人负责整个检修作业过程的具体安全工作。

4. 检修前，设备使用单位应对参加检修作业的人员进行安全教育，安全教育主要包括以下内容：

(1)有关检修作业的安全规章制度。

(2)检修作业现场和检修过程中存在的危险因素和可能出现的问题及相应对策。

(3)检修作业过程中所使用的个体防护器具的使用方法及使用注意事项。

(4)相关事故案例和经验、教训。

5. 检修现场应根据规定设立相应的安全标志。

6. 检修项目负责人应组织检修作业人员到现场进行检修方案交底。

7. 检修前施工单位要做到检修组织落实、检修人员落实和检修安全措施落实。

8. 当设备检修涉及高处、动火、动土、断路、吊装、抽堵盲板、受限空间等作业时，特别是化工企业，须按相关的规定执行。

9. 临时用电应办理用电手续，并按规定安装和架设。

10. 化工企业设备使用单位负责设备的隔绝、清洗、置换，合格后交出。

11. 检修项目负责人应与设备使用单位负责人共同检查，确认设备、工艺处理等满足检修安全要求。

12. 应对检修作业使用的脚手架、起重机械、电气焊用具、手持电动工具等各种工器具进行检查；手持式、移动式电气工器具应配有漏电保护装置。凡不符合作业安全要求的工器具不得使用。

13. 对检修设备上的电器电源，应采取可靠的断电措施，确认无电后在电源开关处设置安全警示标牌或加锁。

14. 对检修作业使用的气体防护器材、消防器材、通信设备、照明设备等应安排专人检查，并保证完好。

15. 对检修现场的梯子、栏杆、平台、箅子板、盖板等进行检查，确保安全。

16. 对有腐蚀性介质的检修场所应备有人员应急用冲洗水源和相应防护用品。

17. 对检修现场存在的可能危及安全的坑、井、沟、孔洞等应采取有效防护措施，设置警告标志，夜间应设警示红灯。

18. 应将检修现场影响检修安全的物品清理干净。

19. 应检查、清理检修现场的消防通道、行车通道，保证畅通。

20. 需夜间检修的作业场所，应设满足要求的照明装置。

21. 检修场所涉及的放射源，应事先采取相应的处置措施，使其处于安全状态。

二、检修作业中的安全要求

1. 参加检修作业的人员应按规定正确穿戴劳动保护用品。

2. 检修作业人员应遵守本工种安全技术操作规程。

3. 从事特种作业的检修人员应持有特种作业操作证。

4. 多工种、多层次交叉作业时，应统一协调，采取相应的防护措施。

5. 从事有放射性物质的检修作业时，应通知现场有关操作、检修人员避让，确认好安全防护间距，按照国家有关规定设置明显的警示标志，并设专人监护。

6. 夜间检修作业及特殊天气的检修作业，须安排专人进行安全监护。

7. 当生产装置出现异常情况可能危及检修人员安全时，设备使用单位应立即通知检修人员停止作业，迅速撤离作业场所。经处理，异常情况排除且确认安全后，检修人员方可恢复作业。

三、检修结束后的安全要求

1.因检修需要而拆移的盖板、箅子板、扶手、栏杆、防护罩等安全设施应恢复其安全使用功能。

2.检修所用的工器具、脚手架、临时电源、临时照明设备等应及时撤离现场。

3.检修完工后所留下的废料、杂物、垃圾、油污等应清理干净。

练一练：检修作业安全要求(扫描二维码查看视频答案讲解，下同)

第二节　动火作业安全规范

动火作业是指能直接或间接产生明火的工艺设置以外的非常规作业，如使用电焊、气焊(割)、喷灯、电钻、砂轮等进行可能产生火焰、火花和炽热表面的非常规作业。尤其对于化工企业来说动火作业是一项风险很高的作业活动。

一、动火基本原则

1.危化企业的动火作业是一项高风险的作业，在正常运行的生产区域内，凡可动可不动的动火，一律不动；凡能拆除的设备、管线应拆除移至安全区域动火。

2.动火作业应实行“三不动火”的原则和“谁签字、谁负责”的原则。

二、动火作业管理范围

动火作业主要范围包括(但不限于)：

1.电焊、气焊(割)、氩弧焊、塑料焊等各种焊接作业及砂轮机、磨光机、等离子切割机等各种金属切割作业。

2.使用电炉、喷灯和液化燃气炉等明火作业及熬沥青、炒砂子作业。

3.铁器锤击物件、喷砂和产生火花的其他作业。

4.装置、罐区及公用系统等爆炸危险区域内的临时用电及照明，包括连接临时电源、使用非防爆电器设备和电动工具。

三、动火级别的划分

固定动火区外的动火作业一般分为特殊动火、一级动火、二级动火三个级别。

(一)特殊动火作业

特殊动火作业是指在生产运行状态下的易燃易爆生产装置、输送管道、储罐、容器等部位上及其他特殊危险场所进行的动火作业，带压不置换动火按特殊动火作业管理。

以下作业建议参照特殊动火作业管理：

1. 在运行状态下的生产、储存、输送易燃易爆介质的设备、容器、管道本体上进行的直接产生明火的动火作业；

2. 停运状态下的设备、容器、管道，因条件限制无法清洗、置换，但又确需进行直接产生明火的动火作业；

3. 码头泊位油轮停靠时从油轮边缘起向外延伸 35m 以内区域的直接产生明火的动火作业；

4. 在存在易燃填料的设备、设施、容器内的动火作业；

5. 在带有可燃物质或有毒介质的设备、容器、管线上直接产生明火的带压不置换开孔、堵漏动火作业。

(二)一级动火作业

在易燃易爆场所进行的除特殊动火作业以外的动火作业。

以下作业建议参照一级动火作业管理：

1. 正在运行的危险化学品工艺生产装置区域；

2. 可燃气体、液化烃、可燃液体及有毒介质的泵房、机房区域；

3. 可燃气体、液化烃、可燃液体、氧化剂及有毒介质罐区防火堤或围墙内区域；

4. 可燃气体、液化烃、可燃液体、有毒介质的装卸区、充装站、洗槽站区域；

5. 码头泊位油轮停靠时，从油轮边缘向外延伸 35m 以外至 70m 以内的区域；泊位无油轮停靠时，泊位前沿主靠平台区域；

6. 工业污水处理场及含油污水管线，工业下水系统的隔油池、油沟、下水井及包括距上述地点 15m 以内的区域；

7. 循环水场的易燃易爆部位及凉水塔顶部区域；

8. 空分装置所属的设备管线及纯氧管道；

9. 危险化学品库、润滑油站；

10. 厂区管廊。

(三)二级动火作业

除特殊动火作业和一级动火作业以外的动火作业。

以下作业建议参照二级动火作业管理：

1. 装置或系统全部停车，装置经清洗、置换、监测分析合格，并采取安全隔离措施的工艺生产装置；

2. 经吹扫、处理、监测分析合格，并与系统采取安全隔离，不再释放有毒有害和可燃气体的检修储罐的罐内动火作业；

3. 生产装置区、罐区的非防爆场所及防火间距以外的区域(包括操作室、变配电间等)；

4. 堆放可燃物或固体产品的站台、仓库等；

5. 从易燃易爆、有毒有害装置或系统拆除的，经吹扫、处理、分析合格，且运到安全地点的设备和管线。

(四)固定动火

在生产区外，作业环境相对安全，火灾爆炸危险性小，由企业自行划定的固定区域的动火。固定动火区域应设置明显标志牌及动火范围标识线。

注：企业应根据本单位生产实际及火灾爆炸危险性因素确定动火级别划分及固定动火区域划定。

(五)动火升级管理

遇节假日或其他特殊情况，动火作业应升级管理。即在原定的动火级别基础上往上升一级。建议周一至周五夜间，在运行的生产区内直接产生明火的动火作业应实行动火升级管理，升级管理具体执行办法可由企业根据生产实际情况制定。

四、动火前的工作任务

(一)动火前的危害辨识及控制措施的确定

1. 动火前，作业单位和生产单位应对作业现场和作业过程中可能存在的危险、有害因素进行辨识，制定相应的安全措施。企业应根据辨识人员对辨识方法的掌握程度以及生产实际需要，采取一种或多种适用有效的辨识方法。分析内容应涵盖动火作业是否存在触电、灼烫、火灾、高处坠落、爆炸、中毒、窒息和机械伤害等危害，同时应考虑作业现场周围环境条件、上下游工序是否存在变更可能性，判断对本次动火作业是否会产生危害或影响。

2. 对各种可能产生的危害制定相应的控制措施。明确作业程序，核对安全作业证中所列安全措施是否符合经危害辨识后形成的控制措施，若不能满足危害控制要求，应补充完善。危害辨识及控制措施内容可作为安全作业证的附件。

(二)动火前的安全教育

动火前，作业单位和生产单位应对参加作业的人员进行有针对性的安全教育，主要内容如下：

1. 有关作业的安全规章制度；
2. 作业现场和作业过程中可能存在的危险、有害因素及应采取的具体安全措施；
3. 作业过程中所使用的个体防护器具的使用方法及使用注意事项；
4. 事故的预防、避险、逃生、自救、互救等知识；
5. 相关事故案例和经验、教训。

(三)动火前的监测分析

动火作业前应对动火点进行监测分析，要求如下：

1. 动火分析的监测点要有代表性，在较大设备内动火，应对上、中、下各部位进行监测分析；在较长的物料管线上动火，应在彻底隔绝区域内分段分析。

2. 设备外部动火作业，应在不小于动火点 10m 范围内进行动火分析。

3. 动火分析与动火作业间隔一般不超过30min，如现场条件不允许，间隔时间可适当放宽，但不应超过60min。

4. 作业中断时间超过60min，应重新分析，每日动火前均应进行动火分析。

5. 凡需要进入有毒有害物质的设备、容器、下水井(道)内动火，必须进行氧含量分析，其工作环境氧含量必须在19.5%～23.5%。同时应对有毒物质最高浓度进行监测，工作环境有毒有害物质浓度应小于"GBZ 2.1 工作场所有害因素职业接触限值"。

6. 对于用惰性气体置换的设备、容器若没有较长时间的空气置换，不应使用触媒式检测仪监测可燃气体浓度。

7. 使用便携式可燃气体检测仪或其他类似手段进行分析时，检测设备应经标准气体样品标定合格。分析检测仪器应到国家认定的检测机构定期校验。

8. 动火部位存在有毒有害介质的，必须对其浓度做监测分析，工作环境有毒有害物质浓度应小于"GBZ 2.1 工作场所有害因素接触限值"。若其含量超过"GBZ 2.1 工作场所有害因素接触限值"的，应采取相应的个体防护措施，并在"动火安全作业证"上注明。

(四)设备管道的置换标准

1. 以体积百分比浓度为单位的

当被测气体或蒸气的爆炸下限大于或等于4%时，其被测浓度应不大于0.5%(体积分数)；当被测气体或蒸气的爆炸下限小于4%时，其被测浓度应不大于0.2%(体积分数)。

2. 以浓度(ppm)为单位的

(1)爆炸下限大于或等于4%的可燃气体浓度，小于5000ppm为合格。

(2)爆炸下限小于4%的可燃气体浓度，小于2000ppm为合格。

备注：10000ppm=1%

3. 以爆炸极限下限的百分比浓度(LEL%)为单位的

(1)爆炸下限大于或等于4%的可燃气体浓度，小于10%LEL为合格。

(2)爆炸下限小于4%的可燃气体浓度，小于5%LEL为合格。

4. 存在两种以上可燃气体的混合物，以爆炸下限低者为准。

(五)动火前生产单位的准备工作

动火前，生产单位应进行如下工作：

1. 对作业现场的地下隐蔽工程进行交底；

2. 腐蚀性介质的作业场所配备人员应急冲洗水源；

3. 夜间作业的场所设置满足要求的照明装置；

4. 会同作业单位组织作业人员到作业现场，了解和熟悉现场环境，进一步核实安全措施的可靠性，熟悉应急救援器材的位置及分布。

其他工作要求，还应符合国家相关安全技术标准。

(六)动火前作业单位的工作

动火前,作业单位对作业现场及作业涉及的设备、设施、工器具等进行检查,并使之符合如下要求:

1.作业现场消防通道应保持畅通。

2.作业使用的个体防护器具、消防器材、通信设备、照明设备等应完好。

3.作业使用的脚手架、起重机械、电气焊用具、配电箱、手持电动工具等各种工器具应符合作业安全要求;超过安全电压的手持式、移动式电动工器具应逐个配置漏电保护器和电源开关。

其他工作要求,还应符合国家相关安全技术标准。

(七)“动火安全作业证”办理和审批

1.“动火安全作业证”办理

工作前,作业单位应到动火所在单位(即资产管理单位)依据相关程序申请办理“动火安全作业证”。

动火作业如同时涉及进入受限空间、盲板抽堵、高处作业、临时用电、动土、断路中的两种或两种以上特殊作业时,除应同时执行相应的作业要求外,还应同时办理相应的特殊作业审批手续。

2.“动火安全作业证”审批

(1)特殊动火由动火所在单位领导及安全管理部门审核,由企业主管领导审批。

(2)一级动火由动火所在单位领导审核,安全管理部门审批。

(3)二级动火由动火所在单位领导审批。

(4)固定动火由动火所在单位提出申请,安全管理部门审批。

注:企业应根据本单位生产实际及火灾爆炸危险性因素确定审核及批准权限。

五、作业前的基本要求

1.凡在盛有或盛装过危险化学品的设备、管道等生产、贮存设施及处于甲、乙类区域的生产设备上动火作业,应将其与生产系统彻底隔离,并进行撤料、清洗、置换,分析合格后方可作业。

2.动火点周围或其下方的地面如有可燃物、空洞、窨井、地沟、水封等,应检查分析并采取清理或封盖等措施;对于动火点周围有可能泄漏的易燃、可燃物料的设备,应采取隔离措施。

3.拆除管线进行动火作业时,应先查明其内部介质及其走向,并根据所要拆除管线的情况制定安全防火措施。

4.动火作业前应清除动火现场及周围的易燃物品,或采取其他有效的安全防火措施,并配备消防器材,满足作业现场应急需求。

5.设备、容器在动火前，应打开设备、容器的人孔、手孔、清扫管、放空管等；在管道上动火必须设置泄放口，有一端敞口，防止设备、容器及管道内气体受热增压造成超压或发生爆炸。

6.高处动火作业前应事先做好防火星飞溅措施，如安装接火盆、清除下方可燃物，封闭遮盖法兰、阀门、地沟、窨井、电缆槽盒等，并在底层安排专人监护。

7.在危险化学品工艺生产装置、罐区、泊位等存在易燃物料泄漏的环境中施工作业，必须使用防爆的工具、灯具及其他电气设备。生产装置区、油(气)罐区用于防火隔离的非燃材料应符合国家标准。

8.五级风以上(含五级)天气，原则上禁止露天动火作业。因生产确需动火，动火作业应升级管理。

9.作业时审批手续应齐全，安全措施应全部落实，作业环境应符合安全要求。

10.特殊动火作业要求

特殊动火作业在符合上述规定的同时，还应符合以下规定：

(1)在生产不稳定的情况下不应进行带压不置换动火作业；

(2)应预先制订作业方案，落实安全防火措施，必要时可请专职消防队到现场监护；

(3)动火点所在生产车间(分厂)应预先通知工厂生产调度部门及有关单位，使之在异常情况下能及时采取相应的应急措施；

(4)应在正压条件下进行作业；

(5)应保持作业现场通排风良好；

(6)特殊动火作业期间应随时进行监测。

六、作业期间的基本要求

1.动火作业应有专人监火。动火监护人在动火期间不得离开现场，特殊情况需离开时，应通知动火人停止动火。

2.在通风不良且有可能存在易燃易爆、有毒有害或缺氧的受限空间内进行动火作业，作业期间应保持连续监测(氧含量、可燃气体含量、有毒有害气体含量等)，如发现一项数据不合格应立即停止作业，并通知人员撤离。监护人员应随时与作业人员保持联系，关注作业人员作业动态。同时，还应执行以下规定：

(1)在受限空间内进行动火作业、临时用电作业时，严禁同时进行刷漆、喷漆作业或使用可燃溶剂清洗等其他可能散发易燃气体的作业；

(2)在受限空间内进行刷漆、喷漆作业或使用可燃溶剂清洗等其他可能散发易燃气体的作业时，使用的电气设备、照明等必须符合防爆要求，同时进行强制通风。

3.受限空间与相连的管线未经安全隔离或不能隔离的，在受限空间内作业期间，不得同时在相连的管线上进行动火作业。在相连的管线上进行动火作业，不得同时在受限空间内进行相关作业，并在该受限空间的出入口悬挂明显安全警示牌。

4.在生产、使用、储存氧气的设备上进行动火作业时，必须进行氧含量分析，设备内氧含量不应超过23.5%。在耗氧环境下作业，应根据实际情况采取供风或间歇式动火作业。

5. 动火期间距动火点30m内不应排放可燃气体；距动火点15m内不应排放可燃液体；在动火点10m范围内及动火点下方不应同时进行可燃溶剂清洗或刷漆、喷漆等作业。

6. 使用气焊、气割动火作业时，乙炔瓶应直立放置，并加装阻火器，氧气瓶与之间距不应小于5m，两者与作业地点间距不应小于10m，并应设置防晒设施。电焊机及电焊机的焊把线、回路线绝缘必须完好；焊把线不得穿越下水井；回路线必须就近搭在焊件本体上，不得与其他运行的工艺设备管线相搭接。

7. 在有可燃物构件和使用可燃物做防腐内衬的设备内部进行动火作业时，应采取防火隔绝措施。作业期间应随时进行监测，一旦监测不合格必须立即停止作业。

8. 动火作业应持有效的“动火安全作业证”，在生产运行的易燃易爆场所进行的动火作业，必须实行一处（一个动火地点）、一证（“动火安全作业证”）、一人（动火监护人）。

9. 当生产装置出现异常，可能危及作业人员安全时，生产单位应立即通知作业人员停止作业，迅速撤离。当作业现场出现异常，可能危及作业人员安全时，作业人员应停止作业，迅速撤离，作业单位应立即通知生产单位。

10. 间断性动火，若中断超过60min继续动火的，应重新检测分析。监护人、动火人和作业负责人应对动火现场进行重新确认，在符合安全条件下方可动火。

11. 铁路沿线25m以内的动火作业，如遇有装有危险化学品的火车通过或停留时，应立即停止作业。

七、作业结束后的基本要求

1. 动火结束应切断电源和气源，清理现场，消除火种，在确认无残留火种后方可离开。

2. 生产单位相关人员应对动火现场进行检查，确认无安全问题后，在作业证上签字验收。

3. 作业单位和生产单位对此次动火作业中发现的不安全行为、未遂事故、危险事件应进行总结、并提出改进措施。

八、带压不置换动火作业

1. 带压不置换动火具有适应危化企业连续性生产的需要，设备、容器、管道不需要退出运行、不影响生产的优点，又具有安全风险高、危险性大的缺点，因而在一般情况下不宜采用。

2. 在有可燃物质或有毒介质的容器、设备、管线带压不置换动火需符合下列条件：

(1)设备管线内一般应充满液体，或虽未充满但能保证其液面始终高出动火点500mm以上，其空间无氧气存在。设备管线内无法充满液体的，应通入适量的氮气或蒸气，以控制氧含量，并保持微正压，避免易燃易爆气体与空气混合达到爆炸极限。

(2)作业时应保持系统内介质的流动，严禁在两头卡死且又充满易燃、可燃介质的容器、管线上动火。

(3)对于设备管线壁厚不清的动火，动火前应先在动火部位附近做测厚检测。

(4)对于泄漏点泄漏量不大、压力等级较低且短时间能完成的动火作业，在动火前可采用铆(金属铆)、堵(木塞)、封(泥封或水封)、抱箍等方法先将泄漏的介质隔离,使动火焊接部位没有易燃易爆介质泄漏,然后进行动火焊接作业。

九、安全职责

(一)"动火安全作业证"填写人职责

1.认真填写"动火安全作业证"上的相关内容,字迹清楚;
2.根据动火部位的危险程度和作业方式,依据动火管理规定确定动火级别;
3.会同相关人员,对动火进行危害辨识,制定或参与制定动火安全措施;
4.深入现场,督促落实各项安全措施,检查督促动火条件符合安全动火的基本要求。

(二)安全措施确认人职责

1.根据要求落实、确认相关安全措施;
2.对所确认安全措施落实的可靠性负责。

(三)审核人(包括会签人)职责

1.熟悉动火作业内容,了解动火条件和周围环境;
2.参加动火危害辨识,逐项审查"动火安全作业证"中安全措施的制定,并补充完善;
3.深入现场,掌握动火作业安全动态,及时发现和处理动火作业中出现的各类安全问题。

(四)审批人职责

1.审查"动火安全作业证"的办理是否符合要求;
2.到现场了解动火部位及周围环境条件变更情况,检查防火安全措施的落实。

(五)监测分析人员资格和职责

1.监测分析人员应经过培训,熟练掌握检测仪器的使用方法和注意事项;
2.按确定的监测分析点及监测分析项目,负责采样或监测分析;
3.应能熟练使用分析检测仪器,并对分析监测数据的准确性负责;
4.在监测分析报告单或作业证上填写监测、取样时间和分析数据。

(六)动火监护人资格和职责

1.动火监护人资格

(1)应了解动火环境(在生产装置、油罐区内监火,应熟悉工艺流程),并有监护经验,能熟练使用各种消防器材;
(2)应经过培训且考试合格。

2.动火监护人职责

(1)根据“动火安全作业证”核实具体动火部位,逐条检查、落实各项安全措施,确认无疑后允许动火,对动火现场安全措施落实后的动火安全负责。

(2)当发现动火部位与“动火安全作业证”不相符合,动火安全措施不落实,动火条件不符合安全动火的基本要求,动火出现异常情况时动火监护人都应及时制止动火;对动火人不执行“三不动火”又不听劝阻时,有权收回其“动火安全作业证”,并强制停止动火。

(3)动火监护人应佩戴明显标识,坚守岗位,不准脱岗;在动火监护期间,不准兼做其他工作。

(4)在动火结束时,动火监护人应督促动火人清除火种,切断电源和气源,并对现场进行检查确认。

(七)动火作业负责人职责

1.负责办理“动火安全作业证”,并对动火作业安全负责;

2.应在动火作业前详细了解作业内容和动火部位及周围情况,参与动火安全措施的制定、落实,负责向作业人员交代作业任务和安全注意事项;

3.作业完成后,组织现场检查确认。

(八)动火人资质和职责

1.动火人资质

(1)特种作业动火,动火人应持有相关部门颁发的“特种作业操作证”;

(2)作业前经动火作业所在单位安全教育。

2.动火人职责

(1)动火人必须做到持“动火安全作业证”动火;

(2)对各类施工动火设备完好状况负责;

(3)接到“动火安全作业证”后,应详细看清“动火安全作业证”内容,特别要看清动火部位、动火部位介质、安全措施、作业证有效期等内容,确认无误后,经动火监护人同意,方可动火。安全措施不落实,监护人未到场严禁动火;

(4)动火结束或暂停动火时,动火人应切断电源和气源,清理现场,消除火种;

(5)在动火期间发生险情或生产出现异常情况,必须立即停止动火。动火监护人要求停止动火时,应停止动火,恢复动火须经动火监护人确认。

十、动火作业其他管理建议

1.动火设备(管线)内部残留物必须排尽,蒸气吹扫或水洗合格,经置换达到动火条件;“断开与动火设备(管线)相连接的所有管线,加装盲板(　)块;设备(管线)内部充(　)保护，并维持微正压”等涉及生产工艺的安全措施及“在动火部位附近对设备管线测厚，壁厚(　)mm”等涉及设备的安全措施。首次安全措施落实应分别由工艺、设备管理人员或由懂工艺、设备的相关人员签字确认。

2. 特殊动火作业和一级动火作业的“动火安全作业证”有效期不应超过 8h。

3. 二级动火作业的“动火安全作业证”有效期不应超过 72h。二级动火的作业时间原则上为常白班作息时间，装置停工大修或因施工需要经动火所在单位同意可对作业时间作调整。

4. 固定动火作业的“动火安全作业证”有效期可由企业根据实际情况自行确定。

5. 资产管理单位到另一单位所管辖区域内施工动火时，必须办理“动火安全作业证”，并经另一单位会签，双方共同落实安全措施，必要时增派动火监护人。

6. 二级动火作业点在监护人视线范围内可实行一人多点区域监护。装置全面停工检修，在同一层面，可适度实施区域性监火。

7. 机动车辆进入生产区应安装消火器，固定动火点严禁存放各类危险化学品、试剂或者其他易燃易爆物品。

8. 在生产、储存、输送危化介质的设备、容器、管道上动火，以及在停运并经处理的原生产、储存、输送危化介质的设备、容器、管道上首次动火，建议采用色谱仪分析。除在采样现场直接监测的气样之外，其余分析气样宜保留至动火结束。

9. 企业应至少配置 2 台测试同类气体的检测仪器，对监测数据有怀疑时，应用另一台检测仪进行复检。可燃气体检测仪宜以本企业生产、储存的主要危险介质作为标定气体，以确保监测数据准确性。

10. 受限空间内动火作业的间隔分析监测数据宜实时记录。“安全分析(监测)报告单”应附在“动火安全作业证”存档一联。

11. “动火安全作业证”中不得有空项。“动火安全作业证”、“安全分析(监测)报告单”填写时不得涂改。

12. “动火安全作业证”宜一式四联，一联存放在存档部门，一联由动火作业人持有，一联由动火监护人持有，一联存放在动火点所在的操作控制室或岗位。

13. 填写完整的“动火安全作业证”应归档，并至少保存一年。

练一练：动火作业安全规范

第三节　高处作业安全规范

凡在坠落高度基准面 2m 及其以上有可能坠落的高处进行的作业，称为高处作业。

一、高处作业分级

高处作业分为一级、二级、三级和特级高处作业：

1. 作业高度在 $2\text{m} \leqslant h < 5\text{m}$ 时，称为一级高处作业。

2. 作业高度在 $15m \leqslant h < 30m$ 时，称为三级高处作业。

3. 作业高度在 $h \geqslant 30m$ 以上时，称为特级高处作业。

二、高处作业安全要求与防护

(一)高处作业前的安全要求

1. 进行高处作业前，应针对作业内容，进行危险辨识，制定相应的作业程序及安全措施。将辨识出的危害因素写入“高处安全作业证”以下简称“作业证”，并制定出对应的安全措施。

2. 进行高处作业时，除执行本规范外，应符合国家现行的有关高处作业及安全技术标准的规定。

3. 作业单位负责人应对高处作业安全技术负责并建立相应的责任制。

4. 高处作业人员及搭设高处作业安全设施的人员，应经过专业技术培训及专业考试合格，持证上岗，并应定期进行体格检查。对患有职业禁忌证(如高血压、心脏病、贫血病、癫痫病、精神疾病等)、年老体弱、疲劳过度、视力不佳及其他不适于高处作业的人员，不得进行高处作业。

5. 从事高处作业的单位应办理“作业证”，落实安全防护措施后方可作业。

6. “作业证”审批人员应赴高处作业现场检查确认安全措施后，方可批准高处作业。

7. 高处作业中的安全标志、工具、仪表、电气设施和各种设备，应在作业前加以检查，确认其完好后投入使用。

8. 高处作业前要制订高处作业应急预案，内容包括：作业人员紧急状况时的逃生路线和救护方法，现场应配备的救生设施和灭火器材等。有关人员应熟知应急预案的内容。

9. 在紧急状态下(有下列情况下进行的高处作业的)应执行单位的应急预案：

(1)遇有 6 级以上强风、浓雾等恶劣气候下的露天攀登与悬空高处作业；

(2)在临近有排放有毒、有害气体，粉尘的放空管线或烟囱的场所进行高处作业时，作业点的有毒物浓度不明。

10. 高处作业前，作业单位现场负责人应对高处作业人员进行必要的安全教育，交代现场环境和作业安全要求，以及作业中可能遇到意外时的处理和救护方法。

11. 高处作业前，作业人员应查验“作业证”，检查验收安全措施落实后方可作业。

12. 高处作业人员应按照规定穿戴符合国家标准的劳动保护用品，如作业前要检查安全带、安全帽是否合格。

13. 高处作业前作业单位应制定安全措施并填入“作业证”内。

14. 高处作业使用的材料、器具、设备应符合有关安全标准要求。

15. 高处作业用的脚手架的搭设应符合国家有关标准。高处作业应根据实际要求配备符合安全要求的吊笼、梯子、防护围栏、挡脚板等。跳板应符合安全要求，两端应捆绑牢固。作业前，应检查所用的安全设施是否坚固、牢靠。夜间高处作业应有充足的照明。

16. 供高处作业人员上下用的梯道、电梯、吊笼等要符合有关标准要求；作业人员上下时要有可靠的安全措施。固定式钢直梯和钢斜梯、便携式木梯和便携式金属梯等应符合安全要求。

17.便携式木梯和便携式金属梯梯脚底部应坚实，不得垫高使用。踏板不得有缺档。梯子的上端应有固定措施。立梯工作角度以 75°± 5°为宜。梯子如需接长使用，应有可靠的连接措施，且接头不得超过 1 处。连接后梯梁的强度，不应低于单梯梯梁的强度。折梯使用时上部夹角以 35°～45°为宜，铰链应牢固，并应有可靠的拉撑措施。

(二)高处作业中的安全要求与防护

1.高处作业应设监护人对高处作业人员进行监护，监护人应坚守岗位。

2.作业中应正确使用防坠落用品与登高器具、设备。高处作业人员应系用与作业内容相适应的安全带，安全带应系挂在作业处上方的牢固构件上或专为挂安全带用的钢架或钢丝绳上，不得系挂在移动或不牢固的物件上；不得系挂在有尖锐棱角的部位。安全带不得低挂高用。系安全带后应检查扣环是否扣牢。

3.作业场所有坠落可能的物件，应一律先行撤除或加以固定。高处作业所使用的工具、材料、零件等应装入工具袋，上下时手中不得持物。工具在使用时应系安全绳，不用时放入工具袋中。不得投掷工具、材料及其他物品。易滑动、易滚动的工具、材料堆放在脚手架上时，应采取防止坠落措施。高处作业中所用的物料，应堆放平稳，不妨碍通行和装卸。作业中的走道、通道板和登高用具，应随时清扫干净；拆卸下的物件及余料和废料均应及时清理运走，不得任意乱置或向下丢弃。

4.雨天和雪天进行高处作业时，应采取可靠的防滑、防寒和防冻措施。凡水、冰、霜、雪均应及时清除。对进行高处作业的高耸建筑物，应事先设置避雷设施。遇有 6 级以上强风、浓雾等恶劣气候，不得进行特级高处作业、露天攀登与悬空高处作业。暴风雪及台风暴雨后，应对高处作业安全设施逐一加以检查，发现有松动、变形、损坏或脱落等现象，应立即修理完善。

5.在临近有排放有毒、有害气体、粉尘的放空管线或烟囱的场所进行高处作业时，作业点的有毒物浓度应在允许浓度范围内，并采取有效的防护措施。在应急状态下，按应急预案执行。

6.带电高处作业、高处作业涉及临时用电等均应符合安全要求。

7.高处作业应与地面保持联系，根据现场配备必要的联络工具，并指定专人负责联系。尤其是在危险化学品生产、储存场所或附近有放空管线的位置高处作业时，应为作业人员配备必要的防护器材(如空气呼吸器、过滤式防毒面具或口罩等)，应事先与车间负责人或工长(值班主任)取得联系，确定联络方式，并将联络方式填入“作业证”的补充措施栏内。

8.不得在不坚固的结构(如彩钢板屋顶、石棉瓦、瓦棱板等轻型材料等)上作业，登不坚固的结构(如彩钢板屋顶、石棉瓦、瓦棱板等轻型材料)作业前，应保证其承重的立柱、梁、框架的受力能满足所承载的负荷，应铺设牢固的脚手板，并加以固定，脚手板上要有防滑措施。

9.作业人员不得在高处作业处休息。

10.高处作业与其他作业交叉进行时，应按指定的路线上下，不得上下垂直作业，如果需要垂直作业时应采取可靠的隔离措施。

11. 在采取地(零)电位或等(同)电位作业方式进行带电高处作业时。应使用绝缘工具或穿均压服。

12. 发现高处作业的安全技术设施有缺陷和隐患时，应及时解决；危及人身安全时，应停止作业。

13. 因作业必需，临时拆除或变动安全防护设施时，应经作业负责人同意，并采取相应的措施，作业后应立即恢复。

14. 防护棚搭设时，应设警戒区，并派专人监护。

15. 作业人员在作业中如果发现情况异常，应发出信号，并迅速撤离现场。

(三)高处作业完工后的安全要求

1. 高处作业完工后，作业现场清扫干净，作业用的工具、拆卸下的物件及余料和废料应清理运走。

2. 脚手架、防护棚拆除时，应设警戒区，并派专人监护。拆除脚手架、防护棚时不得上部和下部同时施工。

3. 高处作业完工后，临时用电的线路应由具有特种作业操作证书的电工拆除。

4. 高处作业完工后，作业人员要安全撤离现场，验收人在"作业证"上签字。

三、"高处安全作业证"的管理

1. 一级高处作业和在坡度大于45°的斜坡上面的高处作业，由车间负责审批。

2. 二级、三级高处作业及下列情形的高处作业由车间审核后，报厂相关主管部门审批。

二级、三级高处作业包括以下几种情况：

(1)在升降(吊装)口、坑、井、池、沟、洞等上面或附近进行高处作业；

(2)在易燃、易爆、易中毒、易灼伤的区域或转动设备附近进行高处作业；

(3)在无平台、无护栏的塔、釜、炉、罐等化工容器、设备及架空管道上进行高处作业；

(4)在塔、釜、炉、罐等设备内进行高处作业；

(5)在临近有排放有毒、有害气体、粉尘的放空管线或烟囱及设备高处作业。

3. 特级高处作业及下列情形的高处作业，由单位安全部门审核后，报主管安全负责人审批。

(1)在阵风风力为6级(风速10.8m/s)及以上情况下进行的强风高处作业；

(2)在高温或低温环境下进行的异温高处作业；

(3)在降雪时进行的雪天高处作业；

(4)在降雨时进行的雨天高处作业；

(5)在室外完全采用人工照明进行的夜间高处作业；

(6)在接近或接触带电体条件下进行的带电高处作业；

(7)在无立足点或无牢靠立足点的条件下进行的悬空高处作业。

4. 作业负责人应根据高处作业的分级和类别向审批单位提出申请，办理"作业证"。"作业证"一式三份，一份交作业人员，一份交作业负责人，一份交安全管理部门留存，保存期1a。

5.“作业证”有效期 7d,若作业时间超过 7d,应重新审批。对于作业期较长的项目,在作业期内,作业单位负责人应经常深入现场检查,发现隐患及时整改,并做好记录。若作业条件发生重大变化,应重新办理“作业证”。

练一练:高处作业安全规范

第四节　有限空间作业安全规范

有限空间是指仅有 1～2 个人孔即进出口受到限制的密闭、狭窄、通风不良的分隔间,或深度大于 1.2m 封闭或敞口的通风不良空间。有限空间分为封闭半封闭设备、地下建(构)筑物和地上建(构)筑物三类。

封闭半封闭设备包括船舱、储罐、各类塔器、冷藏车、沉箱及锅炉、容器、浮筒、管道、槽车等。

地下建(构)筑物包括地下管道、地下室、地下仓库、地下工事、暗沟、隧道、涵洞、地坑、废井、地窖、沼气池及化粪池、下水道、沟、井、池、建筑孔桩、地下电缆沟等。

地上建(构)筑物包括储藏室、酒糟池、发酵池、垃圾站、温室、冷库、粮仓、试验场所、烟道等。

不存在任何可能造成职业危害、人员伤亡的有限空间场所称为无许可有限空间。存在任何可能造成职业危害、人员伤亡的有限空间场所属于许可性有限空间。此种情况具有如下特点:空间内的气体,具有危害性。空间内存在可能导致进入者身体受限的设备、设施;其他公认的严重的安全或健康风险。有限空间作业是指作业人员进入许可性有限空间的作业。

一、危险、有害因素识别

1.针对有限空间,生产经营单位应进行危险、有害因素识别。

2.有限空间危险、有害因素包括:

(1)设备设施与设备设施之间、设备设施内外之间相互隔断,导致作业空间通风不畅,照明不良,通信不畅;

(2)活动空间较小,工作场地狭窄,易导致工作人员出入困难,相互联系不便,不利于工作监护和实施施救;

(3)湿度和热度较高,作业人员能量消耗大,易于疲劳;

(4)存在酸、碱、毒、尘、烟等具有一定危险性的介质,易引发窒息、中毒、火灾和爆炸事故;

(5)存在缺氧或富氧、易燃气体和蒸气、有毒气体和蒸气、冒顶、高处坠落、物体打击、各种机械伤害等危险有害因素。

3.经识别应确认为无许可有限空间或许可性有限空间。

二、安全技术要求

(一)作业安全与卫生

1.有限空间的作业场所空气中的含氧量应为19.5%~23%,若空气中含氧量低于19.5%,应有报警信号。有毒物质浓度应符合GBZ 2.1和GBZ 2.2规定。

2.有限空间空气中可燃气体浓度应低于可燃烧极限或爆炸极限下限的10%。对油轮船舶的拆修,以及油罐、管道的检修,空气中可燃气体浓度应低于可燃烧极限下限或爆炸极限下限的1%。

3.当必须进入缺氧的有限空间作业时,应符合安全规定。凡进行作业时,均应采取机械通风。

(二)通风换气

1.作业时,操作人员所需的适宜新风量应为30~50m^3/h。进入自然通风换气效果不良的有限空间,应采用机械通风,通风换气次数不能少于3~5次/h。通风换气应满足稀释有毒有害物质的需要。

2.应尽量以利用所有人孔、手孔、料孔、风门、烟门进行自燃通风为主,必要时应采取机械强制通风。

3.机械通风可设置岗位局部排风,辅以全面排风。当操作岗位不固定时,则可采用移动式局部排风或全面排风。

4.有限空间的吸风口应设置在下部。当存在与空气密度相同或小于空气密度的污染物时,还应在顶部增设吸风口。

5.除严重窒息急救时等特殊情况,严禁使用纯氧进行通风换气。

6.经局部排气装置排出的有害物质应通过净化设备处理后,才能排入大气,保证进入大气的有害物质浓度不超过国家排放标准规定的限值。

(三)电气设备与照明安全

1.存在可燃性气体的作业场所,所有的电气设备设施及照明应符合安全规定。实现整体电气防爆和防静电措施。

2.存在可燃气体的有限空间场所内不允许使用明火照明和非防爆设备。

3.固定照明灯具安装高度距地面2.4m及以下时,宜使用安全电压。在潮湿地面等场所使用的移动式照明灯具,其安装高度距地面2.4m及以下时,额定电压不应超过36V。

4.锅炉、金属容器、管道、密闭舱室等狭窄的工作场所,手持行灯额定电压不应超过12V。

5.手持行灯应有绝缘手柄和金属护罩,灯泡的金属部分不准外露。

6.手持行灯使用的降压变压器,应采用隔离变压器,安全电压应符合安全规定。行灯的变压器不准放在锅炉、加热器、水箱等金属容器内和特别潮湿的地方;绝缘电阻应不小于2MΩ,并定期检测。

7. 手持电动工具应进行定期检查，并有记录，绝缘电阻应符合安全规定。

（四）机械设备安全

1. 机械设备的运动、活动部件都应采用封闭式屏蔽，各种传动装置应设置防护装置。
2. 机械设备上的局部照明均应使用安全电压。
3. 机械设备上的金属构件均应有牢固可靠的 PE 线。
4. 设备上附有的梯子、检修平台等，应符合安全标准要求。

（五）区域警戒与消防

1. 有限空间的坑、井、洼、沟或人孔、通道出入门口应设置防护栏、盖和警告标志，夜间应设警示红灯。

2. 为防止无关人员进入有限空间作业场所，提醒作业人员重视，在有限空间外敞亮醒目处，设置警戒区、警戒线、警戒标志。其设置应符合安全规定。作业场所职业危害警示也应符合安全规定。未经许可，不得入内。

3. 当作业人员在与输送管道连接的封闭、半封闭设备（如油罐、反应塔、储罐、锅炉等）内部作业时，应严密关闭阀门，装好盲板，设置“禁止启动”等警告信息。

4. 存在易燃性因素的场所警戒区内应按规定设置灭火器材，并保持有效状态；专职安全员和消防员应在警戒区定时巡回检查、监护，并有检查记录。严禁火种或可燃物落入有限空间。

5. 动力机械设备、工具要放在有限空间的外面，并保持安全的距离以确保气体或烟雾排放时远离潜在的火源。同时应防止设备的废气或碳氢化合物烟雾影响有限空间作业。

6. 焊接与切割作业时，焊接设备、焊机、切割机具、钢瓶、电缆及其他器具的放置，电弧的辐射及飞溅伤害隔离保护应符合安全规定。

（六）应急器材

1. 应急器材应放置在作业现场。
2. 应急器材应保证应急救援要求。
3. 急救药品应完好、有效。
4. 应急箱应指定专人管理和操作。

三、安全管理

（一）作业前准备

1. 对有限空间作业应做到先检测后监护再进入的原则。
2. 对有限空间作业应确认无许可和许可性识别。
3. 先检测确认有限空间内有害物质浓度，未经许可的人员不得进入有限空间。
4. 分析合格后编制施工方案，再办理《进入有限空间危险作业审批表》，施工作业中涉及其他危险作业时应办理相关审批手续。

5.作业前 30min,应再次对有限空间有害物质浓度采样,分析合格后方可进入有限空间。

6.应选用合格、有效的气体和测爆仪等检测设备。

7.对由于防爆、防氧化不能采用通风换气措施或受作业环境限制不易充分通风换气的场所,作业人员必须配备并使用空气呼吸器或软管面具等隔离式呼吸保护器具。严禁使用过滤式面具。

8.检测人员应装备准确可靠的分析仪器,按照规定的检测程序,针对作业危害因素制定检测方案和检测应急措施。

(二)生产经营单位的安全责任

1.建立安全生产责任制度,并落实:

(1)主要负责人对本单位的安全生产工作负全面责任;

(2)分管安全负责人负直接领导责任;

(3)现场负责人负直接责任;

(4)安全生产管理人员负监督检查的责任;

(5)操作人员负有服从指挥,遵章守纪的责任,明知违法有拒绝的责任;

(6)作业监护人员做好现场监护的责任。

2.生产经营单位对有限空间作业应指定相应的管理部门,并配备相适应的人员。

3.有限空间单位发包与承包要求如下:

(1)生产经营单位不具备有限空间作业条件的,应将有限空间作业项目发包给具备相应资质的施工单位;

(2)发包单位与承包单位在签订承发包施工合同的同时,应签订安全生产协议,明确双方的安全生产责任;

(3)发包单位、承包单位应共同遵守本标准要求。

(三)安全管理制度和操作规程

1.应建立如下有限空间安全生产的规章制度:

(1)有限空间作业审批制度;

(2)从事有限空间作业人员培训教育;

(3)作业人员健康检查制度;

(4)有限空间安全设施监管制度;

(5)检测制度。

2.应按作业工种建立安全操作规程。

(四)作业人员及安全教育

1.有限空间作业人员应具备对工作认真负责的态度,身体无妨碍从事相应工种作业的疾病和生理缺陷,符合相应工种作业需要的资质。

2.生产经营单位对从事有限空间危险作业的人员应进行培训,内容包括:

(1)作业前应针对施工方案、作业内容、职业危害等教育;

(2)对紧急情况下的个人避险常识、中毒窒息和其他伤害的应急救援措施教育;
(3)按上岗要求的技术业务理论考核和实际操作技能考核成绩合格。

(五)现场监督管理

1.作业现场应明确监护人员和作业人员。监护人员不得进入有限空间。

2.安全管理人员职责

(1)参与审查有限空间的施工方案,使操作规程安全;
(2)审核有限空间作业审批表;
(3)监督有限空间作业安全技术及应急救援措施的实施。

3.气体检测人员职责

(1)熟悉检测仪器设备和检测方法;
(2)按照作业人员操作规程中的有关规定进入有限空间检测;
(3)能科学分析有毒有害介质的产生原因;
(4)对所检测的数据负责。

4.施工负责人职责

(1)应认真负责,熟悉作业区域的环境、工艺情况,有及时判断和处理异常情况能力;
(2)确认作业者、监护者的安全培训及上岗资格,负责复核清点出入作业场所的人数;
(3)定时与安全监护人保持联络,监督其定时检测;
(4)在作业期间不得自行离开负责岗位。

5.作业监护人员职责

(1)具有熟悉安全防护和应急救援,警觉并判断作业者异常行为的能力,接受职业安全卫生培训;

(2)坚守岗位,在作业者作业期间,监护人员不能离岗,适时与作业者进行有效的安全、报警、撤离等信息交流,在紧急情况时向作业者发出撤离警报;

(3)发生以下情况时,应即令作业者撤离有限空间,情况紧急应呼叫应急救援并报告施工负责人:

1)发现作业者出现异常行为;
2)有限空间外出现威胁作业者安全和健康的险情;
3)监护者不能安全有效地履行职责时,也应通知作业者撤离。

6.作业人员的职责

(1)遵守有限空间作业安全操作规程;
(2)正确使用有限空间作业安全设施与个体防护用具;
(3)应与监护人进行有效的安全、报警、撤离等双向信息交流;
(4)作业人员意识到身体出现危险异常症状时,应及时向监护者报告或自行撤离有限空间。

(六)应急救援措施

1.应编制应急救援预案。

2.应急救援预案内容如下。

(1)确定应急救援组织指挥机构,包括:①启动程序,相关部门与人员职责分工明确、统一指挥协调;②应急处置措施、医疗救助、应急人员防护;③现场检测与评估;④信息发布。

(2)应急救援经费、物资和人员保障;

(3)善后处置措施齐全。

3.应急救援预案培训、演练、更新:

(1)预案每年至少进行一次应急培训与演练;

(2)预案演练应定期进行评审与更新。

练一练:有限空间作业安全规范

第五节　动土作业安全规范

动土作业是指挖土、打桩、钻探、坑探、地锚入土深度在0.5m以上;使用推土机、压路机等施工机械进行填土或平整场地等,可能对地下隐蔽设施产生影响的作业。

一、危险、有害因素识别

1.动土作业应办理"动土安全作业证",以下简称"作业证",没有"作业证"严禁动土作业。

2."作业证"经单位有关水、电、气、工艺、设备、消防、安全、工程等部门会签,由单位动土作业主管部门审批。

3.作业前,项目负责人应对作业人员进行安全教育。作业人员应按规定着装并佩戴合适的个体防护用品。施工单位应进行施工现场危害辨识,并逐条落实安全措施。

4.作业前,应检查工具、现场支撑是否牢固、完好,发现问题应及时处理。

5.动土作业施工现场应根据需要设置护栏、盖板和警告标志,夜间应悬挂红灯示警。

6.严禁涂改、转借"作业证",不得擅自变更动土作业内容、扩大作业范围或转移作业地点。

7.动土临近地下隐蔽设施时,应使用适当工具挖掘,避免损坏地下隐蔽设施。

8.动土中如暴露出电缆、管线以及不能辨认的物品时,应立即停止作业,妥善加以保护,报告动土审批单位处理,经采取措施后方可继续动土作业。

9.挖掘坑、槽、井、沟等作业,应遵守下列规定:

(1)挖掘土方应自上而下进行,不准采用挖底脚的办法挖掘,挖出的土石严禁堵塞下水道和窨井。

(2)在挖较深的坑、槽、井、沟时,严禁在土壁上挖洞攀登,当使用便携式木梯或便携式金属梯时，应符合安全要求。作业时应戴安全帽，安全帽应符合安全要求。坑、槽、井、沟上端边沿不准人员站立、行走。

(3)要视土壤性质、湿度和挖掘深度，设置安全边坡或固壁支撑。挖出的泥土堆放处所和堆放的材料至少应距坑、槽、井、沟边沿 0.8m，高度不得超过 1.5m。对坑、槽、井、沟边坡或固壁支撑架应随时检查，特别是雨雪后和解冻时期，如发现边坡有裂缝、疏松或支撑有折断、走位等异常危险征兆，应立即停止工作，并采取可靠的安全措施。

(4)在坑、槽、井、沟的边缘安放机械、铺设轨道及通行车辆时，应保持适当距离，采取有效的固壁措施，确保安全。

(5)在拆除固壁支撑时，应从下而上进行。更换支撑时，应先装新的，后拆旧的。

(6)作业现场应保持通风良好，并对可能存在有毒有害物质的区域进行监测。发现有毒有害气体时，应立即停止作业，待采取了可靠的安全措施后方可作业。

(7)所有人员不准在坑、槽、井、沟内休息。

10. 作业人员多人同时挖土应相距在 2m 以上，防止工具伤人。作业人员发现异常时，应立即撤离作业现场。

11. 在危险场所动土时，应有专业人员现场监护，当所在生产区域发生突然排放有害物质时，现场监护人员应立即通知动土作业人员停止作业，迅速撤离现场，并采取必要的应急措施。

12. 高处作业涉及临时用电时，应符合安全要求。

13. 施工结束后应及时回填土，并恢复地面设施。

二、“作业证”的管理

1.“作业证”由动土作业主管部门负责审批、管理。

2. 动土申请单位在动土作业主管部门领取“作业证”，填写有关内容后交施工单位。

3. 施工单位接到“作业证”后，填写“作业证”中有关内容后将“作业证”交动土申请单位。

4. 动土申请单位从施工单位得到“作业证”后交单位动土作业主管部门，并由其牵头组织工程有关部门审核会签后审批。

5. 动土作业审批人员应到现场核对图纸。查验标志，检查确认安全措施后方可签发“作业证”。

6. 动土申请单位应将办理好的“作业证”留存，分别送档案室、有关部门、施工单位各一份。

7.“作业证” 一式三联，第一联交审批单位留存，第二联交申请单位，第三联由现场作业人员随身携带。

8. 一个施工点、一个施工周期内办理一张作业许可证。

9.“作业证”保存期为一年。

练一练：动土作业安全规范

第六节　断路作业安全规范

断路作业是指在生产单位内交通主干道、交通次干道、交通支道与车间引道上进行工程施工、吊装吊运等各种影响正常交通的作业。

一、总则

1. 进行断路作业应制定周密的安全措施，并办理“断路安全作业证”以下简称“作业证”，方可作业。

2.“作业证”由断路申请单位负责办理。

3. 断路申请单位负责管理作业现场。

4.“作业证”申请单位应由相关部门会签。审批部门在审批“作业证”后，应立即填写“断路作业通知单”，并书面通知相关部门。

5. 在“作业证”规定的时间内未完成断路作业时，由断路申请单位重新办理“作业证”。

二、“断路安全作业证”管理

1.“作业证”由断路申请单位指定专人至少提前一天办理。

2.“作业证”由断路申请单位的上级有关管理部门按照本标准规定的“作业证”格式统一印制，一式三联。

3. 断路申请单位在有关管理部门领取“作业证”后，逐项填写其应填内容后交断路作业单位。

4. 断路作业单位接到“作业证”后，填写“作业证”中断路作业单位应填写的内容，填写后将“作业证”交断路申请单位。

5. 断路申请单位从断路作业单位收到“作业证”后，交本单位上级有关管理部门审批。

6. 办理好的“作业证”第一联交断路作业单位，第二联由断路申请单位留存，第三联留审批部门备案。

7.“作业证”应至少保留 1a。

三、安全要求

(一)作业组织

1. 断路作业单位接到“作业证”并向断路申请单位确认无误后，即可在规定的时间内，按“作业证”的内容组织进行断路作业。

2. 断路作业申请单位应制订交通组织方案，设置相应的标志与设施，以确保作业期间的交通安全。

3. 断路作业应按“作业证”的内容进行。

4. 用于道路作业的工作、材料应放置在作业区内或其他不影响正常交通的场所。

5. 严禁涂改、转借“作业证”。

6. 变更作业内容，扩大作业范围，应重新办理“作业证”。

(二)作业交通警示

1. 断路作业单位应根据需要在作业区相关道路上设置作业标志、限速标志、距离辅助标志等交通警示标志，以确保作业期间的交通安全。

2. 断路作业单位应在作业区附近设置路栏、锥形交通路标、道路作业警示灯、导向标等交通警示设施。

3. 在道路上进行定点作业，白天不超过 2h，夜间不超过 1h 即可完工的，在有现场交通指挥人员指挥交通的情况下，只要作业区设置了完善的安全设施，即白天设置了锥形交通路标或路栏，夜间设置了锥形交通路标或路栏及道路作业警示灯，可不设标志牌。

4. 夜间作业应设置道路作业警示灯，道路作业警示灯设置在作业区周围的锥形交通路标处，应能反映作业区的轮廓。

5. 道路作业警示灯应为红色。

6. 警示灯应防爆并采用安全电压。

7. 道路作业警示灯设置高度应符合安全规定，离地面 1.5cm，不低于 1.0m。

8. 道路作业警示灯遇雨、雪、雾天时应开启，在其他气候条件下应自傍晚前开启，并能发出至少自 150m 以外清晰可见的连续、闪烁或旋转的红光。

(三)应急救援

1. 断路申请单位应根据作业内容会同作业单位编制相应的事故应急措施，并配备有关器材。

2. 动土挖开的路面宜做好临时应急措施，保证消防车的通行。

(四)恢复正常交通

断路作业结束，应迅速清理现场，尽快恢复正常交通。

练一练：断路作业安全规范

第七节　吊装作业安全规范

吊装作业是指利用各种吊装机具将设备、工件、器具、材料等吊起，使其发生位置变化的作业过程。吊装机具系指桥式起重机、门式起重机、装卸机、缆索起重机、汽车起重机、轮胎起重机、履带起重机、铁路起重机、塔式起重机、门座起重机、桅杆起重机、升降机、电葫芦及简易起重设备和辅助用具。

一、吊装作业的分级

吊装作业按吊装重物的质量分为三级：

1. 一级吊装作业吊装重物的质量大于 100t；
2. 二级吊装作业吊装重物的质量大于等于 40t 至小于等于 100t；
3. 三级吊装作业吊装重物的质量小于 40t。

二、作业安全管理基本要求

1. 应按照国家标准规定对吊装机具进行日检、月检、年检。对检查中发现问题的吊装机具，应进行检修处理，并保存检修档案。检查应符合 GB 6067。

2. 吊装作业人员（指挥人员、起重工）持有有效的“特种作业人员操作证”，方可从事吊装作业指挥和操作。

3. 吊装质量大于等于 40t 的重物和土建工程主体结构，应编制吊装作业方案。吊装物体虽不足 40t，但形状复杂、刚度小、长径比大、精密贵重，以及在作业条件特殊的情况下，也应编制吊装作业方案、施工安全措施和应急救援预案。

4. 吊装作业方案、施工安全措施和应急救援预案经作业主管部门和相关管理部门审查，报主管安全负责人批准后方可实施。

5. 利用两台或多台起重机械吊运同一重物时，升降、运行应保持同步；各台起重机械所承受的载荷不得超过各自额定起重能力的 80%。

三、作业前的安全检查

吊装作业前应进行以下项目的安全检查：

1. 相关部门应对从事指挥和操作的人员进行资质确认。

2. 相关部门进行有关安全事项的研究和讨论，对安全措施落实情况进行确认。

3. 实施吊装作业单位的有关人员应对起重吊装机械和吊具进行安全检查确认，确保处于完好状态。

4. 实施吊装作业单位使用汽车吊装机械，要确认安装有汽车防火罩。

5. 实施吊装作业单位的有关人员应对吊装区域内的安全状况进行检查（包括吊装区域的划定、标识、障碍）。警戒区域及吊装现场应设置安全警戒标志，并设专人监护，非作业人员禁止入内。安全警戒标志应符合安全规定。

6. 实施吊装作业单位的有关人员应在施工现场核实天气情况。室外作业遇到大雪、暴雨、大雾及 6 级以上大风时，不应安排吊装作业。

四、作业中安全措施

1. 吊装作业时应明确指挥人员，指挥人员应佩戴明显的标志；应佩戴符合要求的安全帽。

2. 应分工明确、坚守岗位，并按规定明确联络信号，统一指挥。指挥人员按信号进行指挥，其他人员应清楚吊装方案和指挥信号。

3. 正式起吊前应进行试吊，试吊中检查全部机具、地锚受力情况，发现问题应将工件放回地面，排除故障后重新试吊，确认一切正常，方可正式吊装。

4. 严禁利用管道、管架、电杆、机电设备等作吊装锚点。未经有关部门审查核算，不得将建筑物、构筑物作为锚点。

5. 吊装作业中，夜间应有足够的照明。室外作业遇到大雪、暴雨、大雾及 6 级以上大风时，应停止作业。

6. 吊装过程中，出现故障，应立即向指挥者报告，没有指挥令，任何人不得擅自离开岗位。

7. 起吊重物就位前，不许解开吊装索具。

8. 利用两台或多台起重机械吊运同一重物时，升降、运行应保持同步；各台起重机械所承受的载荷不得超过各自额定起重能力的 80%。

五、操作人员应遵守的规定

1. 按指挥人员所发出的指挥信号进行操作。对紧急停车信号，不论由何人发出，均应立即执行。

2. 司索人员应听从指挥人员的指挥，并及时报告险情。

3. 当起重臂吊钩或吊物下面有人，吊物上有人或浮置物时，不得进行起重操作。

4. 严禁起吊超负荷或质量不明重物和埋置物体；不得捆挂、起吊不明质量，与其他重物相连、埋在地下或与其他物体冻结在一起的重物。

5. 在制动器、安全装置失灵、吊钩防松装置损坏、钢丝绳损伤达到报废标准等情况下严禁起吊操作。

6. 应按规定负荷进行吊装，吊具、索具经计算选择使用，严禁超负荷运行。所吊重物接近或达到额定起重吊装能力时，应检查制动器，用低高度、短行程试吊后，再平稳吊起。

7. 重物捆绑、紧固、吊挂不牢、吊挂不平衡而可能滑动，或斜拉重物，棱角吊物与钢丝绳之间没有衬垫时不得进行起吊。

8. 不准用吊钩直接缠绕重物，不得将不同种类或不同规格的索具混在一起使用。

9. 吊物捆绑应牢靠，吊点和吊物的中心应在同一垂直线上。

10. 无法看清场地、无法看清吊物情况和指挥信号时，不得进行起吊。

11. 起重机械及其臂架、吊具、辅具、钢丝绳、缆风绳和吊物不得靠近高低压输电线路。在输电线路近旁作业时，应按规定保持足够的安全距离，不能满足时，应停电后再进行起重作业。

12. 停工和休息时，不得将吊物、吊笼、吊具和吊索吊在空中。

13. 在起重机械工作时，不得对起重机械进行检查和维修；在有载荷的情况下，不得调整起升变幅机构的制动器。

14. 下方吊物时，严禁自由下落（溜）；不得利用极限位置限制器停车。

15. 遇大雪、暴雨、大雾及 6 级以上大风时，应停止露天作业。

16. 用定型起重吊装机械（例如履带吊车、轮胎吊车、桥式吊车等）进行吊装作业时，除遵守本标准外，还应遵守该定型起重机械的操作规范。

六、作业完毕作业人员应做的工作

1. 将起重臂和吊钩收放到规定的位置，所有控制手柄均应放到零位，使用电气控制的起重机械，应断开电源开关。

2. 对在轨道上作业的起重机，应将起重机停放在指定位置有效锚定。

3. 吊索、吊具应收回放置到规定的地方，并对其进行检查、维护、保养。

4. 对接替工作人员，应告知设备存在的异常情况及尚未消除的故障。

七、“吊装安全作业证”的管理

1. 吊装质量大于10t的重物应办理“作业证”，“作业证”由相关管理部门负责管理。

2. 项目单位负责人从安全管理部门领取“作业证”后，应认真填写各项内容，交作业单位负责人批准。对大于等于40t的重物和土建工程主体结构吊装作业，应编制吊装方案，并将填好的“作业证”与吊装方案一并报安全管理部门负责人批准。

3. “作业证”批准后，项目单位负责人应将“作业证”交吊装指挥。吊装指挥及作业人员应检查“作业证”，确认无误后方可作业。

4. 应按“作业证”上填报的内容进行作业，严禁涂改、转借“作业证”，变更作业内容，扩大作业范围或转移作业部位。

5. 对吊装作业审批手续齐全，安全措施全部落实，作业环境符合安全要求的，作业人员方可进行作业。

练一练：吊装作业安全规范

第八节　临时用电作业安全规范

除按标准成套配置的，有插头、连线、插座的专用接线排和接线盘以外的，所有其他用于临时性用电的电气线路，包括电缆、电线、电气开关、设备等，简称临时用电线路。

一、基本要求

1. 临时用电应执行相关的电气安全管理、设计、安装、验收等标准规范，实行作业许可，办理临时用电许可证，临时用电许可证参见本章节的“实际项目应用园地”。临时用电作业涉及动火时，应同时办理动火作业许可证。超过6个月的临时用电，应按照相关工程设计规范配置线路。

2. 安装、维修、拆除临时用电线路的作业，应由电气专业人员进行。

3. 在开关上接引、拆除临时用电线路时，其上级开关应断电上锁。

4. 潮湿区域、户外的临时用电设备及临时建筑内的电源插座应安装漏电保护器，在每次使用之前应利用试验按钮进行测试。

5.各类移动电源及外部自备电源，不得接入电网。动力和照明线路应分路设置。

6.临时用电单位不得擅自增加用电负荷，变更用电地点、用途，发生此类现象，生产单位应立即停止供电。

7.临时用电线路和电气设备的设计与选型应满足爆炸危险区域的分类要求。

8.进行临时用电拆、接线路的工作人员必须按规定佩戴个人防护装备。

二、施工组织设计

临时用电设备在5台以上(含5台)或设备总容量在50kW以上(含50kW)的，应专门进行临时用电施工组织设计。临时用电施工组织设计应包括以下内容：

1.现场勘测；

2.确定电源进线，变电所或配电室、配电装置、用电设备位置及线路走向；

3.负荷计算；

4.选择变压器容量、导线截面、电器的类型和规格；

5.设计配电系统，绘制临时用电工程图纸，主要包括用电工程总平面图、配电装置布置图、配电系统接线图、接地装置设计图；

6.确定个人防护装备；

7.制定临时用电线路设备接线、拆除方案；

8.制定安全用电技术措施和电气防火措施。

钻井、井下作业、工程建设等施工作业的临时用电施工组织设计应符合相关标准或规定的要求。

三、架空和地面走线

1.使用周期在1个月以上的临时用电线路，应采用架空方式安装，并满足以下要求：

(1)架空线路应架设在专用电杆或支架上，严禁架设在树木、脚手架及临时设施上；

(2)在架空线路上不得进行接头连接，如果必须接头，则需进行结构支撑，确保接头不承受拉、张力；

(3)临时架空线最大弧垂与地面距离，在施工现场不低于2.5m，穿越机动车道不低于5m；

(4)在起重机等大型设备进出的区域内不允许使用架空线路。

2.使用周期在1个月以下的临时用电线路，可采用架空或地面走线方式，地面走线应满足以下要求：

(1)所有的地面走线应设有走向标识和安全标识；

(2)需要横跨道路或在有重物挤压危险的部位，应加设防护套管，套管应固定；当位于交通繁忙区域或有重型设备经过的区域时，应用混凝土预制件对其进行保护，并设置安全警示标识；

(3)要避免敷设在可能施工的区域内；

(4)电线埋地深度不应小于0.7m。

3.临时用电线路经过有高温、振动、腐蚀、积水及机械损伤等危害的部位，不得有接头，并应采取相应的保护措施。

四、用电线路安全要求

1. 所有的临时用电线路必须采用耐压等级不低于 500V 的绝缘导线。

2. 临时用电应设置保护开关，使用前应检查电气装置和保护设施。所有的临时用电都应设置接地保护，接地电阻值应满足安全要求，接地线和接零线应分开设置。

3. 送电操作顺序为：总配电箱—分配电箱—开关箱（上级过载保护电流应大于下级）。停电操作顺序为：开关箱—分配电箱—总配电箱（出现电气故障的紧急情况除外）。

4. 配电箱应保持整洁、接地良好。

5. 所有的临时配电箱应标上电压标识和危险标识。室外的临时用电配电盘、箱应设有安全锁具，有防雨、防潮措施。在距配电箱、开关及电焊机等电气设备 15m 范围内，不应存放易燃、易爆、腐蚀性等危险物品。

6. 固定式配电箱、开关箱下底与地面的垂直距离应大于 1.3m，小于 1.5m；移动式分配电箱、开关箱下底与地面的垂直距离应大于 0.6m，小于 1.5m。

7. 所有临时用电线路应由电气专业人员检查合格，贴上标签后方可使用，搬迁或移动后的临时用电线路应再次检查确认。

8. 临时用电线路的自动开关和熔丝（片）应符合安全用电要求，不得随意加大或缩小，不得用其他金属丝代替熔丝。

9. 临时电源暂停使用时，应在接入点处切断电源。搬迁或移动临时用电线路时，应先切断电源。

五、用电设备安全使用要求

1. 移动工具、手持工具等用电设备应有各自的电源开关，必须实行“一机一闸”制，严禁两台或两台以上用电设备（含插座）使用同一开关。

2. 在水下或潮湿环境中使用电气设备或电动工具，作业前应由电气专业人员对其绝缘进行测试，带电零件与壳体之间，基本绝缘不得小于 2MΩ，加强绝缘不得小于 7MΩ。

3. 使用潜水泵时应确保电机及接头绝缘良好，潜水泵引出电缆到开关之间不得有接头，并设置非金属材质的提泵拉绳。

4. 使用手持电动工具应满足如下安全要求：

(1)设备外观完好，标牌清晰，各种保护罩（板）齐全；

(2)在一般作业场所，应使用Ⅱ类工具；若使用Ⅰ类工具时，应装设额定漏电动作电流不大于 30mA、动作时间不大于 0.1s 的漏电保护器；

(3)在潮湿作业场所或金属构架上等导电性能良好的作业场所，应使用Ⅱ类或Ⅲ类工具；

(4)在狭窄场所，如锅炉、金属管道内，应使用Ⅲ类工具。若使用Ⅱ类工具应装设额定漏电动作电流不大于 15mA、动作时间不大于 0.1s 的漏电保护电器；

(5)Ⅲ类工具的安全隔离变压器，Ⅱ类工具的漏电保护器及Ⅱ、Ⅲ类工具的控制箱和电源联结器等应放在容器外或作业点处，同时应有人监护。

5.临时照明应满足以下安全要求：

(1)现场照明应满足所在区域安全作业亮度、防爆、防水等要求；

(2)使用合适的灯具和带护罩的灯座，防止意外接触或破裂；

(3)使用不导电材料悬挂导线；

(4)行灯电源电压不超过36V，灯泡外部有金属保护罩；

(5)在潮湿和易触及带电体场所的照明电源电压不得大于24V，在特别潮湿场所、导电良好的地面、锅炉或金属容器内的照明电源电压不得大于12V。

六、标签、标识

1.所有断开开关应贴有标签，注明供电回路和临时用电设备。所有临时插座都应贴上标签，并注明供电回路和额定电压、电流。

2.所有开关箱、配电箱(配电盘)应有安全标识，在安装区域内，应在其前方1m远处的地面上用黄色油漆或黄色安全警戒带作警示。

七、"临时用电许可证"

1.由临时用电单位提出申请，生产单位负责人组织电气专业人员对临时用电施工组织设计进行审核，对临时用电安全措施和用电设备进行检查并签字确认后，生产单位负责人批准。

2.临时用电许可证的有效期限一般不超过一个班次。如果在书面审查和现场核查过程中，经确认需要更多的时间进行作业，应根据作业性质、作业风险、作业时间，经相关各方协商一致确定许可证的有效期限。"临时用电许可证"的有效期限最长不能超过15d，用电时间超过15d应重新办理"临时用电许可证"。

3."临时用电许可证"的分发、取消、管理具体执行《作业许可管理规范》。

4.临时用电结束后，临时用电单位应及时通知生产单位按照临时用电施工组织设计中的拆除方案拆除临时用电线路。线路拆除后，生产单位应指派电气专业人员进行检查验收，并签字确认。临时用电单位和生产单位负责人签字关闭"临时用电许可证"。

八、安全职责

(一)作业申请人

1.现场作业负责人，提出作业申请；

2.办理作业许可证；

3.组织危害因素辨识，协调落实作业安全措施；

4.组织现场安全交底和安全培训；

5.组织实施作业；

6.对作业安全措施的有效性和可靠性负责。

(二)作业批准人

1.清楚作业过程中可能存在的危害和风险;
2.评估作业过程中可能发生的条件变化;
3.清楚安全控制措施;
4.确认安全措施落实情况,包括检查气体取样和检测结果;
5.批准和取消作业。

(三)作业人员

1.持有经审批有效的作业许可证进行临时用电作业;
2.了解作业的内容、地点、时间、要求,熟知作业过程中的危害及控制措施,并严格按照许可证规定的内容进行作业;
3.在安全措施未落实时,有权拒绝作业;
4.作业过程中如发现情况异常或紧急情况,应告知作业负责人,并迅速撤离现场;
5.掌握正确使用个人防护装备的方法。

(四)电气专业人员

1.清楚可能存在的危害和对作业人员的影响;
2.熟悉作业区域的环境、工艺情况,可以处理异常情况;
3.核实安全措施落实情况,进行监督检查,发现安全措施不完善,可暂停作业;
4.制止作业人员的违章行为;
5.发生紧急情况,启动应急救援预案。

练一练:临时用电作业安全规范

第九节　抽堵盲板作业安全规范

抽堵盲板作业是指在设备抢修或检修过程中,设备、管道内存有物料(气、液、固态)及一定温度、压力情况时的盲板抽堵,或设备、管道内物料经吹扫、置换、清洗后的盲板抽堵。

一、盲板要求

盲板及垫片应符合以下要求:
1.盲板应按管道内介质的性质、压力、温度选用适合的材料。高压盲板应按设计规范设计、制造并经超声波探伤合格。
2.盲板的直径应依据管道法兰密封面直径制作,厚度应经强度计算。
3.一般盲板应有一个或两个手柄,便于辨识、抽堵,8 字盲板可不设手柄。
4.应按管道内介质性质、压力、温度选用合适的材料作盲板垫片。

二、盲板抽堵作业安全要求

1.盲板抽堵作业实施作业证管理，作业前应办理“盲板抽堵安全作业证”。

2.盲板抽堵作业人员应经过安全教育和专门的安全培训，并经考核合格。

3.生产车间(分厂)应预先绘制盲板位置图，对盲板进行统一编号，并设专人负责。盲板抽堵作业单位应按图作业。

4.作业人员应对现场作业环境进行有害因素辨识并制定相应的安全措施。

5.盲板抽堵作业应设专人监护，监护人不得离开作业现场。

6.在作业复杂、危险性大的场所进行盲板抽堵作业，应制定应急预案。

7.在有毒介质的管道、设备上进行盲板抽堵作业时，系统压力应降到尽可能低的程度，作业人员应穿戴适合的防护用具。

8.在易燃易爆场所进行盲板抽堵作业时，作业人员应穿防静电工作服、工作鞋；距作业地点30m内不得有动火作业；工作照明应使用防爆灯具；作业时应使用防爆工具，禁止用铁器敲打管线、法兰等。

9.在强腐蚀性介质的管道、设备上进行抽堵盲板作业时，作业人员应采取防止酸碱灼伤的措施。

10.在介质温度较高、可能对作业人员造成烫伤的情况下，作业人员应采取防烫措施。

11.不得在同一管道上同时进行两处及两处以上的盲板抽堵作业。

12.抽堵盲板时，应按盲板位置图及盲板编号，由生产车间(分厂)设专人统一指挥作业，逐一确认并做好记录。

13.每个盲板应设标牌进行标识，标牌编号应与盲板位置图上的盲板编号一致。

14.作业结束，由盲板抽堵作业单位、生产车间(分厂)专人共同确认。

三、职责要求

(一)生产车间(分厂)负责人

1.应了解管道、设备内介质特性及走向，制定、落实盲板抽堵安全措施，安排监护人，向作业单位负责人或作业人员交代作业安全注意事项。

2.生产系统如有紧急或异常情况，应立即通知停止盲板抽堵作业。

3.作业完成后，应组织检查盲板抽堵情况。

(二)监护人

1.负责盲板抽堵作业现场的监护与检查，发现异常情况应立即通知作业人员停止作业，并及时联系有关人员采取措施。

2.应坚守岗位，不得脱岗；在盲板抽堵作业期间，不得兼做其他工作。

3.当发现盲板抽堵作业人违章作业时应立即制止。

4.作业完成后，要会同作业人员检查、清理现场，确认无误后方可离开现场。

(三)作业单位负责人

1.了解作业内容及现场情况,确认作业安全措施,向作业人员交代作业任务和安全注意事项。

2.各项安全措施落实后,方可安排人员进行盲板抽堵作业。

(四)作业人

1.作业前应了解作业的内容、地点、时间、要求,熟知作业中的危害因素和应采取的安全措施。

2.要逐项确认相关安全措施的落实情况。

3.若发现不具备安全条件时不得进行盲板抽堵作业。

4.作业完成后,会同生产单位负责人检查盲板抽堵情况,确认无误后方可离开作业现场。

(五)审批人

1.审查“作业证”的办理是否符合要求。

2.督促检查各项安全措施的落实情况。

四、“盲板抽堵安全作业证”的管理

“盲板抽堵安全作业证”以下简称“作业证”。

1.“作业证”由生产车间(分厂)办理,格式统一。

2.盲板抽堵作业宜实行一块盲板一张作业证的管理方式。

3.严禁随意涂改、转借“作业证”,变更盲板位置或增减盲板数量时,应重新办理“作业证”。

4.“作业证”由生产车间(分厂)负责填写、盲板抽堵作业单位负责人确认、单位生产部门审批。

5.经审批的“作业证”一式两份,盲板抽堵作业单位、生产车间(分厂)各一份,生产车间(分厂)负责存档,“作业证”保存期限至少为1a。

练一练:盲板抽堵作业安全规范

实际项目应用园地

检修安全作业证的设计

第八章测试

第九章　应急处置技术

学习目标

知识目标：熟悉企业应急预案的组成。掌握常用现场处置方案的编制及常用应急器材的使用方法。了解应急管理要求。

能力目标：能熟练应用应急预案，能够编制现场处置方案，能实施心肺复苏，会正确选择和使用灭火器、消火栓等常用的消防设施，能进行创伤包扎，能正确使用正压式空气呼气器，能正确使用自救器等。

素质目标：培养良好的自救互救应急素养、舍己为人的高尚品德。

基础理论知识园地

第一节　企业生产安全事故应急预案

应急预案是针对可能发生的事故，为最大程度减少事故损害而预先制定的应急准备工作方案。

一、应急预案编制程序

生产经营单位应急预案编制程序包括成立应急预案编制工作组、资料收集、风险评估、应急资源调查、应急预案编制、桌面演练、应急预案评审和批准实施8个步骤。

(一)成立应急预案编制工作组

生产经营单位应结合本单位部门职能和分工，成立以单位有关负责人为组长，单位相关部门人员参加的应急预案编制工作组，明确工作职责和任务分工，制订工作计划，组织开展应急预案编制工作，应邀请相关救援队伍以及周边相关单位或社区参加。

(二)资料收集

应急预案编制工作组应收集与预案编制工作相关的法律法规、技术标准、应急预案、国内外同行业企业事故资料，同时收集本单位安全生产相关技术资料、周边环境影响、应急资源等有关资料。

（三）风险评估

风险评估主要内容包括：辨识生产经营单位存在的危险有害因素，确定可能发生的生产安全事故类别；分析各种事故类别发生的可能性、危害后果和影响范围；评估确定相应事故类别的风险等级。

（四）应急资源调查

在全面调查、客观分析本单位和政府部门可请求援助的应急资源状况，其内容包括但不限于：本单位可调用的应急队伍、装备、物资、场所；针对生产过程及存在的风险可采取的监测、监控、报警手段；上级单位、当地政府及周边企业可提供的应急资源；可协调使用的医疗、消防、专业抢险救援机构及其他社会化应急救援力量。

（五）应急预案编制

应急预案编制遵循以人为本、依法依规、符合实际、注重实效的原则，以应急处置为核心，体现自救互救和先期处置的特点，做到职责明确、程序规范、措施科学，尽可能简明化、图表化、流程化。

（六）桌面演练

按照应急预案明确的职责分工和应急响应程序，采取桌面演练形式。模拟生产安全事故应对过程，逐步分析讨论并形成记录，检验应急预案的可行性，并进一步完善应急预案。

（七）应急预案评审

应急预案编制完成后，生产经营单位应组织评审。评审主要包括：风险评估和应急资源调查的全面性、应急预案体系设计的针对性、应急预案体系的合理性、应急响应程序和措施的科学性、应急保障措施的可行性、应急预案的衔接性。

评审的程序包括评审准备、组织评审、修改完善。

（八）批准实施

通过评审的应急预案，由生产经营单位主要负责人签发实施。

二、应急预案体系

（一）概述

生产经营单位的应急预案体系主要由综合应急预案、专项应急预案和现场处置方案构成。生产经营单位应根据本单位组织管理体系、生产规模、危险源的性质以及可能发生的事故类型确定应急预案体系，并可根据本单位的实际情况，确定是否编制专项应急预案。风险因素单一的小微型生产经营单位可只编写现场处置方案。

（二）综合应急预案

综合应急预案是生产经营单位应急预案体系的总纲，主要从总体上阐述事故的应急工作原则，包括生产经营单位的应急组织机构及职责、应急预案体系、事故风险描述、预警及信息报告、应急响应、保障措施、应急预案管理等内容。

（三）专项应急预案

专项应急预案是生产经营单位为应对某一类型或某几种类型事故，或者针对重要生产设施、重大危险源、重大活动等内容而制定的应急预案。专项应急预案主要包括事故风险分析、应急指挥机构及职责、处置程序和措施等内容。

（四）现场处置方案

现场处置方案是生产经营单位根据不同事故类别，针对具体的场所、装置或设施所制定的应急处置措施，主要包括事故风险分析、应急工作职责、应急处置和注意事项等内容。生产经营单位应根据风险评估、岗位操作规程以及危险性控制措施，组织本单位现场作业人员及安全管理等专业人员共同编制现场处置方案。

思考题：应急预案体系由哪几部分组成？

三、综合应急预案主要内容

（一）总则

1. 适用范围

说明应急预案适用的范围。

2. 分级响应

依据事故危害程度、影响范围和生产经营单位控制事态的能力，对事故应急响应进行分级，明确分级响应的基本原则。响应分级不可照搬事故分级。

（二）应急组织机构及职责

明确应急组织形式及构成单位（部门）的应急处置职责。应急组织机构可设置响应的工作小组，并明确各小组的工作任务及职责。

(三)应急响应

应急响应包括信息报告、预警、响应启动、应急处置、应急支援、响应终止。

信息报告包括信息接报、信息处置与研判。信息接报要明确应急值守电话、事故信息接收,内部通报程序、方式和责任人,向上级主管部门、上级单位报告事故信息的流程、内容、时限和责任人,以及向本单位以外的有关部门或单位通报事故信息的方法、程序和责任人。信息处置与研判明确响应启动程序和方式,若未达到响应启动条件,应急领导小组可做出预警启动的决策,做好响应准备,实时跟踪事态发展。响应启动后,应注意跟踪事态发展,科学分析处置需求,及时调整响应级别,避免响应不足或过度响应。

预警包括预警启动、响应准备、预警解除。预警启动明确预警信息发布渠道、方式和内容。响应准备明确做出预警启动后应开展的响应准备工作,包括队伍、物资、装备、后勤及通信。预警解除明确预警解除的基本条件、要求和责任人。

响应启动确定响应级别,明确响应启动后的程序性工作,包括应急会议召开、信息上报、资源协调、信息公开、后勤及财力保障工作。

应急处置明确事故现场的警戒、人员搜救、医疗救治、现场监测、技术支持、工程抢险及环境保护方面的应急处置措施,并明确人员防护的要求。

应急支援明确当事态无法控制情况下,向外部(救援)力量请求支援的程序及要求、联动程序及要求,以及外部(救援)力量到达后的知会关系。

响应终止明确响应终止的基本条件、要求和责任人。

(四)后期处置

明确污染物处理、生产秩序恢复、人员安置方面的内容。

(五)应急保障

1.通信与信息保障

明确可为生产经营单位提供应急保障的相关单位及人员通信联系方式和方法,并提供备用方案。同时,建立信息通信系统及维护方案,确保应急期间信息畅通。

2.应急队伍保障

明确应急响应的人力资源,包括应急专家、专业应急队伍、兼职应急队伍等。

3.物资装备保障

明确生产经营单位的应急物资和装备的类型、数量、性能、存放位置、运输及使用条件、管理责任人及其联系方式等内容。

4.其他保障

根据应急工作需求而确定的其他相关保障措施,如经费保障、交通运输保障、治安保障、医疗保障、后勤保障等。

学一学：综合应急预案知识

四、专项应急预案主要内容

（一）适用范围

说明专项应急预案适用的范围，以及与综合应急预案的关系。

（二）应急组织机构及职责

明确应急组织形式及构成单位（部门）的应急处置职责。应急组织机构可设置响应的工作小组，并明确各小组的工作任务及职责。

（三）响应启动

明确响应启动后的程序性工作，包括应急会议召开、信息上报、资源协调、信息公开、后勤及财力保障工作。

（四）处置措施

针对可能发生的事故风险、事故危害程度和影响范围，明确应急处置指导原则，制定相应的应急处置措施。

（五）应急保障

根据应急工作需求明确保障的内容。

学一学：专项应急预案知识

五、现场处置方案主要内容

（一）事故风险描述

简述事故风险评估的结果。

（二）应急工作职责

明确应急组织分工和职责。

（三）应急处置

应急处理主要包括以下内容：

1. 应急处置程序。根据可能发生的事故及现场情况，明确事故报警、各项应急措施启动、应急救护人员的引导、事故扩大及同生产经营单位应急预案的衔接程序。

2. 现场应急处置措施。针对可能发生的事故，从人员救护、工艺操作、事故控制、消防、现场恢复等方面制定明确的应急处置措施。

3.明确报警负责人、报警电话及上级管理部门、相关应急救援单位联络方式和联系人员,事故报告基本要求和内容。

(四)注意事项

注意事项包括人员防护和自救互救、装备使用、现场安全方面的内容。

学一学:现场处置方案知识

六、附件

(一)生产经营单位概况

简要描述本单位地址、从业人数、隶属关系、主要原材料、主要产品、产量,以及重点岗位、重点区域、周边重大危险源、重要设施、目标、场所和周边布局情况。

(二)风险评估的结果

简述本单位风险评估的结果。

(三)预案体系与衔接

简述本单位应急预案体系构成和分级情况,明确与地方政府及其有关部门、其他相关单位应急预案的衔接关系。

(四)应急物资装备的名录或清单

列出应急预案涉及的主要物资和装备名称、型号、性能、数量、存放地点、运输和使用条件、管理责任人和联系电话等。

(五)有关应急部门、机构或人员的联系方式

列出应急工作中需要联系的部门、机构或人员及其多种联系方式。

(六)规范化格式文本

列出信息接报、预案启动、信息发布等格式化文本。

(七)关键的路线、标识和图纸

关键的路线、标识和图纸包括但不限于:

1.警报系统分布及覆盖范围;

2.重要防护目标、风险清单及分布图;

3.应急指挥部(现场指挥部)位置及救援队伍行动路线;

4.疏散路线、集结点、警戒范围、重要地点等的标识;

5.相关平面布置图纸、应急物资分布的图纸;

6. 生产经营单位的地理位置图、周边关系图、附近交通图；
7. 事故风险可能导致的影响范围图；
8. 附近医院地理位置图及路线图。

（八）有关协议或备忘录

列出与相关应急救援部门签订的应急救援协议或备忘录。

第二节 企业生产安全事故应急演练

应急演练是针对事故情景，依据应急预案而模拟开展的预警行动、事故报告、指挥协调、现场处置等活动。

一、应急演练目的

应急演练目的主要包括：

（一）检验预案

发现应急预案中存在的问题，提高应急预案的科学性、实用性和可操作性。

（二）锻炼队伍

熟悉应急预案，提高应急人员在紧急情况下妥善处置事故的能力。

（三）磨合机制

完善应急管理相关部门、单位和人员的工作职责，提高协调配合能力。

（四）宣传教育

普及应急管理知识，提高参演和观摩人员风险防范意识和自救互救能力。

（五）完善准备

完善应急管理和应急处置技术，补充应急装备和物资，提高其适用性和可靠性。

二、应急演练原则

应急演练应符合以下原则。

（一）符合相关规定

按照国家相关法律、法规、标准及有关规定组织开展演练。

(二)切合企业实际

结合企业生产安全事故特点和可能发生的事故类型组织开展演练。

(三)注重能力提高

以提高指挥协调能力、应急处置能力为主要出发点组织开展演练。

(四)确保安全有序

在保证参演人员及设备设施的安全的条件下组织开展演练。

三、应急演练类型

应急演练按照演练内容分为综合演练和单项演练,按照演练形式分为现场演练和桌面演练,不同类型的演练可相互组合。

综合演练是针对应急预案中多项或全部应急响应功能开展的演练活动。

单项演练是针对应急预案中某项应急响应功能开展的演练活动。

现场演练是选择(或模拟)生产经营活动中的设备、设施、装置或场所,设定事故情景,依据应急预案而模拟开展的演练活动。

桌面演练是针对事故情景,利用图纸、沙盘、流程图、计算机、视频等辅助手段,依据应急预案而进行交互式讨论或模拟应急状态下应急行动的演练活动。

四、应急演练内容

(一)预警与报告

根据事故情景,向相关部门或人员发出预警信息,并向有关部门和人员报告事故情况。

(二)指挥与协调

根据事故情景,成立应急指挥部,调集应急救援队伍和相关资源,开展应急救援行动。

(三)应急通信

根据事故情景,在应急救援相关部门或人员之间进行音频、视频信号或数据信息互通。

(四)事故监测

根据事故情景,对事故现场进行观察、分析或测定,确定事故严重程度、影响范围和变化趋势等。

(五)警戒与管制

根据事故情景,建立应急处置现场警戒区域,实行交通管制,维护现场秩序。

(六)疏散与安置

根据事故情景,对事故可能波及范围内的相关人员进行疏散、转移和安置。

(七)医疗卫生

根据事故情景,调集医疗卫生专家和卫生应急队伍开展紧急医学救援,并开展卫生监测和防疫工作。

(八)现场处置

根据事故情景,按照相关应急预案和现场指挥部要求对事故现场进行控制和处理。

(九)社会沟通

根据事故情景,召开新闻发布会或事故情况通报会,通报事故有关情况。

(十)后期处置

根据事故情景,应急处置结束后,所开展的事故损失评估、事故原因调查、事故现场清理和相关善后工作。

(十一)其他

根据相关行业(领域)安全生产特点所包含的其他应急功能。

五、综合演练组织与实施

(一)演练计划

演练计划应包括演练目的、类型(形式)、时间、地点,演练主要内容、参加单位和经费预算等。

(二)演练准备

1.成立演练组织机构

综合演练通常成立演练领导小组,下设策划组、执行组、保障组、评估组等专业工作组。根据演练规模大小,其组织机构可进行调整。

(1)领导小组:负责演练活动筹备和实施过程中的组织领导工作,具体负责审定演练工作方案、演练工作经费、演练评估总结以及其他需要决定的重要事项等。

(2)策划组:负责编制演练工作方案、演练脚本、演练安全保障方案或应急预案、宣传报道材料、工作总结和改进计划等。

(3)执行组:负责演练活动筹备及实施过程中与相关单位、工作组的联络和协调、事故情景布置、参演人员调度和演练进程控制等。

(4)保障组:负责演练活动工作经费和后勤服务保障,确保演练安全保障方案或应急预案落实到位。

(5)评估组:负责审定演练安全保障方案或应急预案,编制演练评估方案并实施,进行演练现场点评和总结评估,撰写演练评估报告。

2. 编制演练文件

(1)演练工作方案

演练工作方案内容主要包括:①应急演练目的及要求;②应急演练事故情景设计;③应急演练规模及时间;④参演单位和人员主要任务及职责;⑤应急演练筹备工作内容;⑥应急演练主要步骤;⑦应急演练技术支撑及保障条件;⑧应急演练评估与总结。

(2)演练脚本:根据需要,可编制演练脚本。演练脚本是应急演练工作方案具体操作实施的文件,帮助参演人员全面掌握演练进程和内容。演练脚本一般采用表格形式,主要内容包括:①演练模拟事故情景;②处置行动与执行人员;③指令与对白、步骤及时间安排;④视频背景与字幕;⑤演练解说词等。

(3)演练评估方案

演练评估方案通常包括:①演练信息,应急演练目的和目标、情景描述,应急行动与应对措施简介等;②评估内容,应急演练准备、应急演练组织与实施、应急演练效果等;③评估标准,应急演练各环节应达到的目标评判标准;④评估程序,演练评估工作主要步骤及任务分工;⑤附件,演练评估所需要用到的相关表格等。

(4)演练保障方案:针对应急演练活动可能发生的意外情况制定演练保障方案或应急预案,并进行演练,做到相关人员应知应会,熟练掌握。演练保障方案应包括应急演练可能发生的意外情况、应急处置措施及责任部门,应急演练意外情况中止条件与程序等。

(5)演练观摩手册

根据演练规模和观摩需要,可编制演练观摩手册。演练观摩手册通常包括应急演练时间、地点、情景描述、主要环节及演练内容、安全注意事项等。

3. 演练工作保障

(1)人员保障:按照演练方案和有关要求,策划、执行、保障、评估、参演等人员参加演练活动,必要时考虑替补人员。

(2)经费保障:根据演练工作需要,明确演练工作经费及承担单位。

(3)物资和器材保障:根据演练工作需要,明确各参演单位所准备的演练物资和器材等。

(4)场地保障:根据演练方式和内容,选择合适的演练场地。演练场地应满足演练活动需要,避免影响企业和公众正常生产、生活。

(5)安全保障:根据演练工作需要,采取必要安全防护措施,确保参演、观摩等人员以及生产运行系统安全。

(6)通信保障:根据演练工作需要,采用多种公用或专用通信系统,保证演练通信信息通畅。

(7)其他保障:根据演练工作需要,提供的其他保障措施。

(三)应急演练的实施

1.熟悉演练任务和角色

组织各参演单位和参演人员熟悉各自参演任务和角色,并按照演练方案要求组织开展相应的演练准备工作。

2.组织预演

在综合应急演练前,演练组织单位或策划人员可按照演练方案或脚本组织桌面演练或合成预演,熟悉演练实施过程的各个环节。

3.安全检查

确认演练所需的工具、设备、设施、技术资料以及参演人员到位。对应急演练安全保障方案以及设备、设施进行检查确认,确保安全保障方案可行,所有设备、设施完好。

4.应急演练

应急演练总指挥下达演练开始指令后,参演单位和人员按照设定的事故情景,实施相应的应急响应行动,直至完成全部演练工作。演练实施过程中出现特殊或意外情况,演练总指挥可决定中止演练。

5.演练记录

演练实施过程中,安排专门人员采用文字、照片和音像等手段记录演练过程。

6.评估准备

演练评估人员根据演练事故情景设计以及具体分工,在演练现场实施过程中展开演练评估工作,记录演练中发现的问题或不足,收集演练评估需要的各种信息和资料。

7.演练结束

演练总指挥宣布演练结束,参演人员按预定方案集中进行现场点评或者有序疏散。

六、应急演练评估与总结

(一)应急演练评估

1.现场点评

应急演练结束后,在演练现场,评估人员或评估组负责人对演练中发现的问题、不足及取得的成效进行口头点评。

2. 书面评估

评估人员针对演练中观察、记录以及收集的各种信息资料，依据评估标准对应急演练活动全过程进行科学分析和客观评价，并撰写书面评估报告。

评估报告重点对演练活动的组织和实施、演练目标的实现、参演人员的表现以及演练中暴露的问题进行评估。

（二）应急演练总结

演练结束后，由演练组织单位根据演练记录、演练评估报告、应急预案、现场总结等材料，对演练进行全面总结，并形成演练书面总结报告。报告可对应急演练准备、策划等工作进行简要总结分析。参与单位也可对本单位的演练情况进行总结。演练总结报告的内容主要包括：①演练基本概要；②演练发现的问题，取得的经验和教训；③应急管理工作建议。

（三）演练资料归档与备案

1. 应急演练活动结束后，将应急演练工作方案以及应急演练评估、总结报告等文字资料，以及记录演练实施过程的相关图片、视频、音频等资料归档保存。

2. 对主管部门要求备案的应急演练资料，演练组织部门（单位）应将相关资料报主管部门备案。

七、持续改进

（一）应急预案修订完善

根据演练评估报告中对应急预案的改进建议，由应急预案编制部门按程序对预案进行修订完善。

（二）应急管理工作改进

（1）应急演练结束后，组织应急演练的部门（单位）应根据应急演练评估报告、总结报告提出的问题和建议对应急管理工作（包括应急演练工作）进行持续改进。

（2）组织应急演练的部门（单位）应督促相关部门和人员，制定整改计划，明确整改目标，制定整改措施，落实整改资金，并应跟踪督查整改情况。

应急预案演练知识

第三节 企业生产安全事故应急技能

一、心肺复苏操作

(一)心肺复苏操作步骤

1.首先评估现场环境是否安全。

2.意识的判断

用双手轻拍病人双肩,呼唤双耳,问:“喂!你怎么了?”告知没有意识。

3.检查呼吸及颈动脉搏动

用左手小鱼际压前额以保持头后仰,右手的中指和食指从气管正中环状软骨划向近侧颈动脉搏动处触摸颈动脉,同时观察患者的面部表情及胸廓起伏 5～10s(默念 1001、1002、1003、1004、1005…1010)告知无呼吸,无颈动脉搏动。

4.呼救

“来人啊!请帮忙拨打 120 急救电话!”。

5.将患者放在硬板上,去枕平卧,使头、颈、躯干、下肢在同一直线上,上肢位于躯干的两侧,松解衣领及裤带,打开衣服,暴露胸壁。施救者位于病人右侧,靠近病人,双膝跪下,与肩同宽,左膝与病人肩部同一直线。

6.胸外心脏按压

两乳头连线中点(胸骨中下 1/2 处),用左手掌跟紧贴病人的胸部,按压时两手手指跷起(扣在一起)离开胸壁,上半身前倾,腕、肘、肩关节伸直,以髋关节为轴,垂直向下用力,借助上半身的体重和肩臂部肌肉的力量进行按压,每次按压后胸廓充分回弹,保证松开与压下的时间基本相等。按压频率 100～120 次/min,按压深度 5～6cm。

7.开放气道

仰头抬颌法、双手抬颌法(适用于颈、脊椎损伤时),头偏向一侧,清除口腔分泌物和假牙等异物。

8.人工呼吸

一手将病人的鼻孔捏紧,用口唇严密地包住昏迷者的口唇(不留空隙),注意不要漏气;连续吹 2 口气,每次缓慢吹气,持续大于 1s,不要过分用力,吹气毕,松开口鼻,确保胸部升起,频率:成人 8～10 次/min,当口腔有伤时可行口对鼻人工呼吸。

9.持续 2min 的高效率的 CPR

以心脏按压:人工呼吸=30:2 的比例进行,操作 5 个周期。(心脏按压开始送气结束)

10.判断呼吸、心跳是否恢复,若未恢复自主呼吸及心跳,继续心肺复苏,往复循环,直至到达终止心肺复苏指征。

11.尽早电除颤,进一步行高级心血管生命支持。

(二)注意事项

1.口对口吹气量不宜过大,一般每次 500~600ml,最大不超过 1200ml,胸廓稍起伏即可。吹气时间不宜过长,过长会引起急性胃扩张、胃胀气和呕吐。吹气过程要注意观察患(伤)者气道是否通畅。

2.双人抢救时,有高级气道时,口对口吹气和胸外心脏按压应同时进行,通气频率设定为每 6 秒 1 次(即 10 次/min),吹气和按压的次数过多和过少均会影响复苏的效果。

3.胸外心脏按压的位置必须准确。不准确容易损伤其他脏器。按压的力度要适宜,过大过猛容易使胸骨骨折,引起气胸血胸;按压的力度过轻,胸腔压力小,不足以推动血液循环。

4.施行心肺复苏术时应将患者的衣扣及裤带解松,以免引起内脏损伤。

(三)心肺复苏有效的体征

1.按压时可扪及大动脉搏动。

2.收缩压可达 8kPa(60mmHg)以上。

3.散大的瞳孔再度缩小。

4.发绀的面色、口唇、指甲转为红润。

5.神志恢复,有眼球活动或某些反射恢复。

6.出现自主呼吸。

(四)终止心肺复苏指征

1.患者已经恢复自主呼吸和心跳。

2.心肺复苏持续 30min 以上,仍无心搏及自主呼吸,脑死亡,如深度昏迷,瞳孔固定、角膜反射消失,现场又无进一步救治和送治条件,可考虑终止复苏。

心肺复苏操作

二、灭火器选择和使用

灭火器是由筒体、器头喷嘴借助内压将所灌装的灭火剂喷出的移动式器具。灭火器具有结构简单、轻便灵活、操作方便、使用面广的特点,是扑救初起火灾的最有效工具之一。灭火器的配置是按建筑危险等级经过计算配置的,一般情况下将配置好的灭火器放在灭火器箱内,或挂在距地面 1.5m 的墙上,一旦发生火灾,现场人员必须沉着冷静,一边报警一边用灭火器灭火。

(一)常用灭火器的种类及选择

1. 灭火器的种类

灭火器的种类很多，一般可按三种方式分类。①按其移动方式可分为手提式和推车式灭火器；②按驱动灭火剂的动力来源可分为储气瓶式、储压式和化学反应式灭火器；③按所罐装的灭火剂则又可分为泡沫、干粉、卤代烷、二氧化碳、酸碱和清水等灭火器。

2. 灭火器的选择

我们面对初起的火情，不能盲目地使用灭火器，要根据燃烧物质种类不同性质有选择性地使用灭火器灭火。

(1)扑救固体物质初起火灾(A类火灾)，可选择水型灭火器、泡沫灭火器、磷酸铵盐干粉灭火器、卤代烷灭火器。

(2)扑救液体火灾和可熔化的固体物质火灾(B类火灾)，可选择泡沫灭火器(化学泡沫灭火器只限于扑灭非极性溶剂)、干粉灭火器、卤代烷灭火器、二氧化碳灭火器。

(3)扑救气体火灾(C类火灾)，可选择干粉灭火器、卤代烷灭火器、二氧化碳灭火器等。

(4)扑救金属火灾(D类火灾)，可选择粉状石墨灭火器，也可用干砂或铸铁屑末代替。目前，一般校园里不配备这种专用干粉灭火器。

(5)扑救带电物体火灾(E类火灾)，可选择干粉灭火器、卤代烷灭火器、二氧化碳灭火器等。带电火灾包括家用电器、电子元件、电气设备(计算机、复印机、打印机、传真机、发电机、电动机、变压器等精密实验仪器)以及电线电缆等燃烧时仍带电的火灾。而顶挂、壁挂的日常照明灯具及起火后可自行切断电源的设备所发生的火灾则不应列入带电火灾范围。

(6)扑救档案文献资料和重要图书、珍藏绘画火灾，必须选择卤代烷灭火器等专用灭火器。否则，火灾虽然扑灭，但是需要保存的东西也成了废物，失去了应有的价值。

(二)灭火器和消火栓的使用方法

火灾在初起燃烧时范围小、火势弱，是人们用灭火器灭火的最佳时机。因此，正确合理地使用灭火器灭火非常重要。下面是一些常用的灭火器及消火栓使用方法。

1. 二氧化碳灭火器

这种灭火器主要针对各种易燃、可燃液体、可燃气体火灾，也可扑救仪器仪表、图书档案、工艺品和低压电器设备等初起火灾。把灭火器提到或扛到火场附近，在距离燃烧物5m左右，放下灭火器拔出保险销，一手握住喇叭筒根部的手柄，另一只手紧握启闭阀的压把。对没有喷射软管的二氧化碳灭火器，应把喇叭筒往上扳70°～90°。使用时，不能直接用手抓住喇叭筒外壁或金属连线管，防止手被冻伤。灭火时，当可燃液体呈流淌状燃烧时，使用者将二氧化碳灭火剂的喷流由近而远向火焰喷射。如果可燃液体在容器内燃烧，使用者应将喇叭筒提起。从容器的一侧上部向燃烧的容器中喷射。但不能将二氧化碳射流直接冲击可燃液面，以防止将可燃液体冲出容器而扩大火势，造成灭火困难。

在室外使用二氧化碳灭火器，应选择在上风方向喷射。在室内窄小空间使用时，灭火后操作者应迅速离开，以防窒息。

2. 手提式1211灭火器

这种灭火器主要针对仪器仪表、图书档案、珍贵文物等初起火灾，但不能扑救轻金属火灾。使用时，应手提灭火器的提把或肩扛灭火器带到火场。在距燃烧处5m左右，放下灭火器，先拔出保险销，一手握住开启把，另一手握在喷射软管前端的喷嘴处。如灭火器无喷射软管，可一手握住开启压把，另一手扶住灭火器底部的底圈部分。先将喷嘴对准燃烧处，用力握紧开启压把，使灭火器喷射。当被扑救可燃烧液体呈现流淌状燃烧时，使用者应对准火焰根部由近而远并左右扫射，向前快速推进，直至火焰全部扑灭。如果可燃液体在容器中燃烧，应对准火焰左右晃动扫射，当火焰被赶出容器时，喷射流跟着火焰扫射，直至把火焰全部扑灭。但应注意不能将喷射流直接喷射在燃烧液面上，防止灭火剂的冲力将可燃液体冲出容器而扩大火势，造成灭火困难。如果扑救可燃性固体物质的初起火灾时，则将喷流对准燃烧最猛烈处喷射，当火焰被扑灭后，应及时采取措施，不让其复燃。

1211灭火器使用时不能颠倒，也不能横卧，否则灭火剂不会喷出。另外在室外使用时，应选择在上风方向喷射；在窄小的室内灭火时，灭火后操作者应迅速撤离，因1211灭火剂也有一定的毒性。

3. 推车式1211灭火器

灭火方法与手提式1211灭火器相同。灭火时一般由两个人操作，先将灭火器推或拉到火场，在距燃烧处10m左右停下，一人快速放开喷射软管，紧握喷枪，对准燃烧处；另一个人则快速打开灭火器阀门。

4. 手提式干粉灭火器

这种灭火器主要针对各种易燃、可燃液体和气体火灾，以及电器设备火灾。灭火时，可手提或肩扛灭火器快速奔赴火场，在距离燃烧处5m左右，放下灭火器。如在室外，应选择站在上风方向喷射。

使用的干粉灭火器若是储气瓶式，操作者应一手紧握喷枪，另一手提起储气瓶上的开启压提环。如果储气瓶的开启是手轮式的，则向逆时针方向旋开，并旋到最高位置，随即提起灭火器。当干粉喷出后，迅速对准火焰的根部扫射灭火。

使用的干粉灭火器若是储压式，操作者应先将开启压把上的保险销拔下，然后握住喷射软管前端喷嘴部，另一只手将开启压把压下，打开灭火器进行灭火。灭火器在使用时，一手应始终压下压把，不能放开，否则会中断喷射。

干粉灭火器扑救可燃、易燃液体火灾时，应对准火焰根部扫射，如果被扑救的液体火灾呈流淌燃烧，应对准火焰根部由近而远，并左右扫射，直至把火焰全部扑灭。如果可燃液体在容器内燃烧，使用者应对准火焰根部左右晃动扫射，使喷射出的干粉流覆盖整个容器开口表面；当火焰被赶出容器时，使用者仍应继续喷射，直至将火焰全部扑灭。在扑救容器内可燃液体火灾时，应注意不能将喷嘴直接对准液面喷射，防止喷流的冲击力使可燃液体溅出而扩大火势，造成灭火困难。如果当可燃液体在金属容器中燃烧时间过长，容器的壁温已高于扑救可燃液体的自燃点，极易造成灭火后再复燃的现象，若与泡沫类灭火器联用，则灭火效果更佳。

使用磷酸铵盐干粉灭火器扑救固体可燃物火灾时，应对准燃烧最猛烈处喷射，并从上、下、左、右扫射。如条件许可，使用者可提着灭火器沿着燃烧物的四周边走边喷，使干粉灭火剂均匀地喷在燃烧物的表面，直至将火焰全部扑灭。

5.推车式干粉灭火器

推车式干粉灭火器的使用方法与手提式干粉灭火器的使用方法相同。只是推车式干粉灭火器的体积相对大，灭火使用时间长。一般情况下，在重点防火部位配备有推车式干粉灭火器。

6.泡沫灭火器

这种灭火器主要针对各种油类火灾、木材、纤维、橡胶等固体物质可燃物火灾。但不能扑救水溶性液体火灾，也不能扑救带电设备火灾。使用时，把泡沫灭火器拿到起火现场，用右手按住上部，左手抓着下部，使用者站在离火源 8m 的地方，将灭火器喷嘴朝向燃烧区喷射，并逐渐向前走，直到把火焰扑灭。然后把灭火器卧放在地上，将喷嘴朝下。

灭火器使用

三、消火栓的使用

（一）室内消火栓的使用方法

室内墙上消火栓箱内装有消防水带卷盘和枪头，紧急情况下击碎消火栓箱门玻璃，把枪头、水带和消防供水接口接好，将水枪拉至需要灭火的部位，水带要拉直，然后再打开阀门用水枪喷水实施扑救火灾。

（二）室外消火栓的使用方法

室外消火栓同样需要接好枪头、水带和消防供水接口，把水枪拉直使用，但需要用专用扳手打开消火栓阀门喷水灭火。

切记，不能用消火栓水扑救的火灾有：①碱金属火灾。因为水与碱金属（如金属钾、钠）作用后能使水分解而生成氢气和放出大量热，容易引起爆炸。②碳化碱金属、氢化碱金属火灾。如碳化钾、碳化钠、碳化铝和碳化钙以及氢化钾、氯化镁遇水能发生化学反应，放出大量热，可能引起着火和爆炸。③轻于水的和不溶于水的油品或易燃液体火灾。④熔化的铁水、钢水不能用水扑救。因铁水、钢水温度约在 1600℃，水蒸气在 1000℃

消火栓使用

以上时能分解出氢和氧，有引起爆炸危险。⑤三酸（硫酸、硝酸、盐酸）不能用强大水流扑救，必要时可用喷雾水流扑救。⑥高压电气装置火灾。在没有良好接地设备或没有切断电流的情况下，不能用水扑救。

四、金属栅网通道应急技能

金属栅网通道为企业生产车间的金属栅网楼板与墙体，火灾发生时易成为烟雾与火焰快速蔓延的通道，在火灾状态下人员的逃生与应急难度比普通建筑高很多。

为提高人员金属栅网通道下的应急技能，采用模块式金属制造的坚固笼体组成的复杂通道，用于新老队员经常性救援模拟训练，提高受训人员在各种复杂环境下的抢险救援能力及自救能力，增强救护队员的身体素质及心理素质，从而使受训人员抢险在救援的实战过程中提高其对突发事故时的作战能力、应变能力和心理承受能力，最终达到保护自身安全，顺利完成抢险救援任务共组的目的。金属栅网通道组成如下。

（一）网栅通道系统

金属网栅通道为模块式金属制造的坚固笼体组成的复杂通道，所有边网都可简便拆卸，可快速打开，用于训练人员在出现意外情况时救护使用。从金属网栅通道系统的任意部位均可开设出一条行进线路，配合各种形式障碍，可实现多种不同难度与长度的训练任务组合，受试者必须在完成专门任务的同时，辨清一条陌生的路线。

在通道内设置有电磁门，通过调整电磁门的开闭，可变化出多种的路线。可根据需要，通过改变网栅和隔断的位置自行设计出全新的线路。

（二）烟热模拟系统

由安装在训练室内的专业发烟装置，在每次训练过程开始时，可依据训练要求发烟，训练室内含烟的浓度是由设定发烟的时间长短加以控制的。发烟装置烟火发生器的烟气为非腐蚀性无毒雾气，没有残留，发烟装置由控制台通过遥控操作或预先设定来发烟。

（三）视像监控系统

控制区域有耐高温防爆玻璃窗，用于观察舱内训练情况。监控系统位于操作室，通过液晶屏可清晰观察整个训练场地，采用红外热成像仪即使在有浓烟的情况下，也能够清晰的对培训活动进行监督，并随时进行温度检测。

（四）声光控制系统

声光控制系统用来控制现场的音响、灯光及通信设备，由背景音源拟音系统、语音系统、灯光控制系统几部分组成。

（五）背景音源拟音系统

该系统是为了渲染火灾现场的模拟效果设置的。通过设备中配置的功率放大器和音箱，将预先录制的现场背景噪声播放出来，强化训练室的拟音效果，增强了整个训练过程的紧张程度。训练过程中，为了使受训人员能够及时接收到指挥人员的指令，控制台上设置了语音系统，在每个训练室内都装有扬声器。指挥人员可指导训练人员准确地接受训练，及时的纠正错误。在发生意外时，该系统也可指挥救助工作。

五、伤口包扎

在事故状态下经常会发生磕伤、划伤、碰伤等造成伤口，包扎是伤口现场应急处理的重要措施之一。

（一）伤口包扎的作用与材料

1. 及时正确的包扎，可以起到以下作用：

（1）帮助止血、预防休克；

（2）保护伤口和深部的神经、肌肉、肌腱及内脏；

（3）固定敷料、防止污染；

（4）减轻疼痛、利于转运。

2. 常见的包扎材料有绷带与三角巾，紧急情况下可就地取材，如相对干净的毛巾、衣服、手绢、床单、被单等。

（二）伤口包扎的基本要求

1. 干净

接触伤口面的敷料必须保持无菌。

2. 轻而快

动作轻巧、快速，以免增加疼痛。

3. 准而牢

包扎要牢靠，松紧度要适宜，打结处要避开伤口和不宜压迫部位。

（三）包扎的方法

1. 环行包扎法

该法适用于额部、手腕和小腿下部粗细均匀的部位（图 9-1）。

伤口包扎
（环形包扎法）

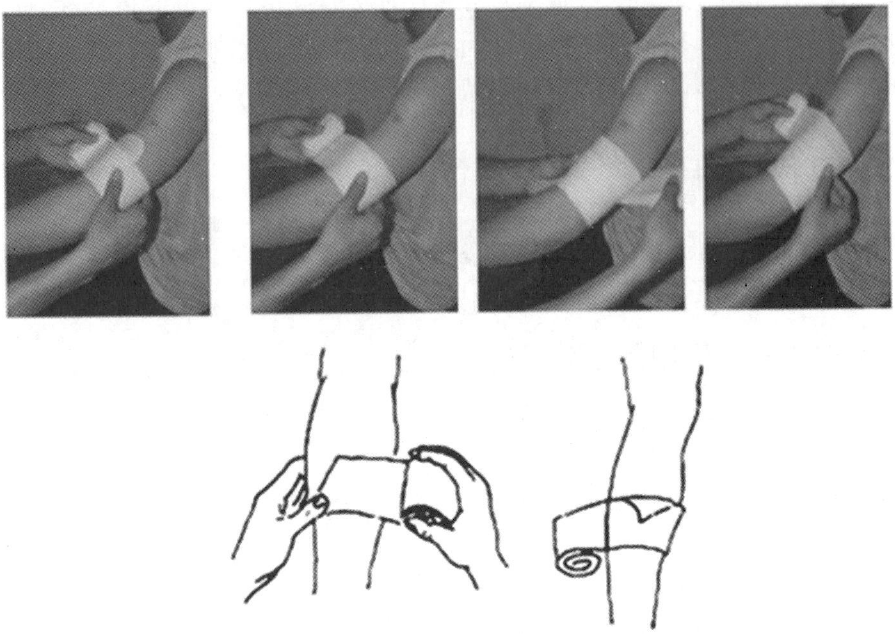

图 9-1　环行包扎法

2. 螺旋形包扎法

该法用于肢体粗细相差不多的部位，如上臂、大腿下段和手指(图 9-2)。

伤口包扎（螺旋包扎法）

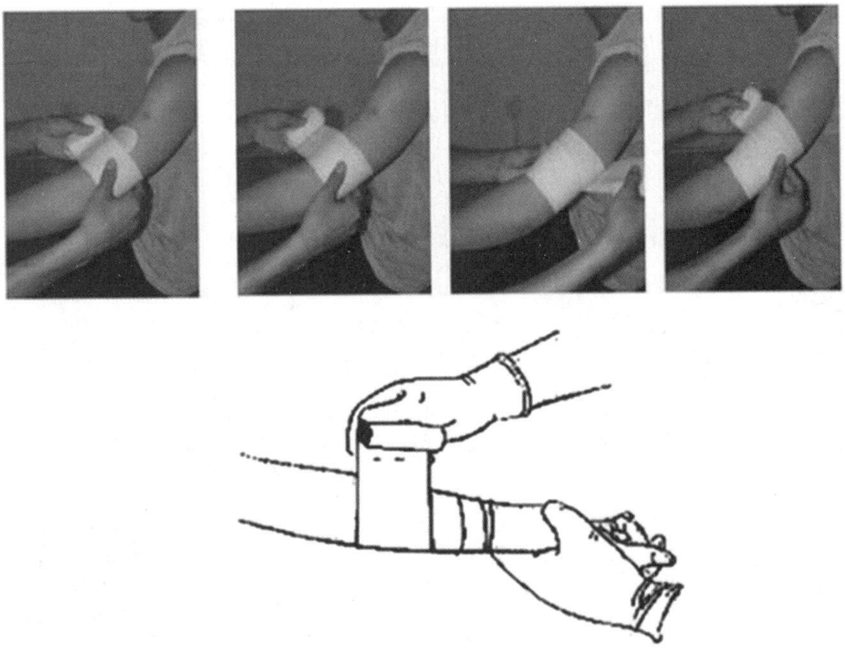

图 9-2　螺旋形包扎法

3. 转折包扎法

该法用于包扎前臂、大腿和小腿等粗细相差较大的部位(图 9-3)。

伤口包扎
(转折包扎法)

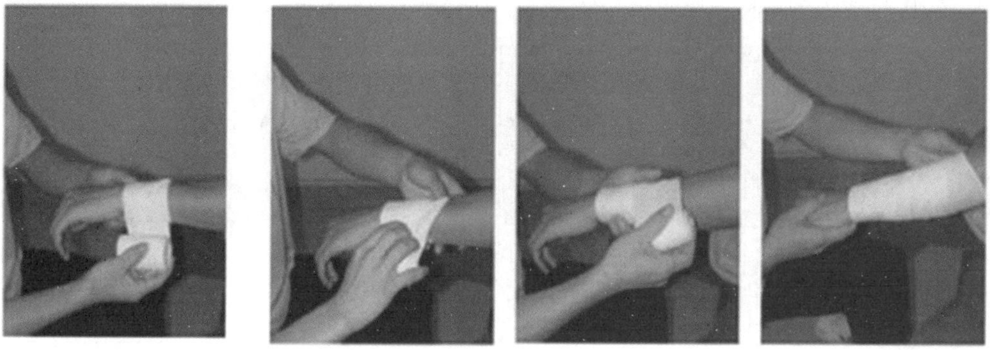

图 9-3 转折包扎法

4. “8”字包扎法

该法适用于关节部位包扎(图 9-4)。

伤口包扎
(“8”字包扎法)

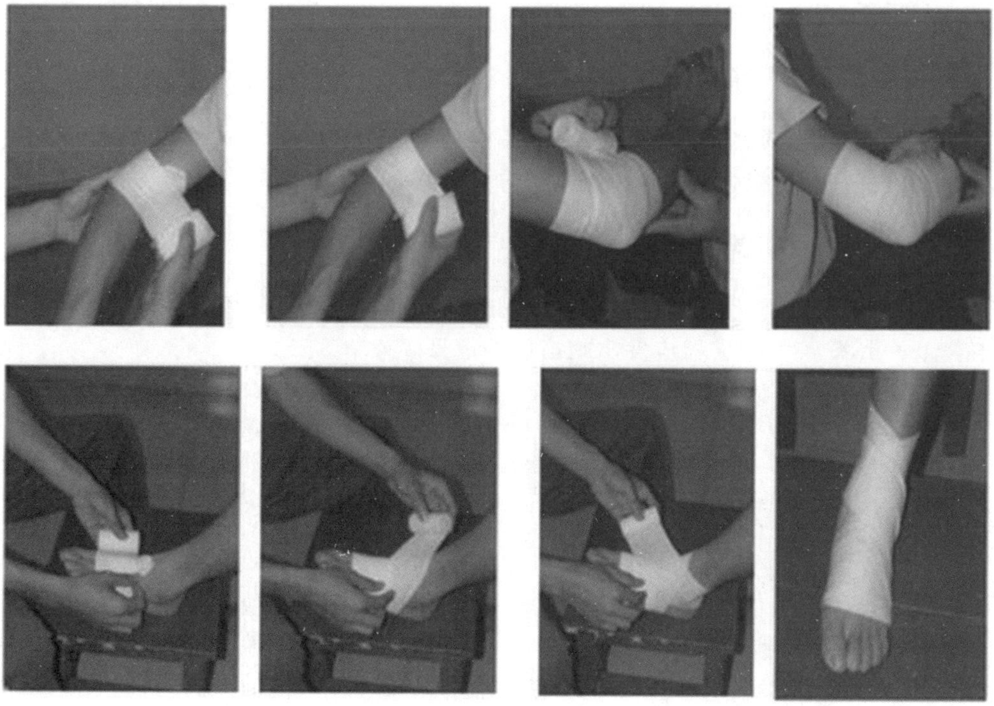

图 9-4 “8”字包扎法

5. 大悬臂带

该法用于上肢损伤，但锁骨和肱骨骨折不能用。

6. 小悬臂带

该法用于锁骨和肱骨骨折(图 9-5)。

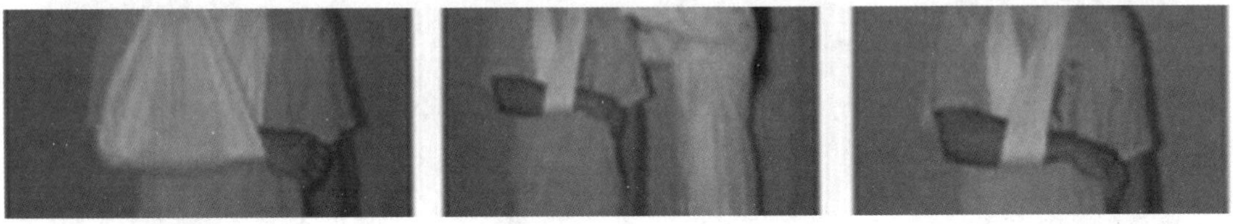

图 9-5　小悬臂带

六、正压式空气呼气器的使用

(一)使用前检查

1. 检查气源压力

打开气瓶阀开关，观察高压表，要求气瓶内空气压力为 27～30MPa。如气瓶内气压不足，应到专业充气站充至规定的压力。

2. 检查整机系统气密性

打开气瓶阀开关，观察压力表的读数，稍后关闭。1min 内表示压力下降不大于 2MPa，表明系统气密良好。此过程中供气阀和旁通阀均应处于关闭状态。

3. 检查残气报警装置

打开气瓶阀开关，稍后关闭。按下供气阀旁通阀缓慢排气，观察压力表指针的下降，当压力降至 5～6MPa 时，报警器应发出哨笛报警信号。

4. 检查全面罩的密封性

佩戴好全面罩，用手掌心无助面罩接口处，或在不打开瓶头阀的情况下深呼吸数次，感到吸气困难，证明全面罩气密性良好。

5. 检查供气阀的供气情况

打开气瓶阀开关，佩戴好面罩-供气阀，深吸一口气，供气阀“啪”一声即打开供气。深呼吸几次检查供气阀性能，吸气和呼气都应舒畅无不舒适感觉。在这个过程中，供气阀应随佩戴人员的呼吸自由地供气和停气，即在吸气时供气，在呼气和屏住呼吸时停止供气，以保证压缩空气的有效利用。关闭供气阀开关，按下旁通阀开关，面罩内有股气流持续供气，供气阀开关关闭后持续气流终止，证明供气阀和放气阀工作正常。

6.旁通阀的检查

关闭供气阀手动开关。按下供气阀上放气开关，检查应有连续的气流流出，然后关闭。

7.检查完好状态

(1)背带和全面罩头带完全放松；
(2)气瓶正确定位并牢靠地固定在背托上；
(3)高压管路和中压管路无扭结或其他损坏；
(4)全面罩的面窗应清洁明亮；
(5)接通快速接头，打开气阀开关。

(二)使用方法

1.将空气呼吸器气瓶瓶底向上背在肩上。
2.将大拇指插入肩带调节带的扣中向下拉，调节到背负舒服为宜。
3.插上塑料快速插口，腰带系紧度以舒适和背托不摆动为佳(首次佩戴前预先调节腰带两侧的三档口)。
4.把下巴放入面罩，由下向上拉上头网罩，将网罩两边的松紧带拉紧，使全面罩双层密封环紧贴面部。
5.深吸一口气将供气阀打开。呼吸几次，感觉舒适、呼吸正常后即可进入操作区作业。
6.使用结束后的卸装方法：
(1)将面罩两边的松紧带扣向外扒开，松开松紧带，将面罩从下向上脱下。
(2)将供气阀上带有指示箭头的手动开关按下，关闭供气阀。
(3)将腰带插头从插座中退出。
(4)放松肩带，将呼吸器从肩上卸下。
(5)关闭气瓶阀开关，打开旁通阀，放空系统管内余气，再关闭旁通阀。

(三)使用中应注意事项

1.使用前应经过专业培训，合格后方可佩戴使用。
2.使用过程中必须确保气瓶阀处于完全打开状态。
3.必须经常查看气瓶气源压力表，一旦发现高压表指针快速下降或发现不能排除的漏气时，应立即撤离现场。
4.使用中有呼吸阻力增大、呼吸困难、头晕等不适现象，以及其他不明原因症状时应及时撤离现场。
5.使用中听到残气报警器哨声后，应尽快撤离现场(到达安全区域时，迅速卸下面罩)。
6.在作业过程中供气阀发生故障不能正常供气时，应立即打开旁通阀作人工供气，并迅速撤出作业现场。

正压式空气呼吸器使用

七、坍塌处置措施

建筑坍塌灾害事故发生的原因主要为自然灾害、人为原因与燃烧爆炸。自然灾害主要指地震、台风、山体滑坡、泥石流等。人为原因主要指建(构)筑工程质量低劣,建筑结构设计不科学,违章施工或施工时施工架不稳定,或者在使用过程中擅自改变建筑结构和使用性质等,也是导致建筑物坍塌的重要诱因。燃烧或爆炸产生的高温可达 1000 ℃以上,这种高温和强烈的辐射热作用烧烤钢材,能破坏混凝土结构,降低建筑构件的耐火性能,爆炸还会产生冲击波,形成较高的压力,高温、高压直接对建筑物造成破坏,使建筑结构失去强度、承载力,稳定性下降,发生建筑物倒塌。

建筑坍塌灾害事故的处置措施要注意以下几个方面。

(一)统一指挥

救援实施过程中要以消防部队为主要力量展开救援,各方面救援专业力量组成的现场分指挥部,拟定严格的施救方案,明确现场分工任务,注重各个单位、部门之间的工作衔接与协调配合。

(二)力量调派

为防止延误救援时机,力量调派要确保一次性到位。一是救援人员,包括消防部队(特勤中队)、武警部队、治安民警、交通警察、医疗救护、自来水公司、煤气公司、电力公司、建筑专家等。二是救援设备,包括破拆、切割、剪断、扩张、牵引、填充器材,以及大型的铲车、吊车、推土机、挖掘机、拆除机等机械施工车辆。准确实施救援人员、器材设备一次性调派,为抢救工作的全面展开提供可靠的物质保障。

(三)现场询情

建筑坍塌事故发生后,应立即向现场知情人员详细询问,掌握倒塌建筑的高度、层数、面积、平面布局、使用性质;建筑内人员的数量、在位率;事故埋压人员的数量、大致位置等。以翔实的第一手资料,为救援力量及时准确地实施营救赢得宝贵时间。

(四)充分准备

各参战单位要严格按照现场指挥部的要求和分工任务,各司其职,认真做好施救的各项准备工作。

一是针对现场建筑和交通道路情况,迅速疏导整体框架受到影响的建筑物内部的居民,疏散隔离围观群众,封锁事故周边适当距离内的交通路段,严禁无关车辆及人员进入事故现场,最大限度地减少噪声,为使用生命探测仪创造相对安静的探测环境。

二是利用大型机械工具在现场开辟一条供各种车辆进出的救援通道。同时就近选择适当地段,开辟足够的空地作为现场施救平台和救援装备器材的集结地,最大限度地满足一线救援工作的需要。

三是加强对坍塌现场的监护。为防止二次坍塌和落物伤人事故的发生,应及时清理、稳固现场建筑悬垂构件，必要时应对局部建筑进行加固或事先推倒等，为顺利救助提供安全保障。

四是对现场实施侦察检测。为防止建筑坍塌造成次生灾害事故发生，要协助供水、供电、供气部门切断坍塌建筑的水、电、气供应，并使用开花或喷雾水枪扑救次生火灾或驱散泄漏的可燃气体，有效控制灾害的继续扩大。同时利用生命探测仪、搜救犬，积极搜寻遇险和被困人员的具体压埋位置，并做好明显标志，严防救援人员在上面踩踏，确保被困人员的生命安全。

（五）实施救生

建筑火灾坍塌事故的救生工作，应按照先外围后内部、先危重后轻微、先被困后遇难、先上层后下层的施救原则，在力量充足和条件允许的情况下可同时进行。

1. 正确选择救生突破口

在救生过程中要针对不同的坍塌形式，充分利用地形地物，争取以最短的时间、最快的速度到达被困人员所在位置。一是倾斜坍塌时，一般一端有承重墙或立柱等物体支撑，坍塌物靠近支撑物体一侧与地面形成较大空隙，救援时可优先考虑利用。二是平降坍塌时，由于承重墙或立柱等结构受到的破坏比较严重，整个墙壁、楼层或屋顶塌落下来，瓦砾、碎石、砖块、木材等直落地面。这种坍塌空隙较少，但在部分支柱和承重墙根部仍可能有不规则的空间，救援中可尽量利用。三是“V”字形坍塌时，由于楼层中央有过重负荷，如笨重家具或大型机器，便会先由楼层中央坍塌下来，但由于受到周围墙、柱不同程度的牵拉和支撑，能在楼层中央的两侧或四周形成一定空隙，救援时应充分利用。

2. 慎重使用大型机械设备

建筑火灾坍塌后，建筑构件沉重而又不规则叠压，直接使用大型铲车、吊车、推土机、破拆机等施工机械车辆清除现场，会对遇险人员的生命安全造成极大威胁。救援初期必须在手工清理碎石、瓦砾的基础上，重点使用扩张器和切割工具，操作过程中还要全面掌握建筑构件的受力点和支撑点。不得已必须使用大型机械设备时，尤其是在使用起吊、牵引等设备挪动与被困人员贴身的建筑构件时，切不可轻举妄动，必须采取有效的扩张、支撑等保护措施，在确保被困人员万无一失的情况下，方可起吊、牵引挪动。

3. 现场搜寻方法要合理、灵活

指挥员根据事故现场情况，应及时采用“以柱为界，逐片搜索”的战术，把现场划分为几个区域，由到场的支、大队领导带领参战中队、小组分片负责，部队内部实行独立指挥。

搜寻被埋压人员的常规方法有以下几种：一是通过听、看、敲、喊，寻找被困人员位置；二是利用生命探测仪器或搜救犬搜寻；三是根据侦查检测情况，进行局部扒找。除此之外，根据坍塌的实际情况，灵活采用多种形式搜救。如衡州大厦坍塌救援中，救援人员沿消防水带确定了被埋压消防员位置；汶川地震中，救援人员利用被埋压人员的手机铃声救出了一位被困 60 多小时的青年；2009 年 4 月 24 日，河北省廊坊市金博服装厂缝纫车间厂房发生坍塌，救援人员同样利用手机搜救出了最后一名被埋压人员；山东烟台一座在建建筑物坍塌后，救援人员利用被埋工人携带的工程照明灯光线，成功救出一人。

4.采取有针对性的救援措施

确定被埋压人员位置后，指挥员应区别不同情况，采取有针对性的救援措施，在最短时间有效抢救出被困人员。对于废墟表面被困人员，首先清理砸压在被困人员周围的倒塌物，对不宜清除的建筑倒塌物，可利用破拆工具剪切、气垫支撑等手段清除，再将被困者救出；对于被混凝土等建材卡住的人员，应首先对其周围进行清理，并认真分析卡压结构及其支撑情况，然后利用起重气垫、扩张器、千斤顶等将卡压物顶起，或用凿子凿、人工抠挖，待压力缓解后，再将其救出；对于被困在内部狭小空间的遇险人员，应采用破碎机凿开救生孔，建立人员进出通道，实施对遇险人员的救助。在整个救援破拆过程中，要始终关注坍塌部位的结构，特别是对承重物的破拆顶升，一定要边处理边固定，防止发生二次坍塌，危及被困人员和救援人员。

5.进行现场紧急抢救

对抢救出的伤员，应采取一些快速、简捷的医疗措施，以挽救其生命，防止伤情恶化，减轻伤痛；对于一时无法解救但又无生命危险的幸存者，应及时为其提供饮食和药品，并设专人陪护做好情绪稳定工作，防止他们悲观急躁等造成不必要的伤害；在操作金属切割机、大型机械时，应用毯子、救援服、头盔等对被困人员实施保护，避免噪声、坠落物、火花等给被困人员带来伤害或恐惧感。

6.做好救援伤亡人员登记

为便于善后工作的调查处理，应对现场救出人员的埋压位置、伤亡情况、姓名、性别、家庭住址、转送医院名称等情况逐一进行登记清查核对，确保不漏一人。

八、堵漏应急措施

生产企业会使用各类管道输送水、蒸气等液态、气态物料。化工企业涉及的液态、气态物料更多，设备设施除了管道外，还涉及储罐、缓冲罐、反应釜等。泄漏多发生在法兰、焊道和阀门。液态、气态在泄漏时易流淌、挥发，若不及时堵漏，除了造成物料的浪费外，对于易燃易爆、有毒的物料，会造成事故。带压堵漏可以解决这一问题。

带压堵漏是指在一个大气压以上，任意带着压力管道和容器罐内部储存或输送介质，因腐蚀穿孔跑冒滴漏或人为损坏导致泄漏，采用不停输不倒罐、在内部介质飞溅过程中堵住的方法。对于不存在易燃易爆物质的管道，可以使用电焊、电砂轮打磨等产生火花的操作；但是对于存在易燃易爆物质的管道，不得采用动火带压堵漏，此时带压堵漏即为“不动火带压堵漏”。

（一）带压堵漏方法的种类：

1.调整消漏法

调整消漏法是调整操作、调节密封件预紧力或调整零件间相对位置，无须封堵的一种消除泄漏的方法。

2. 机械堵漏法

机械堵漏法包括支撑法、顶压法、卡箍法、压盖法、打包法、上罩法、胀紧法。

3. 塞孔堵漏法

塞孔堵漏法包括捻缝法、塞楔法、螺塞法。

4. 焊补堵漏法

焊补堵漏法包括直焊法、间焊法、焊包法、焊罩法、逆焊法。

5. 粘补堵漏法

粘补堵漏法包括粘堵法、粘贴法、粘压法、缠绕法。

6. 胶堵密封法

胶堵密封法包括渗透法、内涂法、外涂法、强注法。

7. 改道法

在管道或设备上用接管机带压接出一段新管线代替泄漏的、腐蚀严重的、堵塞的旧管线，这种方法称为改道法。此法多用于低压管道。

8. 其他堵漏法

其他堵漏法包括磁压法、冷冻法、凝固法。

9. 综合治漏法

综合以上各种方法的方法统称综合治漏法。

(二)带压堵漏的安全要求

有下列情况之一者，不能进行带压堵漏作业：

1. 毒性程度为极性的介质；
2. 设备器壁等主要受压元件及管道，因裂纹而产生的泄漏部位；
3. 原设计法兰密封垫采用透镜式垫片的泄漏点；
4. 管道腐蚀、冲刷减薄状况不清楚的泄漏点。

带压堵漏

注：管道发生腐蚀和局部冲刷减薄，按《工业管道维护检修规程(试行)》的有关规定进行。如管壁减薄到计算值以下，可作为短期运行的临时应急措施，必须采取保证安全的其他措施。

5. 由于介质泄漏，使螺栓承受高于原来设计使用温度的泄漏点。
6. 一个泄漏点当量直径大于 10mm，且不符合堵漏施工要求。
7. 堵漏现场安全措施不符合企业安全规定。
8. 封堵含颗粒的泄漏介质其成功率低。

第四节　企业生产安全事故应急管理

一、应急预案的编制

1. 应急预案的编制应当遵循以人为本、依法依规、符合实际、注重实效的原则，以应急处置为核心，明确应急职责、规范应急程序、细化保障措施。

2. 应急预案的编制应当符合下列基本要求：

(1)有关法律、法规、规章和标准的规定；

(2)本地区、本部门、本单位的安全生产实际情况；

(3)本地区、本部门、本单位的危险性分析情况；

(4)应急组织和人员的职责分工明确，并有具体的落实措施；

(5)有明确、具体的应急程序和处置措施，并与其应急能力相适应；

(6)有明确的应急保障措施，满足本地区、本部门、本单位的应急工作需要；

(7)应急预案基本要素齐全、完整，应急预案附件提供的信息准确；

(8)应急预案内容与相关应急预案相互衔接。

3. 编制应急预案应当成立编制工作小组，由本单位有关负责人任组长，吸收与应急预案有关的职能部门和单位的人员，以及有现场处置经验的人员参加。

4. 编制应急预案前，编制单位应当进行事故风险评估和应急资源调查。

(1)事故风险评估：针对不同事故种类及特点，识别存在的危险危害因素，分析事故可能产生的直接后果以及次生、衍生后果，评估各种后果的危害程度和影响范围，提出防范和控制事故风险措施的过程。

(2)应急资源调查：全面调查本地区、本单位第一时间可以调用的应急资源状况和合作区域内可以请求援助的应急资源状况，并结合事故风险评估结论制定应急措施的过程。

5. 生产经营单位风险种类多、可能发生多种类型事故的，应当组织编制综合应急预案。

综合应急预案应当规定应急组织机构及其职责、应急预案体系、事故风险描述、预警及信息报告、应急响应、保障措施、应急预案管理等内容。

6. 对于某一种或者多种类型的事故风险，生产经营单位可以编制相应的专项应急预案，或将专项应急预案并入综合应急预案。

专项应急预案应当规定应急指挥机构与职责、处置程序和措施等内容。

7. 对于危险性较大的场所、装置或者设施，生产经营单位应当编制现场处置方案。

现场处置方案应当规定应急工作职责、应急处置措施和注意事项等内容。事故风险单一、危险性小的生产经营单位，可以只编制现场处置方案。

8. 生产经营单位应当在编制应急预案的基础上，针对工作场所、岗位的特点，编制简明、实用、有效的应急处置卡。

应急处置卡应当规定重点岗位、人员的应急处置程序和措施，以及相关联络人员和联系方式，便于从业人员携带。

9.生产经营单位应急预案应当包括向上级应急管理机构报告的内容、应急组织机构和人员的联系方式、应急物资储备清单等附件信息。附件信息发生变化时，应当及时更新，确保准确有效。

10.生产经营单位编制的各类应急预案之间应当相互衔接，并与相关人民政府及其部门、应急救援队伍和涉及的其他单位的应急预案相衔接。

二、应急预案的评审、公布和备案

1.矿山、金属冶炼、建筑施工企业和易燃易爆物品、危险化学品的生产、经营(带储存设施的，下同)、储存企业，以及使用危险化学品达到国家规定数量的化工企业、烟花爆竹生产、批发经营企业和中型规模以上的其他生产经营单位，应当对本单位编制的应急预案进行评审，并形成书面评审纪要。其他生产经营单位应当对本单位编制的应急预案进行论证。

2.参加应急预案评审的人员应当包括有关安全生产及应急管理方面的专家。评审人员与所评审应急预案的生产经营单位有利害关系的，应当回避。

3.生产经营单位的应急预案经评审或者论证后，由本单位主要负责人签署公布，并及时发放到本单位有关部门、岗位和相关应急救援队伍。

事故风险可能影响周边其他单位、人员的，生产经营单位应当将有关事故风险的性质、影响范围和应急防范措施告知周边的其他单位和人员。

4.生产经营单位应当在应急预案公布之日起20个工作日内，按照分级属地原则，向安全生产监督管理部门和有关部门进行告知性备案。

5.生产经营单位申报应急预案备案，应当提交下列材料：

(1)应急预案备案申报表；

(2)应急预案评审或者论证意见；

(3)应急预案文本及电子文档；

(4)风险评估结果和应急资源调查清单。

三、应急预案的实施

1.生产经营单位应当组织开展本单位的应急预案、应急知识、自救互救和避险逃生技能的培训活动，使有关人员了解应急预案内容，熟悉应急职责、应急处置程序和措施。

应急培训的时间、地点、内容、师资、参加人员和考核结果等情况应当如实记入本单位的安全生产教育和培训档案。

2.生产经营单位应当制定本单位的应急预案演练计划，根据本单位的事故风险特点，每年至少组织一次综合应急预案演练或者专项应急预案演练，每半年至少组织一次现场处置方案演练。

应急预案演练结束后，应急预案演练组织单位应当对应急预案演练效果进行评估，撰写应急预案演练评估报告，分析存在的问题，并对应急预案提出修订意见。

3.应急预案编制单位应当建立应急预案定期评估制度，对预案内容的针对性和实用性进行分析，并对应急预案是否需要修订做出结论。

矿山。金属冶炼，建筑施工企业和易燃易爆物品、危险化学品等危险物品的生产、经营、储存企业，使用危险化学品达到国家规定数量的化工企业，烟花爆竹生产、批发经营企业和中型规模以上的其他生产经营单位，应当每三年进行一次应急预案评估。

应急预案评估可以邀请相关专业机构或者有关专家、有实际应急救援工作经验的人员参加，必要时可以委托安全生产技术服务机构实施。

4.有下列情形之一的，应急预案应当及时修订并归档：

(1)依据的法律、法规、规章、标准及上位预案中的有关规定发生重大变化的；

(2)应急指挥机构及其职责发生调整的；

(3)面临的事故风险发生重大变化的；

(4)重要应急资源发生重大变化的；

(5)预案中的其他重要信息发生变化的；

(6)在应急演练和事故应急救援中发现问题需要修订的；

(7)编制单位认为应当修订的其他情况。

5.应急预案修订涉及组织指挥体系与职责、应急处置程序、主要处置措施、应急响应分级等内容变更的，修订工作应当参照本办法规定的应急预案编制程序进行，并按照有关应急预案报备程序重新备案。

6.生产经营单位应当按照应急预案的规定，落实应急指挥体系、应急救援队伍、应急物资及装备，建立应急物资、装备配备及其使用档案，并对应急物资、装备进行定期检测和维护，使其处于适用状态。

7.生产经营单位发生事故时，应当第一时间启动应急响应，组织有关力量进行救援，并按照规定将事故信息及应急响应启动情况报告安全生产监督管理部门和其他负有安全生产监督管理职责的部门。

8.生产安全事故应急处置和应急救援结束后，事故发生单位应当对应急预案实施情况进行总结评估。

应急管理知识

实际项目应用园地

易燃液体泄漏现场处置方案的编制

应急处置考核方案的编制

中华人民共和国安全生产法

第九章测试

参考文献

[1] 何际泽，张瑞明. 安全生产技术[M]. 北京：化学工业出版社，2008.
[2] 刘景良. 安全管理[M]. 北京：化学工业出版社，2012.
[3] 刘景良. 化工安全技术[M]. 北京：化学工业出版社，2008.
[4] 吕保和，朱建军. 工业安全工程[M]. 北京：化学工业出版社，2004.
[5] 邵辉，王凯全. 安全心理学[M]. 北京：化学工业出版社，2004.
[6] 隋鹏程，陈宝智，隋旭. 安全原理[M]. 北京：化学工业出版社，2005.
[7] 王德堂，周福富. 化工安全设计概论[M]. 北京：化学工业出版社，2008.
[8] 王凯全. 化工安全工程学[M]. 北京：中国石化出版社，2007.
[9] 吴济民. 化工安全与生产技术[M]. 北京：科学出版社，2018.
[10] 叶明生，胡晓琨. 化工设备安全技术[M]. 北京：化学工业出版社，2008.
[11] 邹玉繁，周代营. 制药企业安全生产与健康保护[M]. 北京：化学工业出版社，2017.